普通高等教育电气工程自动化系列教材

电器与可编程控制器应用技术

第 5 版

广东工业大学　高军礼　邓则名　谢光汉　张　慧　徐荣华　编

机械工业出版社

本书从便于教学和工程应用出发，较系统地介绍了常用低压电器，电器控制的基本电路及设计方法，普通机床的电气控制系统，可编程控制器的基本结构、工作原理，德国西门子 S7 – 1200/S7 – 200 系列 PLC、日本三菱 FX3U 系列 PLC 的内部继电器、指令系统、编程方法及注意事项，S7 – 1200/S7 – 200/FX3U PLC 的开发环境、组态软件与人机界面设计，PLC 控制系统的设计、应用实例，并配有适量的习题，还配有实用的电子课件，特别是在课件中还附有习题参考答案。

本书注重实用，理论联系实际，内容深入浅出，便于教学。本书可作为各类高等院校本科自动化、电气工程及其自动化以及相近专业"电气自动控制设备""电器与可编程控制器"或类似课程的教学用书，也可作为各类院校专科层次相关专业类似课程的参考用书，还可供电子与计算机技术、信息技术、电气与自动化技术工程技术人员参考。

图书在版编目（CIP）数据

电器与可编程控制器应用技术/高军礼等编. —5 版. —北京：机械工业出版社，2021.1（2025.1 重印）

普通高等教育电气工程自动化系列教材

ISBN 978-7-111-67238-8

Ⅰ.①电… Ⅱ.①高… Ⅲ.①电气控制器-高等学校-教材②可编程序控制器-高等学校-教材 Ⅳ.①TM571.2②TM571.6

中国版本图书馆 CIP 数据核字（2021）第 002314 号

机械工业出版社（北京市百万庄大街22号 邮政编码100037）
策划编辑：王玉鑫 责任编辑：王玉鑫
责任校对：潘 蕊 封面设计：张 静
责任印制：张 博
北京雁林吉兆印刷有限公司印刷
2025 年 1 月第 5 版第 3 次印刷
184mm×260mm · 18 印张 · 458 千字
标准书号：ISBN 978-7-111-67238-8
定价：48.00 元

电话服务　　　　　　　　　网络服务
客服电话：010-88361066　　机 工 官 网：www.cmpbook.com
　　　　　010-88379833　　机 工 官 博：weibo.com/cmp1952
　　　　　010-68326294　　金 书 网：www.golden-book.com
封底无防伪标均为盗版　机工教育服务网：www.cmpedu.com

前　　言

《电器与可编程控制器应用技术》自 1997 年第 1 版、2002 年第 2 版、2008 年第 3 版、2015 年第 4 版出版发行以来，承蒙全国各高等院校师生、电气与自动化工程技术人员和相关读者的喜爱和支持，至 2020 年年底第 1 版~第 4 版累计发行 10 万多册。本书第 2 版曾被机械工业出版社评为畅销图书，并获得机械工业出版社科技进步奖，还荣获广东省高等教育省级教学成果奖。借此机会，编者对各单位和广大读者表示衷心的感谢并致以崇高的敬意！

根据同行专家提出的宝贵意见，在认真总结教学经验的基础上，主动适应学科和技术发展的趋势，并结合我国各地区、各院校选用不同厂家生产的各种不同类型的可编程控制器的实际情况，对第 4 版进行了较大规模的修订。修订时力求更好地结合实际，注重实用，便于教学。

这次修订，在保留原有教材结构、特点和风格的基础上，对第 4 版的内容进行了必要的删改和补充。删除的内容包括 F1 系列 PLC 的相关内容（电子课件中提供这部分内容）和罗克韦尔 PLC 实验操作简介。新增加 S7 - 1200 PLC 的相关内容，主要包括西门子 S7 - 1200 硬件模块及博途软件平台，S7 - 1200 PLC 指令系统及程序设计、应用实例和适量的习题。现在各院校理论教学学时普遍减少，因此，建议授课时选讲其中一种 PLC 的内容，其他类型 PLC 的内容可进行简要介绍，同学们可举一反三地自学，而且会很快掌握。

本书修订后共计 15 章。第一~三章和第一篇习题由谢光汉副教授编写，第四章、第十四章、第十五章、第二篇大部分习题由邓则名教授编写，第五~七章由徐荣华博士编写，第八~十章和第二篇部分习题由张慧博士编写，前言、第十一~十三章由高军礼副教授编写，高军礼副教授和邓则名教授负责全书修订的组织和统编工作。

本书配有电子课件及习题参考答案，第四章、第十一~十三章的电子课件由高军礼制作，其余章的电子课件由张慧制作。第一篇习题参考答案由谢光汉提供，第二篇习题参考答案由邓则名和张慧提供。凡选用本书作为教材的教师均可登录机械工业出版社教育服务网（www.cmpedu.com）下载。

本书可作为各类高等院校自动化专业、电气工程及其自动化专业或相近专业本科"电气自动控制设备""电气与可编程控制器"和类似课程的教材，也可作为各院校专科层次相关专业课程的参考教材，还可供电子技术、计算机技术、信息技术、电气技术和自动化技术等工程技术人员选用。

本书在修订过程中得到广东工业大学教务处、自动化学院和自动控制系的大力支持和帮助。黄开胜教授、沈起奋副教授审阅了第一~三章，沈起奋副教授审阅了第四、十四、十五章，宋亚男副教授、西门子工厂自动化工程有限公司张艳工程师审阅了第五~七章，程良伦教授、李军副教授审阅了第八~十章，钟映春副教授审阅了第十一~十三章。衷心感谢这几位教授和工程师对修订好本书提出了很多宝贵的意见和建议。本书在编写过程中参考了一些教材和资料。编者在此对所有的这些单位和个人以及本书第1～5版中所列参考文献的作者一并致以诚挚的谢意!

由于编者能力有限,疏漏和不当之处在所难免,敬请读者批评指正。

编 者
2020 年 12 月于广州

目　　录

第一篇 电器控制技术

第一章 常用低压控制电器

第一节 概 述

随着科技进步与经济发展，电能的应用越来越广泛，低压控制电器对电能的生产、输送、分配与应用起着控制、调节、检测和保护的作用。在电力输配电系统和电力拖动自动控制系统中电器的应用极为广泛。

随着电子技术、自动控制技术和计算机应用的迅猛发展，某些电器元件可能被电子线路所取代，但是由于电器元件本身也朝着新的领域扩展（表现在提高元件的性能、生产新型的元件，实现机、电、仪一体化，扩展元件的应用范围等），且有些电器元件有其特殊性，许多电器元件仍被广泛地使用着。

书中介绍的低压控制电器元件，多数由专业化的元件制造厂家生产，就自动化专业的技术人员来说，主要是能正确地选用电器元件，因此书中内容不涉及元件的设计和制造，而着重于应用。

一、电器的分类

电器是接通和断开电路或调节、控制和保护电路及电气设备的电工器具。

电器的功能多，用途广，品种规格繁多，为了系统地掌握，必须加以分类。

（一）按工作电压等级分

1. 高压电器 用于交流电压 1200V、直流电压 1500V 及以上电路中的电器，例如高压断路器、高压隔离开关、高压熔断器等。

2. 低压电器 用于交流 50Hz（或 60Hz）额定电压 1200V 以下、直流额定电压 1500V 以下的电路内起通断、保护、控制或调节作用的电器，例如接触器、继电器等。

（二）按动作原理分

1. 手动电器 人手操作发出动作指令的电器，例如刀开关、按钮等。

2. 自动电器 产生电磁吸力而自动完成动作指令的电器，例如接触器、继电器、电磁阀等。

（三）按用途分

1. 控制电器 用于各种控制电路和控制系统的电器，例如接触器、继电器、电动机起动器等。

2. 配电电器 用于电能的输送和分配的电器，例如高压断路器。

3. 主令电器 用于自动控制系统中发送动作指令的电器，例如按钮、转换开关等。

4. 保护电器 用于保护电路及用电设备的电器，例如熔断器、热继电器等。

5. 执行电器　用于完成某种动作或传送功能的电器，例如电磁铁、电磁离合器等。

对于某个电器而言，有些可能具有几种功能。

二、电力拖动自动控制系统中常用的低压控制电器

接触器：交流接触器，直流接触器。

继电器：电磁式继电器：电压继电器，电流继电器，中间继电器。

　　　　时间继电器：直流电磁式，空气阻尼式，半导体式。

　　　　其他继电器：热继电器，干簧继电器，速度继电器。

熔断器：瓷插式，螺旋式，有填料封闭管式，无填料密闭管式，快速熔断器，自复式。

低压断路器：框架式，塑料外壳式，快速直流断路器，限流式，漏电保护器。

位置开关：直动式，滚动式，微动式。

按钮、刀开关等。

第二节　接　触　器

接触器是电力拖动和自动控制系统中使用量大面广的一种低压控制电器，用来频繁地接通和分断交直流主回路及大容量控制电路。主要控制对象是电动机，能实现远距离控制，并具有欠（零）电压保护功能。

一、结构和工作原理

接触器主要由电磁系统、触点系统和灭弧装置组成，其结构简图如图1-1所示。

（一）电磁系统

电磁系统包括动铁心（衔铁）、静铁心和电磁线圈三部分，其作用是将电磁能转换成机械能，产生电磁吸力带动触点动作。

1）电磁系统的结构形式根据铁心形状和衔铁运动方式，可分为三种：衔铁绕棱角转动拍合式、衔铁绕轴转动拍合式、衔铁直线运动螺管式，如图1-2所示。

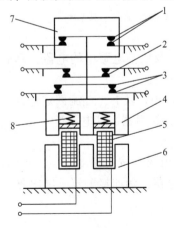
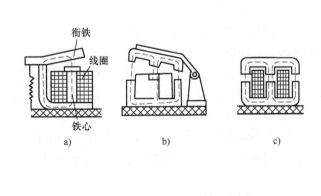

图1-1　接触器结构简图

1—主触点　2—常闭辅助触点　3—常开辅助触点

4—动铁心　5—电磁线圈　6—静铁心

7—灭弧罩　8—弹簧

图1-2　接触器电磁系统的结构图

a）衔铁绕棱角转动拍合式　b）衔铁绕轴转动拍合式

c）衔铁直线运动螺管式

图1-2a中，衔铁绕磁轭的棱角而转动，磨损较小，铁心用软铁做成，适用于直流接触

器；图 1-2b 中，衔铁绕轴转动，铁心用硅钢片叠成，适用于交流接触器；图 1-2c 中，衔铁在线圈内做直线运动，用于交流接触器。

　　2）电磁系统按铁心形状分为 U 形（见图 1-2a）和 E 形（见图 1-2b 和图 1-2c）。

　　3）电磁系统按电磁线圈的种类可分为直流线圈和交流线圈两种。

　　电磁系统的工作情况常用吸力特性和反力特性来表示。

　　1. 吸力特性　　电磁系统的电磁吸力与气隙的关系曲线称为吸力特性。吸力特性随励磁电流的种类（交流或直流）、励磁线圈的连接方式（并联或串联）不同而不同，电磁吸力可近似地按下式求得

$$F = 4 \times 10^5 B^2 S$$

式中，F 为电磁吸力；B 为气隙磁感应强度；S 为铁心截面积。

　　当铁心截面积 S 为常数时，电磁吸力 F 与 B^2 成正比，也可认为 F 与气隙磁通 Φ^2 成正比，即 $F \propto \Phi^2$。励磁电流的种类对吸力特性有很大影响，下面对交、直流电磁机构的吸力特性分别讨论：

　　（1）交流电磁机构的吸力特性　　设线圈外加电压 U 不变，交流电磁线圈的阻抗主要决定于线圈的电抗，电阻忽略不计。

$$U \approx E = 4.44 f \Phi N, \quad 或 \quad \Phi = \frac{U}{4.44 f N}$$

式中，U 为线圈外加电压；E 为线圈感应电动势；f 为电压频率；Φ 为气隙磁通；N 为电磁线圈的匝数。

　　当电压频率 f、电磁线圈的匝数 N 和线圈外加电压 U 为常数时，气隙磁通 Φ 也为常数，则电磁吸力也为常数，即 F 与气隙 δ 大小无关。实际上，考虑到漏磁通的影响，电磁吸力 F 随气隙 δ 的减少略有增加。交流电磁机构的吸力特性如图 1-3 所示。由于交流电磁机构的气隙磁通 Φ 不变，IN 随气隙磁阻（也即随气隙 δ）的变化成正比变化，所以交流电磁线圈的电流 I 与气隙 δ 成正比变化。

　　（2）直流电磁机构的吸力特性　　因线圈外加电压 U 和线圈电阻不变，流过线圈的电流 I 也为常数，即不受气隙 δ 变化的影响，根据磁路定律 $\Phi = IN/R_m \propto 1/R_m$，式中，$R_m$ 为气隙磁阻，$F \propto \Phi^2 \propto 1/R_m^2 \propto 1/\delta^2$，即电磁吸力 F 与气隙 δ 的平方成反比。直流电磁机构的吸力特性如图 1-4 所示。

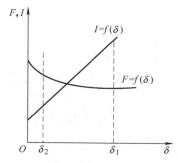

图 1-3　交流电磁机构的吸力特性

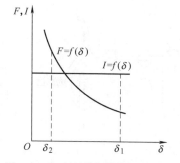

图 1-4　直流电磁机构的吸力特性

　　在一些要求可靠性较高或操作频繁的场合，一般不采用交流电磁机构而采用直流电磁机构，这是因为一般 U 形铁心的交流电磁机构的励磁线圈通电而衔铁尚未吸合的瞬间，电流

将达到衔铁吸合后额定电流的 5～6 倍；E 形铁心电磁机构则达到额定电流的 10～15 倍。如果衔铁卡住不能吸合或者频繁操作时，交流励磁线圈则可能被烧毁。

2. 反力特性　电磁系统的反作用力与气隙的关系曲线称为反力特性。

反作用力包括弹簧力、衔铁自身重力、摩擦阻力等。图 1-5 中曲线 3 即为反力特性曲线。

图中 δ_1 为起始位置，δ_2 为动、静触点接触时的位置。在 $\delta_1 \sim \delta_2$ 区域内，反作用力随气隙减小而略有增大，到达位置 δ_2 时，动、静触点接触，这时触点的初压力作用到衔铁上，反作用骤增，曲线发生突变。在 $\delta_2 \sim O$ 区域内，气隙越小，触点压得越紧，反作用越大，其曲线比 $\delta_1 \sim \delta_2$ 段陡。

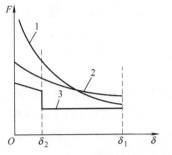

图 1-5　吸力特性和反力特性
1—直流接触器吸力特性　2—交流接触器吸力特性　3—反力特性

3. 反力特性与吸力特性的配合　为了保证使衔铁能牢牢吸合，反力特性必须与吸力特性配合好，如图 1-5 所示。在整个吸合过程中，吸力都必须大于反作用力，即吸力特性高于反力特性，但不能过大或过小，吸力过大时，动、静触点接触时以及衔铁与铁心接触时的冲击力也大，会使触点和衔铁发生弹跳，导致触点的熔焊或烧毁，影响电器的机械寿命；吸力过小时，会使衔铁运动速度降低，难以满足高操作频率的要求。因此，吸力特性与反力特性必须配合得当，才有助于电器性能的改善。在实际应用中，可调整反力弹簧或触点初压力以改变反力特性，使之与吸力特性有良好配合。

（二）触点系统

触点是接触器的执行元件，用来接通或断开被控制电路。

触点的结构形式很多，按其所控制的电路可分为主触点和辅助触点。主触点用于接通或断开主电路，允许通过较大的电流；辅助触点用于接通或断开控制电路，只能通过较小的电流。

触点按其原始状态可分为常开触点和常闭触点：原始状态时（即线圈未通电）断开，线圈通电后闭合的触点叫常开触点；原始状态闭合，线圈通电后断开的触点叫常闭触点。线圈断电后所有触点复原。

触点按其结构形式可分为桥形触点和指形触点，如图 1-6 所示。

触点按其接触形式可分为点接触、线接触和面接触三种，如图 1-7 所示。

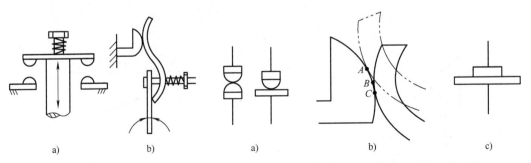

图 1-6　触点结构形式图	图 1-7　触点接触形式图
a）桥形触点　b）指形触点	a）点接触　b）线接触　c）面接触

图1-7a 为点接触，它由两个半球形触点或一个半球形与一个平面形触点构成，常用于小电流的电器中，如接触器的辅助触点或继电器触点。图1-7b 为线接触，它的接触区域是一条直线。触点的通断过程是滚动式进行的。开始接通时，静、动触点在 A 点处接触，靠弹簧压力经 B 点滚动到 C 点。断开时做相反运动。这样可以自动清除触点表面的氧化物，触点长期正常工作的位置不是在易灼烧的 A 点而是在工作点 C 点，保证了触点的良好接触。线接触多用于中容量的电器，如接触器的主触点。图1-7c 为面接触，它允许通过较大的电流。这种触点一般在接触表面上镶有合金，以减小触点接触电阻和提高耐磨性，多用于大容量接触器的主触点。

（三）灭弧装置

当触点断开瞬间，触点间距离极小，电场强度极大，触点间产生大量的带电粒子，形成炽热的电子流，产生弧光放电现象，称为电弧。电弧的出现，既妨碍电路的正常分断，又会使触点受到严重腐蚀，为此必须采取有效的措施进行灭弧，以保证电路和电器元件工作安全可靠。要使电弧熄灭，应设法降低电弧的温度和电场强度。常用的灭弧装置有灭弧罩、灭弧栅、磁吹灭弧装置和多纵缝灭弧装置。

1. 灭弧罩　灭弧罩通常用耐弧陶土、石棉水泥或耐弧塑料制成。其作用是分隔各路电弧，以防止发生短路。另外，由于电弧与灭弧罩接触，故能使电弧迅速冷却而熄灭。灭弧罩常用于交流接触器中。

2. 灭弧栅　灭弧栅的灭弧原理如图1-8 所示。灭弧栅片由许多镀铜薄钢片组成，片间距离为 2~3mm，安放在触点上方的灭弧罩内。一旦出现电弧，电弧周围产生磁场，电弧被导磁钢片吸入栅片内，且被栅片分割成许多串联的短弧，当交流电压过零时电弧自然熄灭，两栅片间必须有 150~250V 电压，电弧才能重燃。这样，一方面电源电压不足以维持电弧，同时

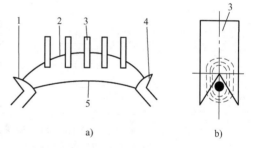

图1-8　灭弧栅的灭弧原理
a）栅片灭弧原理　b）电弧进入栅片的图形
1—静触点　2—短电弧　3—灭弧栅片
4—动触点　5—长电弧

由于栅片的散热作用，电弧熄灭后就很难重燃，它常用于交流接触器。

3. 磁吹灭弧装置　磁吹灭弧装置的工作原理如图1-9 所示，在触点电路中串入一吹弧线圈，它产生的磁通通过导磁颊片引向触点周围；电弧所产生的磁通方向如图1-9 所示。

可见在弧柱下吹弧线圈产生的磁通与电弧产生的磁通是相加的，而在弧柱上面的磁通彼此抵消，因此就产生一个向上运动的力将电弧拉长并吹入灭弧罩中，熄弧角和静触点相连接，其作用是引导电弧向上运动，将热量传递给罩壁，促使电弧熄灭。由于这种灭弧装置是利用电弧电流本身灭弧的，故电弧电流越大，灭弧的能力也越强。它广泛应用于直流接触器。

4. 多纵缝灭弧装置　如图1-10 所示，多纵缝灭弧装置取消了磁吹线圈。在主触点上方装着开有纵向缝隙（缝隙下宽上窄）的灭弧装置。在静主触点上装有铁板制成的弧角，它吸引电弧向上运动，将电弧拉长并冷却。电弧进入缝隙后把热量传给灭弧罩，促使电弧熄灭。

接触器的图形符号、文字符号如图1-11 所示。

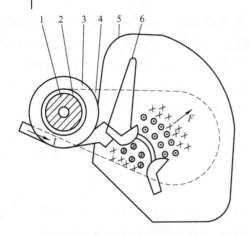

图 1-9   磁吹灭弧装置工作原理
1—铁心 2—绝缘管 3—吹弧线圈
4—导磁颊片 5—灭弧罩 6—熄弧角

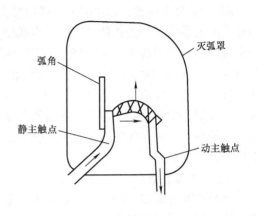

图 1-10   多纵缝灭弧装置

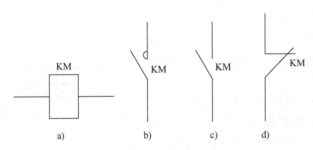

图 1-11   接触器的图形、文字符号
a) 线圈 b) 主触点 c) 常开辅助触点 d) 常闭辅助触点

（四）接触器的工作原理

掌握了接触器的结构，就容易了解其工作原理。

当电磁线圈通电后，线圈电流产生磁场，使静铁心产生电磁吸力吸引衔铁，并带动触点动作：常闭触点断开，常开触点闭合，两者是联动的。当线圈断电时，电磁吸力消失，衔铁在释放弹簧的作用下释放，使触点复原：常开触点断开，常闭触点闭合。

二、交流接触器

接触器按其主触点所控制主电路电流的种类可分为交流接触器和直流接触器两种。

交流接触器的主触点接通、分断交流主电路，如图 1-12 所示。

当交变磁通穿过铁心时，将产生涡流和磁滞损耗，使铁心发热。为减少铁损，铁心用硅钢片冲压而成。为便于散热，线圈做成短而粗的圆筒状绕在骨架上。

由于交流接触器铁心的磁通是交变的，故当磁通过零时，电磁吸力也为零，吸合后的衔铁在反力弹簧的作用下将被拉开，磁通过零后电磁吸力又增大，当吸力大于反力时，衔铁又被吸合。这样，交流电源正负半波的变化，使衔铁产生强烈振动和噪声，甚至使铁心松散。因此交流接触器铁心端面上都安装一个铜制的短路环。短路环包围铁心端面约 2/3 的面积，如图 1-13 所示。

当交变磁通穿过短路环所包围的截面积 S_2 在环中产生涡流时，根据电磁感应定律，此

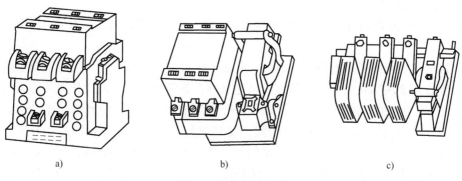

图 1-12　交流接触器

a）CJ10-40 交流接触器　b）CJ10-60 交流接触器　c）CJ12 系列交流接触器

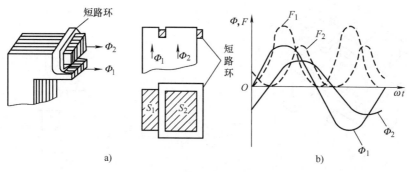

图 1-13　交流接触器铁心的短路环

a）结构图　b）电磁吸力图

涡流产生的磁通 Φ_2 在相位上落后于短路环外铁心截面积 S_1 中的磁通，由 Φ_1、Φ_2 产生的电磁吸力为 F_1、F_2，作用在衔铁上的合成电磁吸力是 $F_1 + F_2$，只要此合力始终大于其反力，衔铁就不会产生振动和噪声。对于 100A 及以上的交流接触器必须采取节能措施。我国首创的接触器无声节电装置，具有节电与消除振动和噪声的优点。不同的厂家，采用的方案也不同，但通常都采用交流起动、直流保持的运行方式。图 1-14 所示为常用的一种交流接触器无声节电装置电路。

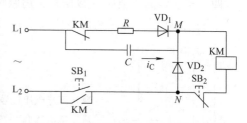

图 1-14　交流接触器无声节电装置电路

其工作过程是：按下起动按钮 SB_1，当电源极性瞬间为 L_1 正、L_2 负时，电流经常闭辅助触点 KM、限电流电阻 R、二极管 VD_1、接触器电磁线圈构成回路。当续流二极管 VD_2 的 M 点电位低于 N 点电位时，VD_2 导通，起到电磁线圈续流的作用。当接触器通电后，常闭辅助触点断开，VD_1 不导通，如电源极性仍为 L_1 正、L_2 负时，则电流经降压电容 C 而通过电磁线圈形成回路，同时 KM 自锁，完成交流起动的过程而转入吸合状态。

据实验统计，在交流接触器电磁系统消耗的有功功率中，铁心损耗约占 70%，短路环损耗约占 25%，线圈铜耗仅占 5% 左右。采用直流保持后，铁心损耗和短路损耗不存在了，只要很小的保持电流就足以使接触器可靠地处于闭合状态。

交流接触器的灭弧装置通常采用灭弧罩和灭弧栅进行灭弧。

三、直流接触器

直流接触器线圈通以直流电，主触点接通、切断直流主电路，直流接触器外形图如图 1-15 所示。

直流接触器的线圈通以直流电，铁心中不会产生涡流和磁滞损耗，所以不会发热。为方便加工，铁心用整块钢块制成。为使线圈散热良好，通常将线圈绕制成长而薄的圆筒状。

对于 250A 以上的直流接触器往往采用串联双绕组线圈，直流接触器双绕组线圈接线图如图 1-16 所示。图中，线圈 1 为起动线圈，线圈 2 为保持线圈，接触器的一个常闭辅助触点与保持线圈并联连接。在电路刚接通瞬间，保持线圈被常闭触点短接，可使起动线圈获得较大的电流和吸力。当接触器动作后，常闭触点断开，两线圈串联通电，由于电源电压不变，所以电流减小，但仍可保持衔铁吸合，因而可以节电和延长电磁线圈的使用寿命。

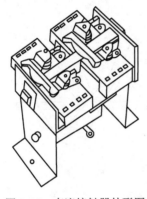

图 1-15　直流接触器外形图

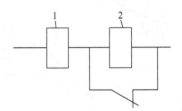

图 1-16　直流接触器双绕组线圈接线图

直流接触器灭弧较困难，一般采用灭弧能力较强的磁吹灭弧装置。

四、接触器的主要技术数据和选用原则

（一）接触器的型号及代表意义

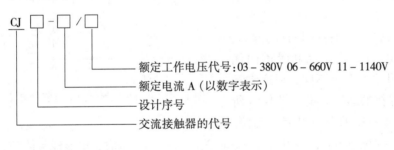

CJ □ - □ / □

额定工作电压代号：03 - 380V 06 - 660V 11 - 1140V
额定电流 A（以数字表示）
设计序号
交流接触器的代号

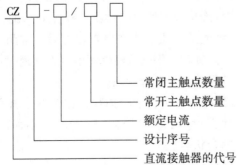

CZ □ - □ / □ □

常闭主触点数量
常开主触点数量
额定电流
设计序号
直流接触器的代号

常用的 CJ20 系列交流接触器技术参数如表 1-1 所示。

表 1-1　常用的 CJ20 系列交流接触器技术参数

型号	约定发热电流/A	额定工作电压/V	额定工作电流/A	外形尺寸 (宽/mm × 高/mm × 深/mm)	安装尺寸/mm (孔数-孔径 / 孔宽, 孔高)	结构特征	机/电寿命 (万次)(操作频率)(次/h)
CJ20-10	10	220	10	44.5 × 67.5 × 107 $F \geqslant 10$[①]	$4 - \phi5^{+0.3}_0$ 35 ± 0.31 55 ± 0.37		
		380	10				
		660	5.8				
CJ20-16	16	220	16	44.5 × 73 × 116.5 $F \geqslant 10$	$4 - \phi5^{+0.3}_0$ 35 ± 0.31 60 ± 0.37		
		380	16				
		660	13				1000/100 1200
CJ20-25	32	220	25	52.5 × 90.5 × 122 $F \geqslant 10$	$4 - \phi5^{+0.3}_0$ 40 ± 0.195 80 ± 0.37		
		380	25				
		660	16				
CJ20-40	55	220	40	86.5 × 111.5 × 118 $F \geqslant 30$	$4 - \phi5^{+0.3}_0$ 70 ± 0.37 80 ± 0.37	辅助触点 10A,2 接通、 2 分断 螺钉安装	
		380	40				
		660	25				
CJ20-63	80	220	63	116 × 142 × 146 $F \geqslant 60$	$4 - \phi5.8^{+0.3}_0$ 100 ± 0.4 90 ± 0.4		
		380	63				
		660	40				600/120 1200
CJ20-100	125	220	100	120 × 145 × 150 $F \geqslant 70$	$4 - \phi7^{+0.58}_0$ 108 ± 0.435 92 ± 0.435		
		380	100				
		660	63				
CJ20-160	200	220	160	146 × 187 × 178 $F \geqslant 80$	$4 - \phi9^{+0.58}_0$ 130 ± 0.5 130 ± 0.5		600/120 1200
		380	160				
		660	100				
CJ20-160/11		1140	80	146 × 197 × 190			
CJ20-250	315	220	250	190 × 235 × 230 $F \geqslant 100$	$4 - \phi9^{+0.58}_0$ 160 ± 0.5 150 ± 0.5		
		380	250				
CJ20-250/06		660	200				
CJ20-400	400	220	400	245 × 294 × 262 $F \geqslant 110$	$4 - \phi9^{+0.58}_0$ 210 ± 0.5 180 ± 0.5	辅助触点 16A, 其组合形式为 42、33、24 螺钉安装	300/60 600
		380	400				
CJ20-400/06		660	250				
CJ20-630	630	220	630	245 × 294 × 272 $F \geqslant 120$	$4 - \phi11^{+0.7}_0$ 210 ± 0.575		
		380	630				
CJ20-630/06		660	400				
CJ20-630/11	400	1140	400	245 × 294 × 287 $F \geqslant 120$	$4 - \phi11^{+0.7}_0$ 210 ± 0.575 180 ± 0.5		300/12 120

① 表中 F 为飞弧距离（前方），单位为 mm。

常用的 CZ18 系列直流接触器技术参数如表 1-2 所示。

表 1-2　常用的 CZ18 系列直流接触器技术参数

型号	约定发热电流/A	额定工作电压/V	额定工作电流/A	外形尺寸（宽/mm×高/mm×深/mm）	安装尺寸/mm（孔数-孔径 孔宽、孔高）	结构特征	机/电寿命（万次）操作频率（次/h）
CZ18-40/10 CZ18-40/20	40	440	40	$120 \times 166 \times 142$ $138 \times 166 \times 142$	$2 - \phi7$ 28×137	40A、80A 的辅助触点为 6A，其余规格为 10A，其组合形式为 22 主触点组合形式 10、20（160A 及以上仅有 10） B 形带绝缘底板	500/50 1200（其余） 600（160A）
CZ18-80/10 CZ18-80/20	80		80	$138 \times 185 \times 160$	$2 - \phi7$ 28×157		
CZ18-160B/10 CZ18-160/10	160		160	$142 \times 323 \times 304$ $142 \times 273 \times 229$	$4 - \phi9$ 70×240		
CZ18-315B/10 CZ18-315/10	315		315	$148 \times 366 \times 349$ $148 \times 325 \times 269$	$4 - \phi9$ 90×270		300/30 600
CZ18-630B/10 CZ18-630/10	630		630	$176 \times 466 \times 442$ $176 \times 426 \times 342$	$4 - \phi11$ 110×320		
CZ18-1000B/10 CZ18-1000/10	1000		1000	$180 \times 550 \times 510$ $180 \times 131 \times 410$	$4 - \phi13$ 130×390		

近年来我国从德国引进了西门子公司的 3TB 型系列、BBC 公司的 B 型系列等交流接触器。

3TB 型产品结构紧凑、寿命长、技术经济指标优越、外形尺寸小、安装方便、符合 VDE、IEC 标准要求。3TB 型交流接触器技术参数如表 1-3 所示。

表 1-3　3TB 型交流接触器技术参数

接触器型号	约定发热电流/A	380V 时额定工作电流/A	660V 时额定工作电流/A	可控电动机功率/kW		接触器在 AC-3 使用类别下的操作频率和电寿命（次）		接触器在 AC-4 使用类别下电寿命数据		
								可控电动机功率/kW		电寿命（次）
				380V	660V	操作频率 $\frac{}{750h^{-1}}$	操作频率 $\frac{}{1200h^{-1}}$	380V	660V	操作频率 $\frac{}{300h^{-1}}$
3TB40	22	9	7.2	4	5.5	—	1.2×10^6	1.4	2.4	2×10^5
3TB41	22	12	9.5	5.5	7.5	—	1.2×10^6	1.9	3.3	
3TB42	35	16	13.5	7.5	11	—	1.2×10^6	3.5	6	
3TB43	35	22	13.5	11	11	—	1.2×10^6	4	6.6	
3TB44	55	32	18	15	15	1.2×10^6		7.5	11	

（二）接触器选用原则

1. 额定电压　接触器的额定电压是指主触点的额定电压，应等于负载的额定电压。通常电压等级分为交流接触器 380V、660V 及 1140V；直流接触器 220V、440V、660V。

2. 额定电流　接触器的额定电流是指主触点的额定电流，应等于或稍大于负载的额定电流（按接触器设计时规定的使用类别来确定）。CJ20 系列交流接触器额定电流等级有 10A、16A、32A、55A、80A、125A、200A、315A、400A、630A。CZ18 系列直流接触器额定电流等级有 40A、80A、160A、315A、630A、1000A。

3. 电磁线圈的额定电压　电磁线圈的额定电压等于控制回路的电源电压，通常电压等级分为交流线圈 36V、127V、220V、380V；直流线圈 24V、48V、110V、220V。

使用时，一般交流负载用交流接触器，直流负载用直流接触器，但对于频繁动作的交流负载，可选用带直流电磁线圈的交流接触器。

4. 触点数目　接触器的触点数目应能满足控制电路的要求。各种类型的接触器触点数目不同。常用交流接触器的主触点有三对（常开触点），一般有四对辅助触点（两对常开、两对常闭），最多可达到六对（三对常开、三对常闭）。

直流接触器主触点一般有两对（常开触点）；辅助触点有四对（两对常开、两对常闭）。

5. 额定操作频率　接触器额定操作频率是指每小时接通次数。通常交流接触器为 600 次/h；直流接触器为 1200 次/h。

五、智能型交流接触器

普通交流接触器在吸合过程中产生的铁心撞击能量与分断过程中产生的电弧能量直接影响接触器运行的可靠性及使用寿命。智能型交流接触器采用内置微处理器对三相主回路、线圈控制回路的电压、电流信号的采集、处理，并对接触器的吸合、吸持及分断等操作过程进行智能控制。在接触器吸合过程中大幅度减小铁心撞击能量，且消除主触点一、二次弹跳现象；在吸持（运行）过程中，实现吸合线圈节能及抗电压跌落功能；在分断过程中实行零电流分断控制达到无弧分断效果。同时，智能交流接触器具有对接触器本身的故障诊断及对电动机的过载和断相保护功能，另外，智能交流接触器通过现场总线与主控计算机实现双向通信功能。

第三节　继　电　器

继电器主要用于控制与保护电路或信号转换。当输入量变化到某一定值时，继电器动作，其触点接通或断开交、直流小容量的控制回路。

随着现代科技的高速发展，继电器的应用越来越广泛。为了满足各种使用要求，人们研制了一批新结构、高性能、高可靠性的继电器。

继电器的种类很多，常用的分类方法有：

按用途分，有控制继电器和保护继电器。

按动作原理分，有电磁式继电器、感应式继电器、电动式继电器、电子式继电器、热继电器。

按输入信号的不同来分，有电压继电器、中间继电器、电流继电器、时间继电器、速度继电器等。

一、电磁式继电器

常用的电磁式继电器有电压继电器、中间继电器和电流继电器。

（一）电磁式继电器的结构与工作原理

电磁式继电器的结构和工作原理与接触器相似，由电磁系统、触点系统和释放弹簧等组成，电磁式继电器原理图如图 1-17 所示。由于继电器用于控制电路，所以流过触点的电流比较小，故不需要灭弧装置。电磁式继电器的图形、文字符号如图 1-18 所示。

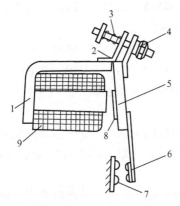

图 1-17 电磁式继电器原理图

1—铁心 2—旋转棱角 3—释放弹簧 4—调节螺母

5—衔铁 6—动触点 7—静触点 8—非磁性垫片 9—线圈

图 1-18 电磁式继电器
的图形、文字符号

（二）电磁式继电器的特性

继电器的主要特性是输入-输出特性，又称继电特性，继电特性曲线如图 1-19 所示。当继电器输入量由零增至 x_2 以前，继电器输出量 y 为零。当输入量增加到 x_2 时，继电器吸合，输出量为 y_1，若 x 再增大，y_1 保持不变；当 x 减小到 x_1 时，继电器释放，输出量由 y_1 降到零，x 再减小，y 值均为零。

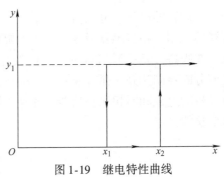

图 1-19 继电特性曲线

在图 1-19 中，x_2 称为继电器吸合值，欲使继电器吸合，输入量必须等于或大于 x_2；x_1 称为继电器释放值，欲使继电器释放，输入量必须等于或小于 x_1。

$k = x_1/x_2$ 称为继电器的返回系数，它是继电器重要参数之一。k 值是可以调节的，可通过调节释放弹簧的松紧程度（拧紧时，x_1 与 x_2 同时增大，k 也随之增大；放松时，k 减小）或调整铁心与衔铁间非磁性垫片的厚薄（增厚时 x_1 增大、k 增大；减薄时 k 减小）来达到。不同场合要求不同的 k 值。例如一般继电器要求低的返回系数，k 值应在 0.1 ~ 0.4 之间。这样当继电器吸合后，输入量波动较大时不致引起误动作；欠电压继电器则要求高的返回系数，k 值应在 0.6 以上。设某继电器 $k = 0.66$，吸合电压为额定电压的 90%，则电压低于额定电压的 60% 时，继电器释放，起到欠电压保护作用。

另一个重要参数是吸合时间和释放时间。吸合时间是指从线圈接受电信号到衔铁完全吸合所需的时间；释放时间是指从线圈失电到衔铁完全释放所需的时间。一般继电器的吸合时间与释放时间为 0.05 ~ 0.15s，快速继电器为 0.005 ~ 0.05s，它的大小影响继电器的操作频率。

（三）电压继电器

电压继电器反映的是电压信号。使用时，电压继电器的线圈与负载并联。其线圈匝数多且线径小。常用的有欠（零）电压继电器和过电压继电器两种。

电路正常工作时，欠电压继电器吸合，当电路电压减小到某一整定值以下时（为 $30\% \sim 50\% U_N$），欠电压继电器释放，对电路实现欠电压保护。

电路正常工作时，过电压继电器不动作. 当电路电压超过某一整定值时（一般为 $105\% \sim 120\% U_N$），过电压继电器吸合，对电路实现过电压保护。

零电压继电器是当电路电压降低到 $5\% \sim 25\% U_N$ 时释放，对电路实现零电压保护。

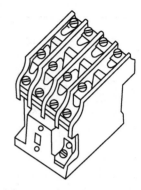

图 1-20　中间继电器外形图

中间继电器实质上是一种电压继电器，中间继电器外形图如图 1-20 所示。它的特点是触点数目较多，电流容量可增大，起到中间放大（触点数目和电流容量）的作用。

表 1-4 列出了 JT4 系列继电器技术参数。表 1-5 列出了 JZ7 系列继电器技术参数。

表 1-4　JT4 系列继电器技术参数

型　号	吸引线圈规格（交流）/V	触点组合形式与数量（常开、常闭）
JT4-□□P（零电压）	110，127，220，380	01，10，02，20，11
JT4-□□A（过电压）	110，220，380	01，10，02，20，11

表 1-5　JZ7 系列继电器技术参数

型　号	额定电压/V		吸引线圈电压/V	额定电流/A	触点数量		最高操作频率/（次/h）	机械寿命（万次）	电寿命（万次）
	交流	直流			常开	常闭			
JZ7-22	500	440	36，127，220，380，500	5	2	2	1200	300	100
JZ7-41	500	440	36，127，220，380，500	5	4	1	1200	300	100
JZ7-44	500	440	12，36，127，220，380，500	5	4	4	1200	300	100
JZ7-62	500	440	12，36，127，220，380，500	5	6	2	1200	300	100
JZ7-80	500	440	12，36，127，220，380，500	5	8	0	1200	300	100

（四）电流继电器

电流继电器反映的是电流信号。在使用时电流继电器的线圈和负载串联，其线圈匝数少而线径粗。这样，线圈上的压降很小，不会影响负载电路的电流。常用的电流继电器有欠电流继电器和过电流继电器两种。

电路正常工作时，欠电流继电器吸合动作，当电路电流减小到某一整定值以下时，欠电流继电器释放，对电路起欠电流保护作用。

电路正常工作时，过电流继电器不动作，当电路中电流超过某一整定值时，过电流继电器吸合动作，对电路起过电流保护作用。

表 1-6 列出了 JL18 系列直流继电器技术参数。

表 1-6　JL18 系列直流继电器技术参数

型　号	额定电压/V	额定工作电流/A	外形尺寸（宽/mm×高/mm×深/mm）	结构特征	型号及代表意义
JL18-1.0		1.0			
JL18-1.6		1.6			
JL18-2.5		2.5			
JL18-4.0		4.0			
JL18-6.3		6.3	77×120×105		
JL18-10		10		触点工作电压 AC 380V、DC 220V 发热电流 10A 可自动及手动复位	
JL18-16		16			
JL18-25	AC 380 DC 220	25			
JL18-40		40			
JL18-63		63	100×120×105		
JL18-100		100			
JL18-160		160	102×120×105		
JL18-250		250	110×120×105		
JL18-400		400			
JL18-630		630	115×120×105		

型号及代表意义：

JL18-□□/□□

TH——热带型
触点组合形式(11)
派生代号
J——交流
Z——直流
F——高返回系数
线圈额定工作电流 I_N(A)

注：整定电流调节范围：交流吸合110%～350% I_N
　　　　　　　　　　　　直流吸合70%～300% I_N

二、舌（干）簧继电器

舌（干）簧继电器可以反映电压、电流、功率以及电流极性等信号，在检测、自动控制、计算技术等领域中应用广泛。

舌（干）簧继电器主要由干式舌簧片与励磁线圈组成。干式舌簧片（触点）是密封的，由铁镍合金做成，舌片的接触部分通常镀以贵重金属（如金、铑、钯等），接触良好，具有优良的导电性能。触点密封在充有氮气等惰性气体的玻璃管中，因而有效地防止了尘埃的污染，减少了触点的腐蚀，提高了工作可靠性，其结构原理图如图 1-21 所示。

当线圈通电后，管中两舌簧片的自由端分别被磁化成 N 极和 S 极而相互吸引，接通被控制的电路。线圈断电后，舌簧片在本身的弹力作用下分开并复位，控制电路亦被切断。

舌（干）簧继电器具有以下特点：

1）吸合功率小，灵敏度高。一般舌簧继电器吸合与释放时间均在 0.5～2ms 以内。

2）触点密封，不受尘埃、潮气及有害气体污染，动片质量小，动程小，触点电寿命长，一般可达 10^8 次左右。动作速度快。

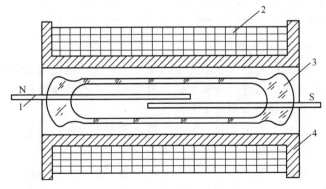

图 1-21　舌（干）簧继电器结构原理图
1—舌簧片　2—线圈　3—玻璃管　4—骨架

3）结构简单，体积小。

4）价格低廉，维修方便。

5）不足之处是触点易冷焊粘住，过载能力低，触点开距小，耐压低，断开瞬间触点易抖动。

舌（干）簧继电器还可以用永磁体来驱动，反映非电信号，用作限位及行程控制以及非电量检测等。

表1-7列出了国产部分舌（干）簧继电器系列的技术参数。

表1-7　国产部分舌（干）簧继电器系列的技术参数

参　　数	型　号							
	JAG-2		JAG-3		JAG-4		JAG-5	
	H 形	Z 形	H 形	Z 形	H 形	Z 形	H 形	Z 形
触点形式	常开	转换	常开	转换	常开	转换	常开	转换
使用环境温度/℃	$-10 \sim +55$		$-25 \sim +55$		$-10 \sim +55$		$-10 \sim +55$	
舌簧管外形尺寸/mm	$\phi 4 \times 36$	$\phi 4 \times 35$	$\phi 3 \times 20$	$\phi 3 \times 20$	$\phi 3 \times 21$	$\phi 3 \times 20$	$\phi 8 \times 42$	$\phi 8 \times 50$
吸合安匝	$60 \sim 80$	$45 \sim 65$	$45 \sim 85$	$45 \sim 85$	$25 \sim 40$	$60 \sim 100$	$180 \sim 330$	$180 \sim 330$
释放安匝	≥ 25	≥ 20	$25 \sim 30$	$25 \sim 30$	≥ 8	≥ 20	≥ 60	≥ 60
吸合时间/ms	≤ 1.7	≤ 2.5	≤ 3	≤ 3	≤ 0.9		≤ 5[1]	≤ 5[1]
接触电阻/Ω	≤ 0.1	≤ 0.15	≤ 0.2	≤ 0.2	≤ 0.15	≤ 0.15	≤ 0.5	≤ 0.5
触点容量（阻性）	24V 直流 $\times 0.2$A	24V 直流 $\times 0.1$A	24V 直流 $\times 0.1$A	24V 直流 $\times 0.1$A	12V 直流 $\times 0.05$A	12V 直流 $\times 0.05$A	最大电压300V 直流 最大电流2A 最大功率200W[2]	
寿命（次）	10^7	10^6	10^6	10^5	10^6		5×10^4	
备　　注	上述参数均在标准线圈中测出						环境温度可达 +55℃	

① 为参考数据。

② 特殊情况下 3000V×0.1A 负载亦可。

三、自动控制用小型继电器

小型继电器适用于自动控制系统和电子电路、计算机接口电路。

下面介绍常用的 JTX 系列小型继电器。JTX 系列继电器有交流、直流电压和直流电流三种形式，其结构如图1-22 所示。

小型继电器由铁心、衔铁、线圈及释放弹簧组成。电磁系统是 U 形拍合式棱角转动结构。通电后靠衔铁带动具有弹性的动触点臂使触点闭合或打开；触点压力由动触点臂的弹性力获得，释放时靠弹簧使触点迅速返回，触点发热电流为 7.5A，电寿命为 10 万次，返回系数为 0.5（因磁路不饱和故返回系数比较高）。

另外，JQX - 10F 系列为电子管插座式，结构与 JTX 系列相似，其特点是结构紧凑，采用封闭式，与外电路连接采用电子管插点形式，使用方便，且体积较小（外形尺寸为 63mm ×

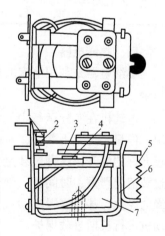

图 1-22　JTX 系列小型通用继电器

1—静触点　2—动触点　3—衔铁
4—铁心　5—释放弹簧
6—铁轭　7—线圈

35mm×35mm）。

此外还有一种用于电子电路的微型继电器DZ-100系列。该产品动作响应快（动作时间小于10ms），电磁系统为小型长U形拍合式棱角转动结构，通电后吸合衔铁，使长臂绕棱角转动，长臂的另一端反向推动带有动触点的弹簧片，使触点断开或闭合。该产品功耗很低，仅为0.8W，体积小，外形尺寸为35.5mm×30mm×19mm，重量只有31g，电寿命指标可达500万次。

表1-8列出了JTX系列小型继电器的技术参数。

表1-8　JTX系列小型继电器的技术参数

线圈额定电压或额定电流	线圈数据			吸动值不大于/V	释放值不小于/V	线圈工作电流/mA
	线径/mm	匝数	电阻/Ω			
交流电压/V　6	0.31	505	5.5	5.1	—	415
12	0.21	1010	24	10.2	—	208
24	0.15	2020	92	20.4	—	102
36	0.13	3030	190	30.6	—	69
110	0.08	9260	1600	93.5	—	24.2
127	0.08	10700	2000	108	2.7	19
220	0.05	18500	7500	187	5.4	11.5
直流电压/V　6	0.21	1535	40	5.1	10.8	150
12	0.15	2875	150	10.2	21.6	80
24	0.11	5475	570	20.4	49.5	42
48	0.08	10700	2230	40.8	99	21.5
110	0.05	22000	10000	93.5	—	11
220	0.04	22000	20000	187	8.1	11
直流电流/mA　20	0.07	13000	3000	18	48	—
40	0.11	5400	500	36	16.2	—

四、热继电器

热继电器是利用电流的热效应原理工作的电器，广泛用于三相异步电动机的长期过载保护。

电动机在实际运行中，常会遇到过载情况，但只要过载不严重、时间短，绕组不超过允许的温升，这种过载是允许的。但如果过载情况严重、时间长，则会加速电动机绝缘的老化，甚至烧毁电动机，因此必须对电动机进行长期过载保护。

（一）热继电器结构与工作原理

热继电器主要由热元件、双金属片和触点组成，如图1-23所示。

热元件由发热电阻丝做成。双金属片由两种热膨胀系数不同的金属辗压而成，当双

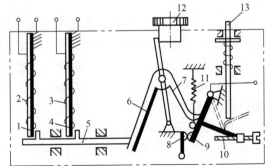

图1-23　双金属片热继电器结构原理图

1、4—主双金属片　2、3—热元件　5—导板
6—温度补偿片　7—推杆　8—静触点　9—动触点
10—螺钉　11—弹簧　12—凸轮　13—复位按钮

金属片受热时，会出现弯曲变形。使用时，把热元件串接于电动机的主电路中，而常闭触点串接于电动机的控制电路中。当电动机正常运行时，热元件产生的热量虽能使双金属片弯曲，但还不足以使热继电器的触点动作。当电动机过载时，双金属片弯曲位移增大，推动导板使常闭触点断开，从而切断电动机控制电路以起保护作用。

热继电器动作后，经过一段时间的冷却即能自动或手动复位。热继电器动作电流的调节可以借助旋转凸轮于不同位置来实现。

在三相异步电动机电路中，一般采用两相结构的热继电器，即在两相主电路中串接热元件。

如果发生三相电源严重不平衡、电动机绕组内部短路或绝缘不良等故障，使电动机某一相的线电流比其他两相要高，而这一相没有串接热元件时，热继电器也不能起保护作用，这就需要采用三相结构的热继电器。

（二）断相保护热继电器

对于三相感应电动机、定子绕组为△联结的电动机必须采用带断相保护的热继电器。因为将热继电器的热元件串在△联结的电动机的电源进线中，并且按电动机的额定电流来选择热继电器，当故障线电流达到额定电流时，在电动机绕组内部，电流较大的那一相绕组的故障相电流将超过额定相电流。但由于热元件串接在电源进线中，所以热继电器不会动作，但对电动机来说就有过热危险了。

为了对△联结的电动机进行断相保护，必须将三个热元件分别串接在电动机的每相绕组中。这时热继电器的整定电流值按每相绕组的额定电流来选择。但是这种接线复杂、麻烦且导线也较粗。针对我国生产的三相笼型电动机、功率在 4kW 以上者大都采用△联结，为解决这类电动机的断相保护，设计了带有断相保护装置的三相结构热继电器。

JR16 系列为断相保护热继电器。带断相保护的热继电器结构图如图 1-24 所示。

图中元件 3 为双金属片，虚线表示动作位置，图 1-24a 是断电时的位置。当电流为额定电流时三个热元件正常发热，其端部均向左弯曲并推动上、下导板同时左移，但到不了动作线，继电器常开触点不会动作，如图 1-24b 所示。当电流过载达到整定的电流时，双金属片弯曲较大，把导板和杠杆推到动作位置，继电器触点动作，如图 1-24c 所示。当一相（设 A 相）断路时，A 相热元件温度由原来正常发热状态下降，双金属片由弯曲状态伸直，推动上导板右移；同时由于 B、C 相电流较大，故推动下导板向左移，使杠杆扭转，继电器动作，起到断相保护作用。

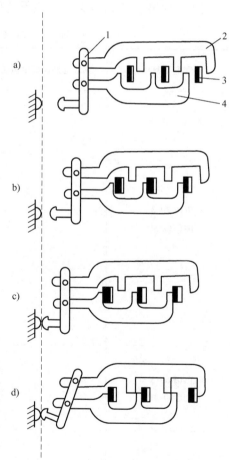

图 1-24 带断相保护的热继电器结构图
a）断电 b）正常运行 c）过载 d）单相断电
1—杠杆 2—上导板 3—双金属片 4—下导板

（三）热继电器主要技术参数

热继电器型号表示意义如下：

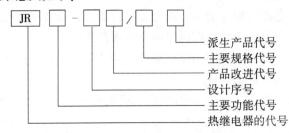

热继电器的选择主要根据电动机的额定电流来确定其型号及热元件的额定电流等级。

热继电器的整定电流通常等于或大于电动机的额定电流，每一种额定电流的热继电器可装入若干种不同额定电流的热元件。

由于热惯性的原因，热继电器不能作短路保护。因为发生短路事故时，要求电路立即断开，而热继电器却因为热惯性的原因，在电动机起动或短时过载时，不会使继电器立即动作，从而保证了电动机的正常工作。

表 1-9 列出了 JR16 系列热继电器的技术参数。

表 1-9　JR16 系列热继电器的技术参数

热继电器型号	热继电器额定电流值/A	热元件规格		
		编号	额定电流值/A	刻度电流调节范围值/A
JR16-20/3 JR16-20/3D	20	1	0.35	0.25～0.3～0.35
		2	0.5	0.32～0.4～0.5
		3	0.72	0.45～0.6～0.72
		4	1.1	0.68～0.9～1.1
		5	1.6	1.0～1.3～1.6
		6	2.4	1.6～2.0～2.4
		7	3.5	2.2～2.8～3.5
		8	5.0	3.2～4.0～5.0
		9	7.2	4.5～6.0～7.2
		10	11.0	6.8～9.0～11.0
		11	16.0	10.0～13.0～16.0
		12	22.0	14.0～18.0～22.0
JR16-60/3 JR16-60/3D	60	13	22.0	14.0～18.0～22.0
		14	32.0	20.0～26.0～32.0
		15	45.0	28.0～36.0～45.0
		16	63.0	40.0～50.0～63.0
JR16-150/3 JR16-150/3D	150	17	63.0	40.0～50.0～63.0
		18	85.0	53.0～70.0～85.0
		19	120.0	75.0～100.0～120.0
		20	160.0	100.0～130.0～160.0

JR20 系列热继电器是我国较新产品，250A 以上的都配有专门的速饱和电流互感器，其一次绕组串接于电动机主电路中，二次绕组与热元件串联。

热继电器的图形、文字符号如图 1-25 所示。

五、时间继电器

从得到输入信号（线圈的通电或断电）开始，经过一定的延时后才输出信号（触点的闭合或断开）的继电器，称为时间继电器。

时间继电器的延时方式有两种：

通电延时：接受输入信号后延迟一定的时间，输出信号才发生变化。当输入信号消失后，输出瞬时复原。

断电延时：接受输入信号时，瞬时产生相应的输出信号。当输入信号消失后，延迟一定的时间，输出才复原。

时间继电器的种类很多，常用的有电磁式、空气阻尼式、半导体式等。

（一）直流电磁式时间继电器

直流电磁式时间继电器在铁心上增加一个阻尼铜套，带有阻尼铜套的铁心结构图如图 1-26 所示。

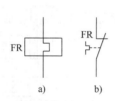
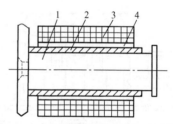

图 1-25　热继电器的图形、文字符号　　　　图 1-26　带有阻尼铜套的铁心结构图
a) 热元件　b) 常闭触点　　　　　　　　　1—铁心　2—阻尼铜套　3—线圈　4—绝缘层

由电磁感应定律可知，在继电器通、断电过程中铜套内将感应涡流，阻止穿过铜套内的磁通变化，因而对原磁通起了阻尼作用。

当继电器通电吸合时，由于衔铁处于释放位置，气隙大、磁阻大、磁通小，铜套的阻尼作用也小，因此铁心吸合时的延时不显著，一般可忽略不计。当继电器断电时，磁通量的变化大，铜套的阻尼作用大。因此，这种继电器仅用作断电延时，其延时动作触点有延时断开常开触点和延时闭合常闭触点两种。

这种时间继电器的延时时间较短，JT 系列最长不超过 5s，而且准确度较低，一般只用于延时精度要求不高的场合。

直流电磁式时间继电器延时时间的长短是靠改变铁心与衔铁间非磁性垫片的厚薄（粗调）或改变释放弹簧的松紧（细调）来调节的。垫片厚则延时短；垫片薄则延时长。释放弹簧紧则延时短；释放弹簧松则延时长。

直流电磁式时间继电器 JT3 系列的技术参数如表 1-10 所示。

（二）空气阻尼式时间继电器

空气阻尼式时间继电器是利用空气阻尼作用而达到延时的目的。它由电磁机构、延时机构和触点组成。

表 1-10　直流电磁式时间继电器 JT3 系列的技术参数

型　号	吸引线圈电压/V	触点组合及数量 （常开、常闭）	延　时/s
JT3-□□/1	12，24，48， 110，220，440	11，02，20，03，12，21， 04，40，22，13，31，30	0.3 ~ 0.9
JT3-□□/3			0.8 ~ 3.0
JT3-□□/5			2.5 ~ 5.0

注：表中型号 JT3-□□ 后面之 1、3、5 表示延时类型（1s、3s、5s）。

　　空气阻尼式时间继电器的电磁机构有交流、直流两种。延时方式有通电延时型和断电延时型（改变电磁机构位置，将电磁铁翻转 180°安装）。当动铁心（衔铁）位于静铁心和延时机构之间位置时为通电延时型；当静铁心位于动铁心和延时机构之间位置为断电延时型。

　　现以通电延时型为例说明其工作原理（见图 1-27）。当线圈 1 得电后衔铁（动铁心）3 吸合，活塞杆 6 在塔形弹簧 8 作用下带动活塞 12 及橡皮膜 10 向上移动，橡皮膜下方空气室空气变得稀薄形成负压，活塞杆只能缓慢移动，其移动速度由进气孔气隙大小来决定。经一段延时后，活塞杆通过杠杆 7 压动微动开关 15，使其触点动作，起到通电延时作用。

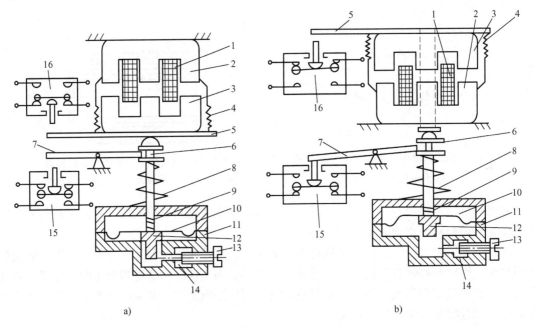

图 1-27　JS7-A 系列时间继电器
a) 通电延时型　b) 断电延时型

1—线圈　2—铁心　3—衔铁　4—反力弹簧　5—推板　6—活塞杆　7—杠杆　8—塔形弹簧　9—弱弹簧
10—橡皮膜　11—空气室壁　12—活塞　13—调节螺钉　14—进气孔　15、16—微动开关

　　当线圈断电时，衔铁释放，橡皮膜下方空气室内的空气通过活塞肩部所形成的单向阀迅速地排出，使活塞杆、杠杆、微动开关等迅速复位。由线圈得电到触点动作的一段时间即为时间继电器的延时时间，其延时时间可通过调节螺钉 13 调节进气孔气隙大小来改变。

　　断电延时型的结构、工作原理与通电延时型相似，只是电磁铁安装方向不同，即当衔铁吸合时推动活塞复位，排出空气。当衔铁释放时活塞杆在弹簧作用下使活塞向下移动，实现断电延时。

在线圈通电和断电时，微动开关 16 在推板 5 的作用下都能瞬时动作，其触点即为时间继电器的瞬动触点。

国产空气阻尼式继电器——JS7－A 系列空气阻尼式时间继电器技术参数如表 1-11 所示。

表 1-11　JS7－A 系列空气阻尼式时间继电器技术参数

型　　号	吸引线圈电压/V	触点额定电压/V	触点额定电流/A	延时范围	延时触点				瞬动触点	
					通电延时		断电延时		常开	常闭
					常开	常闭	常开	常闭		
JS7－1A	24，　36，110，127，220，380，420	380	5	各种型号均有 0.4～60s 和 0.4～180s 两种产品	1	1	—	—	—	—
JS7－2A					1	1	—	—	1	1
JS7－3A					—	—	1	1	—	—
JS7－4A					—	—	1	1	1	1

注：1. 表中型号 JS7 后面之 1～4A 是区别通电延时还是断电延时，以及带瞬动触点还是不带瞬动触点。

2. JS7－A 为改型产品，体积小。

空气阻尼式时间继电器结构简单，价格低廉，延时范围 0.4～180s，但是延时误差较大，难以精确地整定延时时间，常用于延时精度要求不高的交流控制电路中。

日本生产的空气阻尼式时间继电器体积比 JS7 系列小 50% 以上，橡皮膜用特殊的塑料薄膜制成，其气孔精度要求很高，延时时间可达几十分钟，延时精度为 ±10%。

按照通电延时和断电延时两种形式，空气阻尼式时间继电器的延时触点有：延时断开常开触点、延时断开常闭触点、延时闭合常开触点和延时闭合常闭触点。

时间继电器的图形、文字符号如图 1-28 所示。

六、速度继电器

速度继电器主要用于笼型异步电动机的反接制动控制，也称反接制动继电器。其结构原理图如图 1-29 所示。

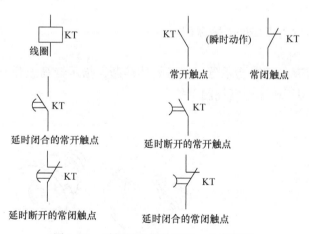

图 1-28　时间继电器的图形、文字符号

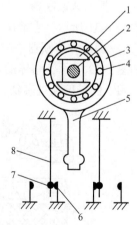

图 1-29　速度继电器
结构原理图

1—转子　2—电动机轴　3—定子
4—绕组　5—定子柄　6—静触点
7—动触点　8—簧片

速度继电器主要由定子、转子和触点三部分组成。定子的结构与笼型异步电动机相似，是一个笼型空心圆环，由硅钢片冲压而成，并装有笼型绕组。转子是一块永久磁铁。

速度继电器的轴与电动机的轴相连接。转子固定在轴上，定子与轴同心。当电动机转动时，速度继电器的转子随之转动，绕组切割磁场产生感应电动势和电流，此电流和永久磁铁的磁场作用产生转矩，使定子向轴的转动方向偏摆，通过定子柄拨动触点，使常闭触点断开、常开触点闭合。当电动机转速下降到接近零时，转矩减小，定子柄在弹簧力的作用下恢复原位，触点也复原。

速度继电器除 JY1 型外，还有一种 JFZ0 型。

JFZ0 型触点动作速度不受定子柄偏转快慢的影响，触点改用微动开关。

速度继电器额定工作转速有 300 ~ 1000r/min 与 1000 ~ 3000r/min 两种。动作转速在 120r/min 左右，复位转速在 100r/min 以下。

速度继电器有两组触点（各有一对常开触点和一对常闭触点），可分别控制电动机正反转的反接制动。

速度继电器根据电动机的额定转速进行选择。其图形、文字符号如图 1-30 所示。

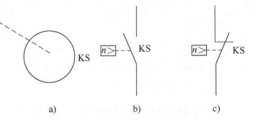

图 1-30　速度继电器的图形、文字符号

a) 转子　b) 常开触点　c) 常闭触点

第四节　熔　断　器

熔断器是一种简单而有效的保护电器。在电路中主要起短路保护作用。

熔断器主要由熔体和安装熔体的绝缘管（绝缘座）组成。使用时，熔体串接于被保护的电路中，当电路发生短路故障时，熔体被瞬时熔断而分断电路，起到保护作用。

一、常用的熔断器

（一）插入式熔断器

如图 1-31 所示，它常用于低压分支电路的短路保护。

（二）螺旋式熔断器

如图 1-32 所示，熔体的上端盖有一熔断指示器，一旦熔体熔断，指示器马上弹出，可透过瓷帽上的玻璃孔观察到，它常用于机床电气控制设备中。

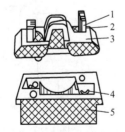

图 1-31　插入式熔断器

1—动触点　2—熔体　3—瓷插件　4—静触点　5—瓷座

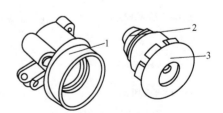

图 1-32　螺旋式熔断器

1—底座　2—熔体　3—瓷帽

（三）无填料封闭管式熔断器

如图 1-33 所示，它常用于低压电力网或成套配电设备中。

（四）有填料封闭管式熔断器

如图 1-34 所示，绝缘管内装有石英砂作填料，用来冷却和熄灭电弧，它常用于大容量的电力网或配套设备中。

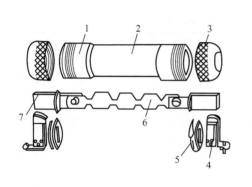

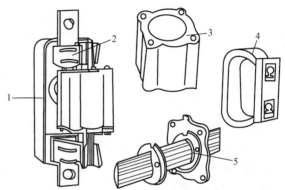

图 1-33　无填料封闭管式熔断器
1—铜圈　2—熔断管　3—管帽
4—插座　5—特殊垫圈　6—熔体　7—熔片

图 1-34　有填料封闭管式熔断器
1—瓷底座　2—弹簧片　3—管体
4—绝缘手柄　5—熔体

（五）快速熔断器

它主要用于半导体整流元件或整流装置的短路保护。由于半导体元件的过载能力很低，只能在极短时间内承受较大的过载电流，因此要求短路保护具有快速熔断的能力。快速熔断器的结构和有填料封闭式熔断器基本相同，但熔体材料和形状不同，它是用银片冲制的有 V 形深槽的变截面熔体。

快速熔断器的接线方式有三种：接入交流侧、接入整流桥臂和接入直流侧，如图 1-35 所示。

（六）自复熔断器

采用金属钠作熔体，在常温下具有高电导率。当电路发生短路故障时，短路电流产生高温使钠迅速气化，气态钠呈现高阻态，从而限制了短路电流。当短路电流消失后，温度下降，金属钠恢复原来的良好导电性能。自复熔断器只能限制短路电流，不能分断电路。其优点是不必更换熔体，能重复使用。

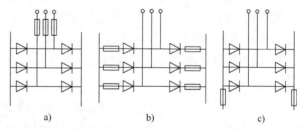

图 1-35　快速熔断器的接线方式
a）接入交流侧　b）接入整流桥臂　c）接入直流侧

另外，我国还生产了一种信号熔断器，型号是 RX2-1000。它并联于熔断器，本身对电路不起保护作用，一旦熔体熔断，信号器随之立即动作，指示器以足够的力推动与之相连的微动开关，接通信号源报警或作用于其他开关电器的感测元件，使三级开关分断，防止电路的断相运行。

二、熔断器的主要特性

（一）安秒特性

它表示熔断时间 t 与通过熔体的电流 I 的关系，熔断器的安秒特性如图 1-36 所示。

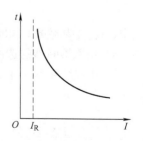

图 1-36　熔断器的安秒特性

熔断器的安秒特性为反时限特性，即短路电流值越大，熔断时间越短，能满足短路保护的要求。在特性中，有一个熔断电流与不熔断电流的分界线，与此相应的电流称为最小熔断电流 I_R。熔体在额定电流下，绝不应熔断，所以最小熔断电流必须大于额定电流。

熔断器的熔断电流与熔断时间的关系如表 1-12 所示。

表 1-12　熔断器的熔断电流与熔断时间的关系

熔断电流	$1.25 \sim 1.3I_N$	$1.6I_N$	$2I_N$	$2.5I_N$	$3I_N$	$4I_N$
熔断时间	∞	1h	40s	8s	4.5s	2.5s

（二）极限分断能力

通常是在额定电压及一定的功率因数（或时间常数）下切断短路电流的极限能力，常用极限断开电流值（周期分量的有效值）来表示。熔断器的极限分断能力必须大于电路中可能出现的最大短路电流。

三、熔断器的选用

熔断器用于不同性质的负载，其熔体额定电流的选用方法也不同。

（1）熔断器类型选择　其类型应根据电路的要求、使用场合和安装条件选择。

（2）熔断器额定电压的选择　其额定电压应大于或等于电路的工作电压。

（3）熔断器额定电流的选择　其额定电流必须大于或等于所装熔体的额定电流。

（4）熔体额定电流的选择

1）对于电炉、照明等电阻性负载的短路保护，熔体的额定电流等于或稍大于电路的工作电流。

2）在配电系统中，通常有多级熔断器保护，发生短路故障时，远离电源端的前级熔断器应先熔断。所以一般后一级熔体的额定电流比前一级熔体的额定电流至少大一个等级，以防止熔断器越级熔断而扩大停电范围。

3）保护单台电动机时，考虑到电动机受起动电流的冲击，熔断器的额定电流应按下式计算：

$$I_{RN} \geq (1.5 \sim 2.5) I_N$$

式中，I_{RN} 为熔体的额定电流；I_N 为电动机的额定电流。轻载起动或起动时间短时，系数可取接近 1.5，带重载起动或起动时间较长时，系数可取 2.5。

4）保护多台电动机，熔断器的额定电流可按下式计算（当这些电动机不会同时起动时）：

$$I_{RN} \geq (1.5 \sim 2.5) I_{N\max} + \sum I_N$$

式中，$I_{N\max}$ 为容量最大的一台电动机的额定电流；$\sum I_N$ 为其余电动机额定电流之和。

5）快速熔断器的选用

① 快速熔断器接在交流侧或直流侧电路中时

$$I_{RN} \geq k_1 I$$

式中，k_1 为与整流电路形式有关的系数；I 为最大整流电流。

在不可控整流电路中，k_1 只与整流电路的形式有关，不可控整流电路的 k_1 值如表 1-13 所示。

表 1-13　不可控整流电路的 k_1 值

电路形式	单相半波	单相全波	单相桥式	三相半波	三相桥式	双星形六相
k_1	1.57	0.785	1.11	0.575	0.816	0.29

在可控整流电路中，k_1 不但与整流电路的形式有关，而且与导通角有关，可控整流电路的 k_1 值如表 1-14 所示。

表 1-14　可控整流电路的 k_1 值

电路形式	导通角/ (°)					
	180	150	120	90	60	30
单相半波	1.57	1.66	1.88	2.22	2.78	3.99
单相桥式	1.11	1.17	1.33	1.57	1.97	2.82
三相桥式	0.816	0.828	0.865	1.03	1.29	1.88

② 快速熔断器接入整流桥臂与整流元件串联时

$$I_{RN} \geqslant 1.5 I_N$$

式中，I_N 为整流元件额定电流。

熔断器的型号表示的意义如下：

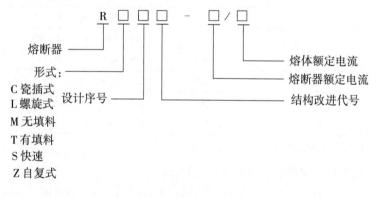

（5）各种型号、规格的熔断器主要技术参数如表 1-15 所示。

表 1-15　熔断器主要技术参数

型号	熔断器额定电流/A	额定电压/V	熔体额定电流/A	额定分断电流/kA
RC1A-5	5	380	1, 2, 3, 5	300 （$\cos\varphi = 0.4$）
RC1A-10	10	380	2, 4, 6, 8, 10	500 （$\cos\varphi = 0.4$）
RC1A-15	15	380	6, 10, 12, 15	500 （$\cos\varphi = 0.4$）
RC1A-30	30	380	15, 20, 25, 30	1500 （$\cos\varphi = 0.4$）
RC1A-60	60	380	30, 40, 50, 60	3000 （$\cos\varphi = 0.4$）
RC1A-100	100	380	60, 80, 100	3000 （$\cos\varphi = 0.4$）
RC1A-200	200	380	100, 120, 150, 200	3000 （$\cos\varphi = 0.4$）
RL1-15	15	380	2, 4, 5, 10, 15	25 （$\cos\varphi = 0.35$）
RL1-60	60	380	20, 25, 30, 35, 40, 50, 60	25 （$\cos\varphi = 0.35$）

（续）

型 号	熔断器额定电流/A	额定电压/V		熔体额定电流/A	额定分断电流/kA	
RL1-100	100	380		60，80，100	50（cosφ=0.25）	
RL1-200	200	380		100，125，150，200	50（cosφ=0.25）	
RT0-50	50	（AC）380	（DC）440	5，10，15，20，30，40，50	（AC）50	（DC）25
RT0-100	100	（AC）380	（DC）440	30，40，50，60，80，100	（AC）50	（DC）25
RT0-200	200	（AC）380	（DC）440	80，100，120，150，200	（AC）50	（DC）25
RT0-400	400	（AC）380	（DC）440	150，200，250，300，350，400	（AC）50	（DC）25
RM10-15	15	220		6，10，15	1.2	
RM10-60	60	220		15，20，25，36，45，60	3.5	
RM10-100	100	220		60，80，100	10	
RS3-50	50	500		10，15，30，50	50（cosφ=0.3）	
RS3-100	100	500		80，100	50（cosφ=0.5）	
RS3-200	200	500		150，200	50（cosφ=0.5）	
NT0	160	500		6，10，20，50，100，160	120	
NT1	250	500		80，100，200，250	120	
NT2	400	500		125，160，200，300，400	120	
NT3	630	500		315，400，500，630	120	
NGT0	125	380		25，32，80，100，125	100	
NGT1	250	380		100，160，250	100	
NGT2	400	380		200，250，355，400	100	

注：NT 和 NGT 系列熔断器为引进德国 AGC 公司的产品。

（6）熔断器的图形、文字符号如图 1-37 所示。

图 1-37　熔断器的图形、文字符号

第五节　低压开关与低压断路器

一、低压断路器

低压断路器多用于不频繁开、关电路的控制，且当电路、电器设备或电动机发生严重过载、短路或欠电压等故障时能自动切断电路，因此，低压断路器也是低压配电网中一种重要的保护电器。

低压断路器具有多种保护功能（过载、短路、欠电压保护等）、动作值可调、分断能力强、操作方便、安全等优点，目前被广泛应用。

（一）结构和工作原理

低压断路器由操作机构、触点、保护装置（各种脱扣器）、灭弧系统等组成。低压断路器工作原理图如图1-38所示。

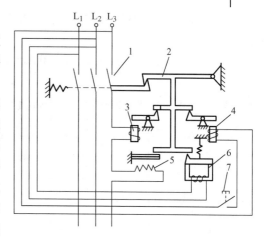

图1-38 低压断路器工作原理图
1—主触点 2—自由脱扣机构 3—过电流脱扣器
4—分励脱扣器 5—热脱扣器 6—欠电压脱扣器
7—分励按钮

低压断路器的主触点是靠手动操作或电动合闸的。主触点闭合后，自由脱扣机构将主触点锁在合闸位置上。过电流脱扣器的线圈和热脱扣器的热元件与主电路串联，欠电压脱扣器的线圈和电源并联。当电路发生短路或严重过载时，过电流脱扣器的衔铁吸合，使自由脱扣机构动作，主触点断开主电路。当电路过载时，热脱扣器的热元件发热使双金属片向上弯曲，推动自由脱扣机构动作。当电路欠电压时，欠电压脱扣器的衔铁释放，也使自由脱扣机构动作。分励脱扣器则作为远距离控制用，在正常工作时，其线圈是断电的，在需要远距离控制时，按下分励按钮，分励脱扣器线圈通电，衔铁带动自由脱扣机构动作，主触点断开。

（二）低压断路器的类型

1. 万能式断路器 具有绝缘衬垫的框架结构底座将所有的构件组装在一起，用于小型电动机、照明电路及电热器等电器设备的控制开关和配电网络的保护。主要型号有DW10和DW15两个系列。

2. 塑料外壳式断路器 具有模压绝缘材料制成的封闭型外壳将所有构件组装在一起，用作电动机、照明电路及电热器等电器设备的控制开关和配电网络的保护。主要型号有DZ5、DZ10、DZ20等系列。

3. 快速断路器 具有快速电磁铁和强有力的灭弧装置，最快动作时间可在0.02s以内，用于半导体整流元件和整流电路的开关和保护。主要型号有DS系列。

4. 限流断路器 利用短路电流产生的巨大电动斥力，使触点迅速断开，能在交流短路电流尚未达到峰值之前就把故障电路切断。用于短路电流较大（高达70kA）电路的开关和保护。主要型号有DWX15和DZX10两种系列。

另外，我国引进的国外断路器产品有德国的ME系列、西门子公司的3WE系列，日本的AE、AH、TG系列，法国的C45、S060系列，美国的H系列等。这些引进的产品都有较高的技术经济指标，通过这些国外先进技术的引进，使我国断路器的技术水平飞跃到一个新的阶段，为我国今后开发更新一代智能型的断路器打下了良好的基础。

（三）低压断路器的选用

1）断路器的额定电压和额定电流应大于或等于电路、设备的正常工作电压和工作电流。

2）断路器的极限通断能力应大于或等于电路最大短路电流。

3）欠电压脱扣器的额定电压等于电路的额定电压。

4）过电流脱扣器的额定电流应大于或等于电路的最大负载电流。

低压断路器的图形、文字符号如图1-39所示。

图1-39 低压断路器的图形、文字符号

国产低压断路器 DW15、DZ15、DZX10、DS12 系列的技术参数如表 1-16 ~ 表 1-19 所示。

表 1-16　DW15 系列断路器的技术参数

| 型　号 | 额定电压/V | 额定电流/A | 额定短路接通分断能力 | | | | | 外形尺寸
(宽/mm×高/mm×深/mm) |
			电压/V	接通最大值/kA	分断有效值/kA	$\cos\varphi$	短延时最大延时/s	
DW15-200	380	200	380	40	20	—		242×420×341(正面) 386×420×316(侧面)
DW15-400	380	400	380	52.5	25	—		242×420×341 386×420×316
DW15-630	380	630	380	63	30	—		242×420×341 386×420×316
DW15-1000	380	1000	380	84	40	0.2	—	441×531×508
DW15-1600	380	1600	380	84	40	0.2	—	441×531×508
DW15-2500	380	2500	380	132	60	0.2	0.4	687×571×631 897×571×631
DW15-4000	380	4000	380	196	80	0.2	0.4	687×571×631 897×571×631

表 1-17　DZ15 系列塑料外壳式断路器的技术参数

型　号	壳架额定电流/A	额定电压/V	极数	脱扣器额定电流/A	额定短路通断能力/kA	电气、机械寿命(次)
DZ15-40/1901	40	220	1	6，10，16，20，25，32，40	3 ($\cos\varphi=0.9$)	15000
DZ15-40/2901		380	2			
DZ15-40/3901 3902		380	3			
DZ15-40/4901		380	4			
DZ15-63/1901	63	220	1	10，16，20，25，32，40，50，63	5 ($\cos\varphi=0.7$)	10000
DZ15-63/2901		380	2			
DZ15-63/3901 3902		380	3			
DZ15-63/4901		380	4			

二、漏电保护器

漏电保护器是最常用的一种漏电保护电器。当低压电网发生人身触电或设备漏电时，漏电保护器能迅速自动切断电源，从而避免造成人身或设备事故。

漏电保护器按其检测故障信号的不同可分为电压型和电流型。前者存在可靠性差等缺点，已被淘汰。下面仅介绍电流型漏电保护器。

表1-18 DZX10系列断路器的技术参数

型 号	极数	脱扣器额定电流/A	附 件		辅助触点
			欠电压（或分励）脱扣器/V		
DZX10-100/22	2	63，80，100			一开一闭 二开二闭
DZX10-100/23	2				
DZX10-100/32	3				
DZX10-100/33	3				
DZX10-200/22	2	100，120，140，170，200	欠电压：AC 220，380 分励：AC 220，380 DC 24，48，110，220		
DZX10-200/23	2				
DZX10-200/32	3				二开二闭 四开四闭
DZX10-200/33	3				
DZX10-630/22	2	200，250，300，350，400，500，630			
DZX10-630/23	2				
DZX10-630/32	3				
DZX10-630/33	3				

表1-19 DS12系列断路器的技术参数

型 号	额定工作电压/V	壳架等级额定电流/A	脱扣器形式或长延时脱扣器电流整定范围	瞬时脱扣器电流整定值/A	外形尺寸 （宽/mm × 高/mm × 深/mm）
DS12-10/08	800	1000	分励脱扣器、欠电压脱扣器、电流上升率脱扣器	$(0.8 \sim 2)I_N$	340×625×680
DS12-20/08		2000			340×655×680
DS12-30/08		3150			380×660×960
DS12-60/08		6300			380×800×1100

注：I_N 为额定电流。

（一）结构与工作原理

漏电保护器一般由三个主要部件组成：一是检测电流大小的零序电流互感器；二是能将检测到的漏电流与一个预定基准值相比较，从而判断是否动作的漏电脱扣器；三是受漏电脱扣器控制的能接通、分断被保护电路的开关装置。

目前常用的电流型漏电保护器根据其结构不同分为电子式和电磁式两种。

1. 电磁式电流型漏电保护器　电磁式电流型漏电保护器的特点是把漏电电流直接通过漏电脱扣器来操作开关装置。

电磁式电流型漏电保护器由开关装置、试验电路、电磁式漏电脱扣器和零序电流互感器组成。其工作原理图如图1-40所示。

当电网正常运行时，不论三相负载是否平衡，通过零序电流互感器主电路的三相电流的向量和等于零，因此其二次绕组中无感应电动势，漏电保护器也工作于闭合状态。一旦电网中发生漏电或触电事故，上述三相电流的向量和不再等于零，因为有漏电或触电电流通过人体和大地而返回变压器中性点。于是，互感器二次绕组中便产生感应电压加到漏电脱扣器上。当达到额定漏电动作电流时，漏电

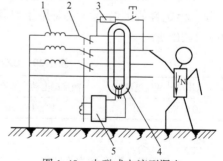

图1-40 电磁式电流型漏电保护器工作原理图

1—电源变压器 2—主开关 3—试验回路
4—零序电流互感器 5—电磁式漏电脱扣器

脱扣器就动作，推动开关装置的锁扣，使开关打开，分断主电路。

2. 电子式电流型漏电保护器　电子式电流型漏电保护器的特点是把漏电电流经过电子电路放大后才能使漏电脱扣器动作，从而操作开关装置。

电子式电流型漏电保护器由开关装置、试验电路、零序电流互感器、电子放大器和漏电脱扣器组成，其工作原理图如图1-41所示。

电子式漏电保护器的工作原理与电磁式的大致相同。只是当漏电电流超过基准值时，立即被放大并输出具有一定驱动功率的信号使漏电脱扣器动作。

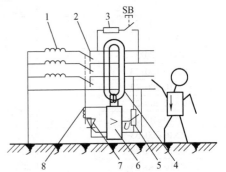

图1-41　电子式电流型漏电保护
器工作原理图
1—电源变压器　2—主开关　3—试验回路
4—零序电流互感器　5—压敏电阻
6—电子放大器　7—晶闸管
8—脱扣器

（二）漏电保护器的选用

1. 漏电保护器的主要技术参数

（1）额定电压　指漏电保护器的使用电压。规定为220V或380V。

（2）额定电流　被保护电路允许通过的最大电流。

（3）额定动作电流　在规定的条件下，必须动作的漏电电流值。当漏电电流大于此值时，漏电保护器必须动作。

（4）额定不动作电流　在规定的条件下，不动作的漏电电流值。当漏电电流小于此值时，保护器不应动作。此电流值一般为额定动作电流的一半。

（5）动作时间　从发生漏电到保护器动作断开的时间。快速型在0.2s以下，延时型一般为0.2~2s。

2. 漏电保护器的选用

1）手持电动工具、移动电器、家用电器应选用额定漏电动作电流不大于30mA的快速动作的漏电保护器（动作时间不大于0.1s）。

2）单台电动机设备可选用额定漏电动作电流为30mA以上、100mA以下快速动作的漏电保护器。

3）有多台设备的总保护应选用额定漏电动作电流为100mA及以上快速动作的漏电保护器。

目前生产的DZL18-20型漏电保护器为电子式集成电路的漏电保护器，具有稳压、功耗低、稳定性好的特点。主要用于单相电路末端（如家用电器设备等负载），其技术参数如表1-20所示。

表1-20　DZL18-20型漏电保护器技术参数

额定电压/V	额定电流/A	额定漏电动作电流/mA	额定漏电不动作电流/mA	动作时间/s
220	20	10, 15, 30	6, 7.5, 15	≤0.1

三、刀开关

（一）开启式开关熔断器组

开启式开关熔断器组俗称胶壳刀开关，是一种结构简单、应用广泛的手动电器。用作电路的电源开关和小容量电动机非频繁起动的操作开关。

开启式开关熔断器组由操作手柄、熔丝、触刀、触刀座和底座组成，如图1-42所示。

胶壳使电弧不致飞出灼伤操作人员，防止极间电弧造成的电源短路；熔丝起短路保护作用。

开启式开关熔断器组安装时，手柄要向上，不得倒装或平装。倒装时，手柄有可能因自动下滑而引起误合闸，造成人身事故。接线时，应将电源线接在上端，负载接在熔丝下端。这样，拉闸后刀开关与电源隔离，便于更换熔丝。

开启式开关熔断器组的图形、文字符号如图1-43所示。

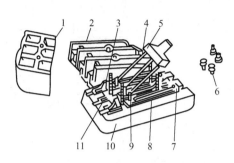

图1-42　开启式开关熔断器组的结构图

1—上胶盖　2—下胶盖　3—插座　4—触刀　5—瓷柄

6—胶盖紧固螺母　7—出线座　8—熔丝　9—触刀座

10—瓷底板　11—进线座

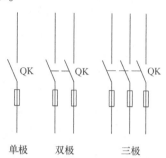

图1-43　开启式开关熔断器组的图形、文字符号

HK1系列开启式开关熔断器组的技术数据如表1-21所示。

表1-21　HK1系列开启式开关熔断器组的技术参数

额定电流值/A	极数	额定电压值/V	可控制电动机最大容量值/kW		触刀极限分断能力/A（$\cos\varphi = 0.6$）	熔丝极限分断能力/A	配用熔丝规格			
							熔丝成分			熔丝直径/mm
			220V	380V			W_{Pb}	W_{Sn}	W_{Sb}	
15	2	220	—	—	30	500				1.45~1.59
30	2	220	—	—	60	1000	98%	1%	1%	2.30~2.52
60	2	220	—	—	90	1500				3.36~4.00
15	3	380	1.5	2.2	30	500				1.45~1.59
30	3	380	3.0	4.0	60	1000	98%	1%	1%	2.30~2.52
60	3	380	4.4	5.5	90	1500				3.36~4.00

（二）封闭式开关熔断器组

封闭式开关熔断器组俗称铁壳开关，用于非频繁起动、28kW以下的三相异步电动机。

封闭式开关熔断器组主要由钢板外壳、触刀、操作机构、熔丝等组成，如图1-44所示。

操作机构具有两个特点：一是采用储能合闸方式，在手柄转轴与底座间装有速断弹簧，以执行合闸或分闸，在速断弹簧的作用下，动触刀与静触刀分离，使电弧迅速拉长而熄灭；二是具有机械联锁，当铁盖打开时，刀开关被卡住，不能操作合闸。铁盖合上，操作手柄使开关合闸后，铁盖不能打开。

选用刀开关时，刀的极数要与电源进线相数相等；刀开关的额定电压应大于或等于所控制的电路额定电压；刀开关的额定电流应大于负载的额定电流。

HH10系列封闭式开关熔断器组的技术参数如

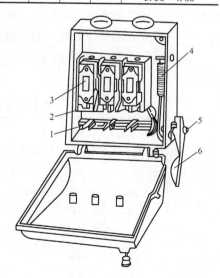

图1-44　封闭式开关熔断器组的结构图

1—触刀　2—夹座　3—熔断器

4—速断弹簧　5—转轴　6—手柄

表 1-22 所示。

表 1-22　HH10 系列封闭式开关熔断器组的技术参数

产品系列	负荷开关额定电流/A	熔断器额定电流/A	熔体额定电流/A	极限分断能力（1.1U_N、50Hz）				极限接通、分断能力（1.1U_N、50Hz）				机械寿命（次）	电寿命（额定电压、额定电流）	
				U_N/V	熔断器型式	极限分断能力/A	功率因数	分断次数	U_N/V	通断电流/A	功率因数	试验条件	试验条件	次数
HH10	10	10	2,4,6,10	440	瓷插式	750	0.8	3	440	40	0.4	操作频率 1 次/min；通电时间不超过 2s；接通与分断 10 次	功率因数 0.8；操作频率 2 次/min；通电时间不超过 2s	>5000
	20	20	10,15,20		瓷插式	1500	0.8			80				
					RT10	50000	0.25						>10000	
	30	30	20,25,30		瓷插式	2000	0.8			120				
					RT10	50000	0.25							
	60	60	30,40,50,60		瓷插式	4000	0.8			240				
					RT10	50000	0.25							
	100	100	60,80,100		瓷插式	4000	0.8			250			>5000	>2000
					RT10	50000	0.25							

四、组合开关

组合开关在机床电气设备中用作电源引入开关，也可用来直接控制小容量三相异步电动机非频繁正反转。

组合开关由动触点、静触点、方形转轴、手柄、定位机构和外壳组成。它的触点分别叠装于数层绝缘座内，其结构和图形、文字符号如图 1-45 所示。当转动手柄时，每层的动触片随方形转轴一起转动，并使静触点插入相应的动触片中，接通电路。图中黑点表示其左边的一对触点接通。

HZ10 系列组合开关的技术参数如表 1-23 所示。

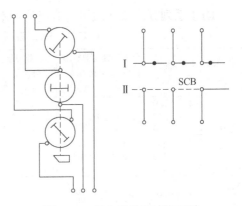

图 1-45　组合开关的结构和图形、文字符号

表 1-23　HZ10 系列组合开关的技术参数

型号	额定电压/V	额定电流/A	极数	极限操作电流[1]/A		可控制电动机最大容量和额定电流[1]		额定电压及额定电流下的通断次数			
				接通	分断	容量/kW	额定电流/A	$\cos\varphi$		直流时间常数/s	
								≥0.8	≥0.3	≤0.0025	≤0.01
HZ10-10	DC 220，AC 380	6	单极	94	62	3	7	20000	10000	20000	10000
		10									
HZ10-25		25	2，3	155	108	5.5	12				
HZ10-60		60									
HZ10-100		100						10000	5000	10000	5000

[1] 均指三极组合开关。

第六节 主 令 电 器

主令电器主要用来切换控制电路。

一、按钮

按钮在低压控制电路中用于手动发出控制信号。

按钮由按钮帽、复位弹簧、动触点、静触点和外壳等组成，如图 1-46 所示。

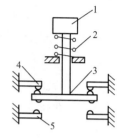

图 1-46 按钮的结构图
1—按钮帽 2—复位弹簧
3—动触点 4—常闭静触点
5—常开静触点

按用途和结构的不同，分为起动按钮、停止按钮和复位按钮等。起动按钮带有常开触点，手指按下按钮帽，常开触点闭合；手指松开，常开触点复位。起动按钮的按钮帽采用绿色。停止按钮带有常闭触点，手指按下按钮帽，常闭触点断开；手指松开，常闭触点复位。停止按钮的按钮帽采用红色。复合按钮带有常开触点和常闭触点，手指按下按钮帽，先断开常闭触点再闭合常开触点；手指松开，常开触点和常闭触点先后复位。

在机床电气设备中，常用的按钮有 LA-18、LA-19、LA-20、LA-25 系列。LA-25 系列按钮的主要技术参数如表 1-24 所示。

表 1-24　LA-25 系列按钮的主要技术参数

型　号	触点组合	按钮颜色	型　号	触点组合	按钮颜色
LA25-10	一常开	白绿黄蓝橙黑红	LA25-33	三常开三常闭	白绿黄蓝橙黑红
LA25-01	一常闭		LA25-40	四常开	
LA25-11	一常开一常闭		LA25-04	四常闭	
LA25-20	二常开		LA25-41	四常开一常闭	
LA25-02	二常闭		LA25-14	一常开四常闭	
LA25-21	二常开一常闭		LA25-42	四常开二常闭	
LA25-12	一常开二常闭		LA25-24	二常开四常闭	
LA25-22	二常开二常闭		LA25-50	五常开	
LA25-30	三常开		LA25-05	五常闭	
LA25-03	三常闭		LA25-51	五常开一常闭	
LA25-31	三常开一常闭		LA25-15	一常开五常闭	
LA25-13	一常开三常闭		LA25-60	六常开	
LA25-32	三常开二常闭		LA25-06	六常闭	
LA25-23	二常开三常闭				

按钮的图形、文字符号如图 1-47 所示。

二、位置开关

位置开关是利用运动部件的行程位置实现控制的电器元件。常用于自动往返的生产机械中。按结构不同可分为直动式、滚轮式、微动式，如图 1-48 所示。

位置开关的结构、工作原理与按钮相同。区别是位置开关不靠手动而是利用运动部件上的挡块碰压而使触点动作，有自动复位和非自动复位两种。

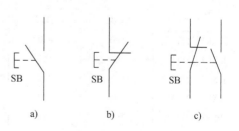

图 1-47　按钮的图形、文字符号
a）起动按钮　b）停止按钮
c）复合按钮

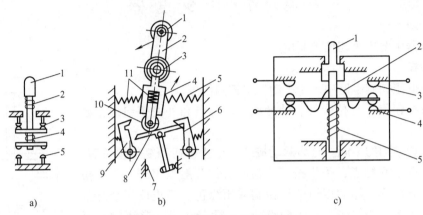

图 1-48　位置开关的结构图

a）直动式

1—顶杆　2—弹簧　3—常闭触点　4—触点弹簧　5—常开触点

b）滚轮式

1—滚轮　2—上转臂　3、5、11—弹簧　4—套架　6、9—压板　7—触点　8—触点推杆　10—小滑轮

c）微动式

1—推杆　2—弯形片状弹簧　3—常开触点　4—常闭触点　5—恢复弹簧

位置开关的图形、文字符号如图 1-49 所示。

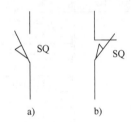

图 1-49　位置开关的图形、文字符号

a）常开触点　b）常闭触点

常用的位置开关有 LX10、LX12、JLXK1 等系列，JLXK1 系列位置开关的技术参数如表 1-25 所示。

表 1-25　JLXK1 系列位置开关的技术参数

型　号	额定电压/V		额定电流/A	触点数量		结构形式
	交流	直流		常开	常闭	
JLXK1-111	500	440	5	1	1	单轮防护式
JLXK1-211	500	440	5	1	1	双轮防护式
JLXK1-111M	500	440	5	1	1	单轮密封式
JLXK1-211M	500	440	5	1	1	双轮密封式
JLXK1-311	500	440	5	1	1	直动防护式
JLXK1-311M	500	440	5	1	1	直动密封式
JLXK1-411	500	440	5	1	1	直动滚轮防护式
JLXK1-411M	500	440	5	1	1	直动滚轮密封式

三、凸轮控制器与主令控制器

（一）凸轮控制器

凸轮控制器用于起重设备和其他电力拖动装置，用于控制电动机的起动、正反转、调速和制动。结构主要由手柄、定位机构、转轴、凸轮和触点组成，如图 1-50 所示。

转动手柄时，转轴带动凸轮一起转动，转到某一位置时，凸轮顶动滚子，克服弹簧压力使动触点顺时针方向转动，脱离静触点而分断电路。在转轴上叠装不同形状的凸轮，可以使若干个触点组按规定的顺序接通或分断。

目前国内生产的有 KT10、KT14 等系列交流凸轮控制器和 KTZ2 系列直流凸轮控制器。KT14 系列凸轮控制器的技术参数如表 1-26 所示。

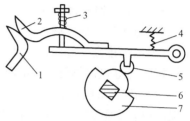

图 1-50　凸轮控制器结构图
1—静触点　2—动触点　3—触点弹簧
4—弹簧　5—滚子　6—方轴　7—凸轮

表 1-26　KT14 系列凸轮控制器的技术参数

型　号	额定电流/A	位置数 左	位置数 右	转子最大电流/A	最大功率/kW	额定操作频率/（次·h⁻¹）	最大工作周期/min
KT14-25J/1	25	5	5	32	11	600	10
KT14-25J/2		5	5	2×32	2×5.5		
KT14-25J/3		1	1	32	5.5		
KT14-60J/1	60	5	5	80	30		
KT14-60J/2		5	5	2×32	2×11		
KT14-60J/4		5	5	2×80	2×30		

凸轮控制器的图形、文字符号如图 1-51 所示。黑点表示它上面的一对触点闭合。

（二）主令控制器

当电动机容量较大、工作繁重、操作频繁、调速性能要求较高时，往往采用主令控制器操作。由主令控制器的触点来控制接触器，再由接触器来控制电动机。这样，触点的容量可大大减小，操作更为轻便。

主令控制器是按照预定程序转换控制电路的主令电器，其结构和凸轮控制器相似，只是触点的额定电流较小。

在起重机中，主令控制器是与控制屏相配合来实现控制的，因此要根据控制屏的型号来选择主令控制器。

目前，国内生产的有 LK14～LK16 系列的主令控制器。

LK14 系列主令控制器的技术参数如表 1-27 所示。

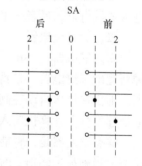

图 1-51　凸轮控制器的图形、文字符号

表 1-27　LK14 系列主令控制器的技术参数

型　号	额定电压/V	额定电流/A	控制电路数	外形尺寸/mm
LK14-12/90	380	15	12	227×220×300
LK14-12/96				
LK14-12/97				

第七节　电子继电器

一、半导体时间继电器

随着电子技术的发展，半导体时间继电器也迅速发展。这类时间继电器体积小、延时范围大、延时精度高、寿命长，已日益得到广泛应用。现以 JSJ 系列时间继电器为例，说明其工作原理，JSJ 型晶体管时间继电器原理图如图 1-52 所示。

半导体时间继电器是利用 RC 电路电容器充电原理实现延时的。图 1-52 中有两个电源：主电源是由变压器二次侧的 18V 电压经整流、滤波而得；辅助电源是由变压器二次侧的 12V 电压经整流、滤波而得。当电源变压器接上电源，晶体管 V_1 导通、V_2 截止，继电器 KA 不动作。两个电源分别向电容 C 充电，a 点电位按指数规律上升。当 a 点电位高于 b 点电位时，晶体管 V_1 截止、V_2 导通，V_2 集电极电流通过继电器 KA 的线圈，

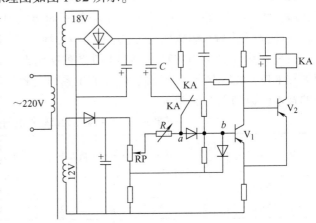

图 1-52　JSJ 型晶体管时间继电器原理图

KA 各触点动作输出信号。图中 KA 的常闭触点断开充电电路，常开触点闭合使电容放电，为下次工作做好准备。调节电位器 RP，就可以改变延时的时间大小。此电路延时范围为 $0.2 \sim 300s$。

半导体时间继电器的输出形式有两种：有触点式和无触点式，前者是用晶体管驱动小型电磁式继电器，后者是采用晶体管或晶闸管输出。

二、固态继电器

固态继电器（SSR）是采用固态半导体元器件组装而成的一种新颖的无触点开关，是一种新型电子继电器，它具有开关速度快、工作频率高、使用寿命长、噪声低和动作可靠等优点，不仅在许多自动控制装备中代替了常规电磁式继电器，而且广泛用于数字程控装备、数据处理系统及计算机输入输出接口电路。

固态继电器是一种能实现无触点通断的电气开关，当控制端无信号时，其主回路呈阻断状态，当施加控制信号时，主回路呈导通状态。它利用信号光电耦合方式使控制回路与负载回路之间没有任何电磁关系，实现了电隔离。

固态继电器是一种四端组件，其中两端为输入端、两端为输出端。按主电路类型分为直流固态继电器和交流固态继电器，直流固态继电器内部的开关器件是功率晶体管，交流固态继电器内部的开关器件是晶闸管。按输入与输出之间的隔离分为光电隔离固态继电器和磁隔离固态继电器。按控制触发信号方式分为过零型和非过零型、有源触发型和无源触发型。

图 1-53 为光耦合式交流固态继电器原理图。当无信号输入时，发光二极管 VL 不发光，光电晶体管 V_1 截止，此时晶体管 V_2 导通，晶闸管 VT_1 门极被钳在低电平而关断，双向晶闸管 VT_2 无触发脉冲，固态继电器两个输出端处于断开状态。

当在输入端输入很小的信号电压时，发光二极管 VL 导通发光，光电晶体管 V_1 导通，

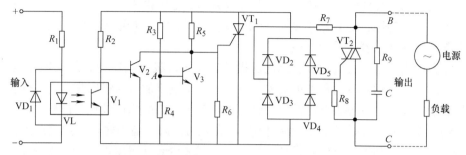

图 1-53　光耦合式交流固态继电器原理图

晶体管 V_2 截止，若电源电压大于过零电压（约 ±25V），A 点电压大于 V_3 的 V_{be3}，V_3 导通，VT_1 仍关断截止，固态继电器输出端因 VT_2 无触发信号而关断。若电源电压小于过零电压，V_A 小于 V_{be3}，V_3 截止，VT_1 门极经 R_5 获触发信号，VT_1 导通，VT_2 门极通过 R_7、VD_2、VT_1、VD_4、R_8 回路和 R_8、VD_5、VT_1、VD_3、R_7 正反两个方向的触发脉冲，使 VT_2 双向导通，接通负载电路。若输入信号消失，V_2 导通，VT_1 关断，但 VT_2 仍保持导通状态，直到负载电流随电源电压的减小下降至双向晶闸管维持电流以下时才关断，从而切断负载电路。

固态继电器的输入电压、电流均不大，但能控制强电压、大电流电路，它与晶体管、TTL、COMS 电子电路有较好的兼容性，可直接与弱电控制回路（如计算机接口电路）连接。常用的产品为 DJ 型系列固态继电器。

三、软起动控制器

目前，交流感应电动机以其成本低、可靠性高和维护少等优点在工业控制领域中得到广泛的应用。但是，交流感应电动机在直接起动时，存在两个缺点：首先，它的起动电流高达 7 倍额定电流，这要求电网的裕量比较大，而且降低了电器控制设备的使用寿命、增加了维护成本；其次，起动转矩是正常转矩的 2 倍，这会对负载产生冲击，增加传动部件的磨损。基于以上原因，产生了交流感应电动机减压起动设备。

传统的减压起动方式有星-三角起动和自耦变压器起动。减压起动，大大降低了起动电流，但每种方法都有各自的缺点。电动机在星-三角起动时，在切换瞬间会出现很高的电流尖峰，产生破坏性的动态转矩，引起的机械振动对电动机转子、轴连接器、中间齿轮以及负载都是非常有害的。自耦变压器起动设备体积庞大，成本高，而且还存在负载电动机转矩很难控制的缺点。由于传统的起动设备存在缺点，因此出现了电子软起动器。

图 1-54 是软起动器原理示意图。软起动设备的功率部分由 3 对正反并联的晶闸管组成，通过电子控制电路调节加到晶闸管上的触发脉冲的角度，以此来控制加到电动机上的电压。使加到电动机上的电压按一定规律逐步达到全电压。通过适当的设置参数，可以使电动机的转矩和电流与负载要求得到较好的匹配。软起动器还有软制动、节电和各种保护功能。

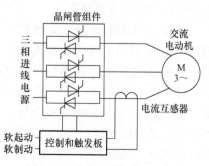

图 1-54　软起动器原理示意图

软起动器起动时，电压沿斜坡上升，升至全压的时间可以设定在 0.5 ~ 60s。软起动器也有软停止功能，其可调的斜坡时间在 0.5 ~ 240s。

起动电流过高，会使电网电压下降，从而导致对其他电网中的负载造成干扰。软起动器不但可以解决这一问题，而且电缆的面积和熔丝的规格也可以相应减小，从而降低安装成本，降低起动电流意味着降低了能耗。

软起动器的内部电子式过载保护继电器提供通常热过载继电器更高的保护性能，例如，它一直保持对间歇运动时电动机温度的检测，并对超出设定的电流极限提供过载保护。

使用软起动器可以解决水泵电动机起动与停止时管道内的水压波动等问题，其起动电流可以降到约 $3.5 \sim 4I_N$（额定电流）。使用软起动器还可以解决诸如输送带起动或停止过程中由于颠簸而造成的产品惯性倾倒及损坏的问题，可以减少起动时皮带打滑引起的皮带磨损以及对齿轮箱、轴承造成的应力过大的问题。

四、接近开关

接近开关又称无触点行程开关，它是机械运动部件运动到接近开关一定距离时发出动作的电子电器。它是通过感辨头与被测物体间介质能量的变化来获取信号。接近开关不仅作行程开关和限位保护，还用于高速计数、测速、液面控制、检测金属体的存在和零件尺寸以及无触点按钮等。

接近开关由接近信号辨识机构、检波、检幅和输出电路等部分组成。接近开关辨识机构按工作原理不同分为高频振荡型、感应型、电容型、光电型、永磁型及磁敏元件型、超声波型等，其中以高频振荡型最为常用。

高频振荡型接近开关由感辨头、振荡器、开关器、输出器和稳压器等部件组成。当装在生产机械上的金属检测体接近感辨头时，由于感应作用，使处于高频振荡器线圈磁场中的物体内部产生涡流与磁滞损耗，以致振荡回路因电阻增大、损耗增加使振荡减弱，直至停止振荡。这时，晶体管开关导通并经输出器输出信号，从而起到控制作用。下面以晶体管停振型接近开关为例分析其工作原理。

晶体管停振型接近开关属于高频振荡型。高频振荡型接近信号的发生机构实际上是一个 LC 振荡器，其中 L 是电感式感辨头。当金属检测体接近感辨头时，在金属检测体中将产生涡流，由于涡流的去磁作用使感辨头的等效参数发生变化，改变振荡回路的谐振阻抗和谐振频率，使振荡停止。按反馈方式可分为电感分压反馈式、电容分压反馈式和变压器反馈式。图 1-55 为晶体管停振型接近开关框图。

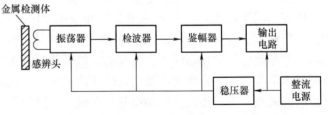

图 1-55   晶体管停振型接近开关框图

晶体管停振型接近开关电路图如图 1-56 所示。图中采用了电容三点式振荡器，感辨头 L 仅有两根引出线，因此也可做成分离式结构。由 C_2 取出的反馈电压经 R_3 和 R_1 加到晶体管 V_1 的基极和发射极两端，取分压比等于 1，即电容 C_1 与 C_2 相等，其目的是为了能够通过改变 R_{RP} 来整定开关的动作距离。由 V_2、V_3 组成的射极耦合触发器不仅用作鉴幅，同时也起电压和功率放大作用。V_2 的基射结还兼作检波器。为了减轻振荡器的负担，选用较小的耦合电容 C_3（510pF）和较大的耦合电阻 R_4（10kΩ）。振荡器输出的正半周电压使 C_3 充电，负半周 C_3 经 R_4 放电，选择较大的 R_4 可减小放电电流，由于每周内的充电量等于放电量，所以较大的 R_4 也会减小充电电流，使振荡器在正半周的负担减轻。但是 R_4 也不应过大，以免 V_2 基极信号过小而在正半周内不足以饱和导通。检波电容 C_4 不接在 V_2 的基极而接在集电极上，其目的是为了减轻振荡器的负担。由于充电时间常数 R_5C_4 远大于放电时间常数（V_2 导通时 C_4 向 V_2 和 VD_3 放电的时间常数），因此当振荡器振荡时，V_2 的集电极电位基本等于其发射极电位，并使 V_3 可靠截止。当有金属检测体接近感辨头 L 使振荡器停止振荡时，V_3 导通，继电器 KA 通电吸合发出接近信号，同时 V_3 的导通因 C_4 充电约有数百微秒的延迟。C_4 的另一个作用是当电路接通电源时，振荡器虽不能立即起振，但由于 C_4 上的电压不能突变，使 V_3 不致有瞬间的误导通。

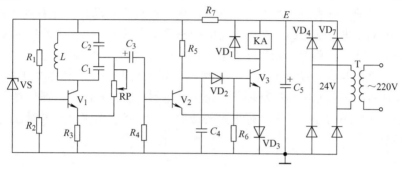

图 1-56　晶体管停振型接近开关电路图

第二章 电器控制的基本电路

在电力拖动自动控制系统中,各种生产机械均由电动机拖动。不同的生产机械,对电动机的控制要求不同。电器控制能实现对电动机的起动、正反转、调速、制动等运行方式的控制,以及必要的保护,以满足生产工艺要求,实现生产过程自动化。随着我国经济的发展,对电力拖动系统的要求不断提高。在现代化的控制系统中采用了许多新的控制装置和电器元件,如 MP、MC、PC、晶闸管等用以实现复杂的生产过程的自动控制。

任何简单或复杂的电器控制电路,都是按照一定的控制原则,由基本的控制环节组成的。掌握这些基本的控制原则和控制环节,是学习电器控制的基础,特别是对生产机械整个电器控制电路工作原理的分析与设计有很大的帮助。本章着重阐明组成电器控制电路的基本原则和基本环节。

第一节 电器控制电路图的绘制

由按钮、开关、接触器、继电器等低压控制电器所组成的控制电路称为电器控制电路。

电器控制电路图分为:电气原理图、电气安装接线图和电器布置图三种。

一、电器控制电路常用的图形、文字符号

电器控制电路图是工程技术的通用语言,为了便于交流与沟通,在电器控制电路图中,各种电器元件的图形、文字符号必须符合国家标准。近年来,随着我国的改革开放,相应地引进了许多国外先进设备。为了便于掌握引进的先进技术和先进设备,便于国际交流和满足国际市场的需要,原国家标准局(现为中国国家标准管理委员会)参照国际电工委员会(IEC)颁布的有关文件,制定了我国电气设备有关国家标准,采用新的图形和文字符号及回路标号。

表 2-1 为常用电气图形、文字符号新旧对照表。

电器控制电路图中的支路、接点,一般都加上标号。

主电路标号由文字符号和数字组成。文字符号用以标明主电路中的元件或电路的主要特征;数字标号用以区别电路不同线段。三相交流电源引入线采用 L_1、L_2、L_3 标号,电源开关之后的三相交流电源主电路分别标 U、V、W。

控制电路由 3 位或 2 位以下的数字组成,交流控制电路的标号一般以主要压降元件(如电器元件线圈)为分界,左侧用奇数标号,右侧用偶数标号。直流控制电路中正极按奇数标号,负极按偶数标号。

二、电气原理图

电气原理图根据工作原理绘制。具有结构简单、层次分明、便于研究和分析电路的工作原理等优点。在各种生产机械的电器控制中,无论在设计部门或生产现场都得到广泛的应用。

表 2-1　常用电气图形、文字符号新旧对照表

名　　称	新标准		旧标准		名　　称	新标准		旧标准	
	图形符号	文字符号	图形符号	文字符号		图形符号	文字符号	图形符号	文字符号
一般三极电源开关		QK		K	接触器 主触点				
					接触器 常开辅助触点		KM		C
低压断路器		QF		UZ	接触器 常闭辅助触点				
位置开关 常开触点					速度继电器 常开触点				
位置开关 常闭触点		SQ		XK	速度继电器 常闭触点		KS		SDJ
位置开关 复合触点					时间继电器 线圈				
熔断器		FU		RD	时间继电器 常开延时闭合触点				
按钮 起动				QA	时间继电器 常闭延时断开触点		KT		SJ
按钮 停止		SB		TA	时间继电器 常闭延时闭合触点				
按钮 复合				AN	时间继电器 常开延时断开触点				
接触器 线圈		KM		C	热继电器 热元件		FR		RJ

（续）

名　称		新标准		旧标准		名　称		新标准		旧标准	
		图形符号	文字符号	图形符号	文字符号			图形符号	文字符号	图形符号	文字符号
热继电器	常闭触点		FR		RJ	桥式整流装置			VC		ZL
继电器	中间继电器线圈		KA		ZJ	照明灯			EL		ZD
	欠电压继电器线圈		KA		QYJ	信号灯			HL		XD
	过电流继电器线圈		KI		GLJ	电阻器			R	或	R
	常开触点		相应继电器符号		相应继电器符号	接插器			X		CZ
	常闭触点					电磁铁			YA		DT
	欠电流继电器线圈		KI	与新标准相同	QLJ	电磁吸盘			YH		DX
转换开关			SA	与新标准相同	HK	串励直流电动机					
						并励直流电动机			M		ZD
						他励直流电动机					
制动电磁铁			YB		DT	复励直流电动机					
电磁离合器			YC		CH	直流发电机			G		ZF
电位器			RP	与新标准相同	W	三相笼型异步电动机			M		D

（续）

名　称	新标准		旧标准		名　称	新标准		旧标准	
	图形符号	文字符号	图形符号	文字符号		图形符号	文字符号	图形符号	文字符号
三相绕线转子异步电动机		M	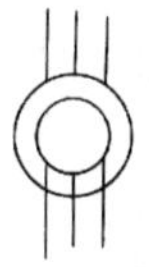	D	PNP 型晶体管				T
单相变压器	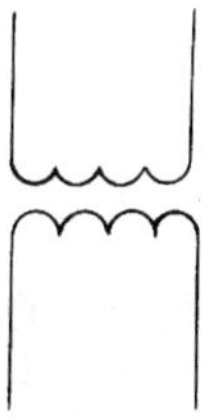	T	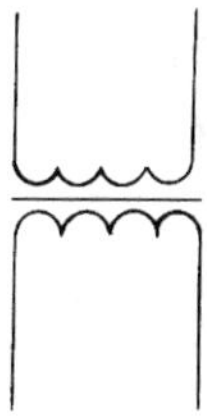	B					
整流变压器				ZLB					
照明变压器				ZB	NPN 型晶体管		V		T
控制电路电源用变压器		TC		B					
三相自耦变压器	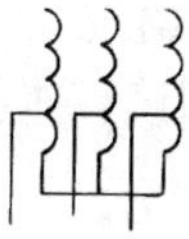	T	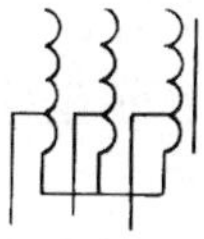	ZOB	晶闸管（阴极侧受控）				SCR
半导体二极管		V		D					

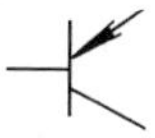

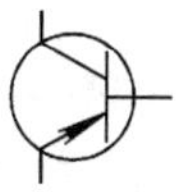

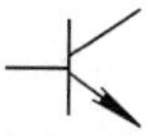

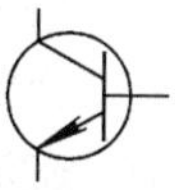

绘制电气原理图应遵循以下原则：

1）电器控制电路根据电路通过的电流大小可分为主电路和控制电路。主电路包括从电源到电动机的电路，是强电流通过的部分，用粗线条画在原理图的左边。控制电路为通过弱电流的电路，一般由按钮、电器元件的线圈、接触器的辅助触点、继电器的触点等组成，用细线条画在原理图的右边。

2）电气原理图中，所有电器元件的图形、文字符号必须采用国家规定的统一标准。

3）采用电器元件展开图的画法。同一电器元件的各部件可以不画在一起，但需用同一文字符号标出。若有多个同一种类的电器元件，可在文字符号后加上数字序号的下标，如 KM_1、KM_2 等。

4）所有按钮、触点等均按没有外力作用和没有通电时的原始状态画出。

5）控制电路的分支线路，原则上按照动作先后顺序排列，两线交叉连接时的电气连接点需用黑点标出。

三相异步电动机正反转控制电路电气原理图如图 2-1 所示。

电气原理图坐标图示法是在上述电气原理图基础上发展而来的，分为轴坐标标注和横坐标标注两种方法。

（一）轴坐标标注法

首先根据电路的繁简以及电路中各部分电路的性质、作用和特点，将电路分为交、直流主电路，交、直流控制电路及辅助电路等。图 2-2 为 M7120 平面磨床轴坐标图示法电气原理图，图中根据电路性质、作用和特点分为交流主电路、交流控制电路、交流辅助电路和直流控制电路 4 部分。为便于标注坐标，将电路各电器元件均按纵向画法排列，每一条纵向电路为一个电路单元，而每一个电路单元给定一个轴坐标，并用数码表示。这样每一电路单元中的各电器元件具有同一轴坐标。在对电路单元进行坐标标号时，为标明各线路性质、作用和特点，往往对同一系统的电路单元用一定的数码来标注轴坐标。在图 2-2 中，交流主电路轴坐标标号为 100～110，交流控制电路轴坐标标号

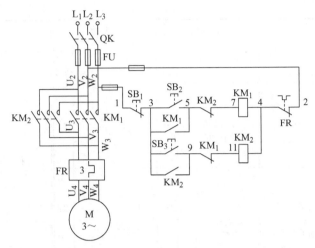

图 2-1　三相异步电动机正反转控制电路电气原理图

为 200～211，直流控制电路轴坐标标号为 30l～312，交流辅助电路轴坐标标号为 402～410。在轴坐标 201 标号的电路单元中有 SB_1、SB_2、KM_1、FR_1、KA 等电器元件。

在选定坐标系统与给定坐标后，下一步就是标注图示坐标。为了阅读，查找方便，可在电路图下方标注"正序图示坐标"或"逆序图示坐标"。

正序图示坐标一般标注在含有接触器或继电器线圈的电路单元的下方。在图 2-2 中标注了 KM_1～KM_6、FR_1～FR_3、KA 的正序图示坐标。在该电路单元的下方标注该接触器各触点分布位置所在电路单元的轴坐标号。例如接触器 KM_5 具有 5 对常开触点、两对常闭触点，在线路中使用 4 对常开触点、1 对常闭触点，它们分别位于 210、308、309、409、211 号电路单元中。这样，各对触点的位置和作用就一目了然了。

逆序图示坐标一般标注在各电路单元的下方，用来标注该电路单元中的触点的受控线圈所在的轴坐标号。例如在图 2-2 中的 201 电路单元中含有触点 SB_1、SB_2、FR_1 和 KA，其中 FR_1 触点的热元件 FR_1 在 101 线路单元中，KA 控制线圈在 307 线路单元中（对于按钮 SB_1、SB_2 因不受其他单元元件的控制，故无须标注）。

由上可知，正序图示坐标以线圈为据找触点，而逆序图示坐标则以触点为据找线圈。图示坐标的标注采用与否，可根据电路图的繁简程度决定。对于简单、一目了然的电路，正、逆图示坐标均可不标注；对于稍复杂的电路，一般只标注正序图示坐标即可；而对于比较复杂的电路，可根据需要标注正、逆序图示坐标。电路越复杂，越能体现标注坐标的优越性。

（二）横坐标标注法

电动机正反转横坐标图示法电气原理图如图 2-3 所示。采用横坐标标注法，电路各电器元件均按横向画法排列。各电器元件线圈的右侧，由上到下标明各支路的序号 1，2，…，并在该电器元件线圈旁标明其常开触点（标在横线上方）、常闭触点（标在横线下方）在电路中所在支路的标号，以便阅读和分析电路时查找。例如接触器 KM_1 常开触点在主电路有 3 对，控制回路 2 支路中有一对；常闭触点在控制电路 3 支路中有一对。此种表示法在机床电气控制电路中普遍采用。

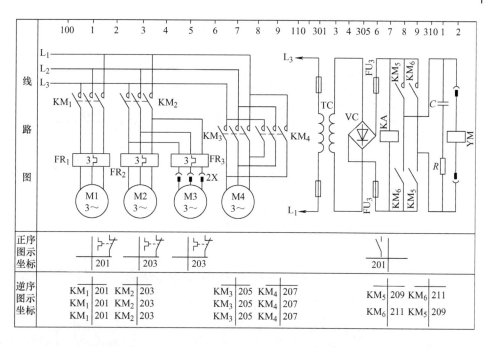

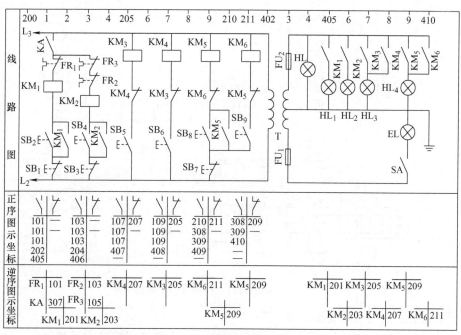

图 2-2　M7120 平面磨床轴坐标图示法电气原理图

三、电气安装接线图

电气安装接线图按照电器元件的实际位置和实际接线绘制，根据电器元件布置最合理、连接导线最经济等原则来安排。电气安装接线图为安装电气设备、电器元件之间配线及检修电气故障等提供了必要的依据。三相异步电动机正反转控制安装接线图如图 2-4 所示。

绘制电气安装接线图应遵循以下原则：

1）各电器元件用规定的图形、文字符号绘制，同一电器元件各部件必须画在一起。各

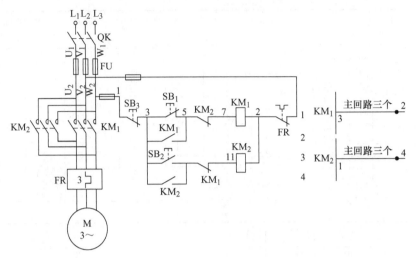

图 2-3　电动机正反转横坐标图示法电气原理图

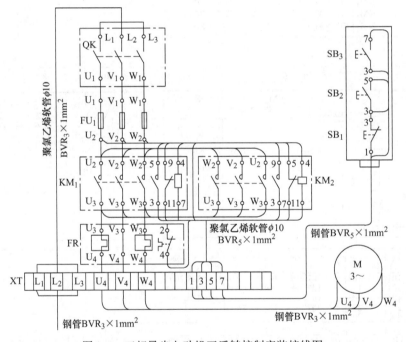

图 2-4　三相异步电动机正反转控制安装接线图

电器元件的位置，应与实际安装位置一致。

2）不在同一控制柜或配电屏上的电器元件的电气连接必须通过端子板进行。各电器元件的文字符号及端子板的编号应与原理图一致，并按原理图的接线进行连接。

3）走向相同的多根导线可用单线表示。

4）画连接导线时，应标明导线的规格、型号、根数和穿线管的尺寸。

第二节　三相异步电动机的起动控制

三相异步电动机最常见的有三相笼型电动机和三相绕线转子电动机。不同型号、不同功率和不同负载的电动机,往往有不同的起动方法,因而控制电路也不同。

一、三相笼型电动机直接起动控制

在供电变压器容量足够大时,小容量异步电动机可直接起动。直接起动的优点是电气设备少,电路简单;缺点是起动电流大,引起供电电路电压波动,干扰其他用电设备的正常工作。

(一)采用刀开关直接起动控制

图 2-5 为采用刀开关直接起动控制电路。

工作过程如下:合上刀开关 QK,电动机接通电源全电压直接起动。打开刀开关 QK,电动机断电停转。这种电路适用于小容量、起动不频繁的异步电动机,如小型台钻、冷却泵、砂轮机等。熔断器起短路保护作用。

(二)采用接触器直接起动控制

1. 点动控制 如图 2-6 所示,主电路由刀开关 QK、熔断器 FU、交流接触器 KM 的主触点和异步电动机组成;控制电路由起动按钮 SB 和交流接触器线圈 KM 组成。

电路的工作过程如下:

起动过程:先合上刀开关 QK→按下起动按钮 SB→接触器 KM 线圈通电→KM 主触点闭合→电动机通电直接起动。

停机过程:松开 SB→KM 线圈断电→KM 主触点断开→电动机断电停转。

从电路可知,按下按钮,电动机转动,松开按钮,电动机停转,这种控制叫点动控制,它能实现电动机短时转动,常用于机床的对刀调整和电动葫芦等。

2. 连续控制 在实际生产中往往要求电动机实现长时间连续转动,即所谓长动控制,如图 2-7 所示。

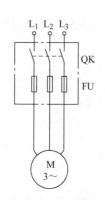

图 2-5 刀开关直接
起动控制电路

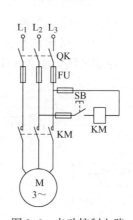

图 2-6 点动控制电路

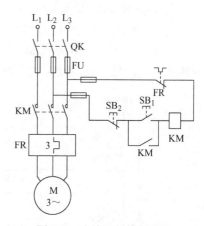

图 2-7 连续运行控制电路

主电路由刀开关 QK、熔断器 FU、接触器 KM 的主触点、热继电器 FR 的热元件和电动机组成,控制电路由停止按钮 SB_2、起动按钮 SB_1、接触器 KM 的常开辅助触点和线圈、热继电器 FR 的常闭触点组成。

工作过程如下:

起动:合上刀开关 QK→按下起动按钮 SB_1→接触器 KM 线圈通电→KM 主触点闭合(松开 SB_1)

                └→KM 常开辅助触点闭合

→电动机接通电源运转。

停机：按下停止按钮 SB₂→KM 线圈断电→KM 主触点和辅助常开触点断开→电动机断电停转。

在连续控制中，当起动按钮 SB₁ 松开后，接触器 KM 的线圈通过其辅助常开触点的闭合仍继续保持通电，从而保证电动机的连续运行。这种依靠接触器自身辅助常开触点而使线圈保持通电的控制方式，称自锁或自保。起到自锁作用的辅助常开触点称自锁触点。

在图 2-7 电路中，把接触器 KM、熔断器 FU、热继电器 FR 和按钮 SB₁、SB₂ 组装成一个控制装置，叫作电磁起动器。电磁起动器有可逆与不可逆两种：不可逆电磁起动器可控制电动机单向直接起动、停止；可逆电磁起动器由两个接触器组成，可控制电动机的正反转。

电路设有以下保护环节：

短路保护：短路时熔断器 FU 的熔体熔断而切断电路起保护作用。

电动机长期过载保护：采用热继电器 FR。由于热继电器的热惯性较大，即使热元件流过几倍于额定值的电流，热继电器也不会立即动作。因此在电动机起动时间不太长的情况下，热继电器不会动作，只有在电动机长时间过载时，热继电器才会动作，用它的常闭触点使控制电路断电。

欠电压、失电压保护：通过接触器 KM 的自锁环节来实现。当电源电压由于某种原因而严重欠电压或失电压（如停电）时，接触器 KM 断电释放，电动机停止转动。当电源电压恢复正常时，接触器线圈不会自行通电，电动机也不会自行起动，只有在操作人员重新按下起动按钮后，电动机才能起动。该控制电路具有如下优点：

1）防止电源电压严重下降时电动机欠电压运行。

2）防止电源电压恢复时，电动机自行起动而造成设备和人身事故。

3）避免多台电动机同时起动造成电网电压的严重下降。

3. 既能点动又能长动控制　在生产实践中，机床调整完毕后，需要进行切削加工，则要求电动机既能实现点动又能实现长动。控制电路如图 2-8 所示。

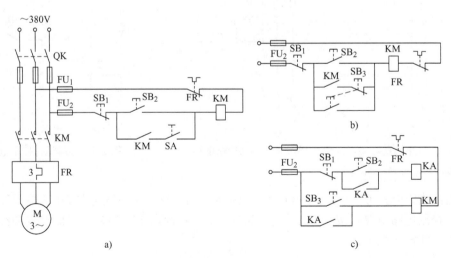

图 2-8　长动和点动控制

图 2-8a 的电路比较简单，采用开关 SA 实现控制。点动控制时，先把 SA 打开，断开自

锁电路→按动 SB$_2$→KM 线圈通电→电动机点动；长动控制时，把 SA 合上→按动 SB$_2$→KM 线圈通电，自锁触点起作用→电动机实现长动。

图 2-8b 的电路采用复合按钮 SB$_3$ 实现控制。点动控制时，按动复合按钮 SB$_3$，断开自锁回路→KM 线圈通电→电动机点动；长动控制时，按动起动按钮 SB$_2$→KM 线圈通电，自锁触点起作用→电动机长动运行。此电路在点动控制时，若接触器 KM 的释放时间大于复合按钮的复位时间，则点动结束，SB$_3$ 松开时，SB$_3$ 常闭触点已闭合但接触器 KM 的自锁触点尚未打开，会使自锁电路继续通电，则电路不能实现正常的点动控制。

图 2-8c 的电路采用中间继电器 KA 实现控制。点动控制时，按动起动按钮 SB$_3$→KM 线圈通电→电动机实现点动。长动控制时，按动起动按钮 SB$_2$→中间继电器 KA 线圈通电→KM 线圈通电并自锁→电动机实现长动。此电路多用了一个中间继电器，但工作可靠性却提高了。

二、三相笼型电动机减压起动控制

三相笼型电动机直接起动控制电路简单、经济、操作方便。但对于容量较大的电动机来说，由于起动电流大，会引起较大的电压降，所以必须采用减压起动的方法，以限制起动电流。

减压起动虽然可以减小起动电流，但也降低了起动转矩，因此仅适用于空载或轻载起动。

三相笼型电动机的减压起动方法有定子绕组串电阻（或电抗器）减压起动、星-三角形减压起动、自耦变压器减压起动、延边三角形减压起动等。

（一）定子绕组串电阻减压起动控制

控制电路按时间原则实现控制，依靠时间继电器延时动作来控制各电器元件动

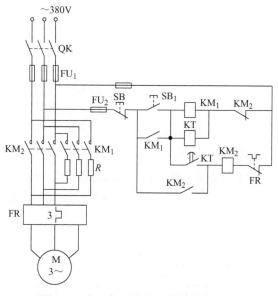

图 2-9　定子绕组串电阻起动控制电路

作的先后顺序。控制电路如图 2-9 所示。起动时，在三相定子绕组中串入电阻 R，从而降低了定子绕组上的电压，待起动后，再将电阻 R 断开，使电动机在额定电压下投入正常运行。

起动过程如下：

合上刀开关 QK→按下起动按钮 SB$_1$→接触器 KM$_1$ 通电→KM$_1$ 主触点闭合 ———

┗→时间继电器　KT 通电　延时 t→KT 延时闭合，常开触点闭合 ┐

┗→定子绕组串 R 起动

┗→接触器 KM$_2$ 线圈通电→KM$_2$ 主触点闭合，短接电阻 R→电动机全压投入运行

┗→KM$_2$ 常闭辅助触点断开→KM$_1$ 断电。

┗→KT 断电

（二）星-三角形减压起动控制

控制电路也是按时间原则实现控制。起动时将电动机定子绕组接成星形，加在电动机每相绕组上的电压为额定电压的 $1/\sqrt{3}$，从而减小了起动电流。待起动后按预先整定的时间把电动机换成三角形联结，使电动机在额定电压下运行。控制电路如图 2-10 所示。

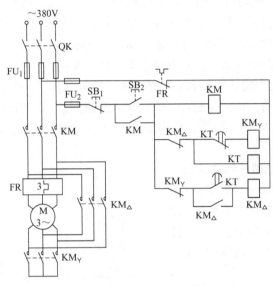

图 2-10　星-三角形减压起动控制电路

起动过程如下：

合上刀开关 QK→按下起动按钮 SB_2→接触器 KM 通电→KM 主触点闭合——

接触器 KM_Y 通电→KM_Y 主触点闭合——

时间继电器 KT 通电——————————————————————————延时 t——

电动机接通电源

定子绕组接成星形，电动机减压起动

KT 延时断开常闭触点断开→KM_Y 断电

KT 延时闭合常开触点闭合→$KM_\triangle$ 通电→$KM_\triangle$ 主触点闭合，定子绕组接成三角形——

$KM_\triangle$ 常闭辅助触点断开

电动机加额定电压正常运行。

KT 线圈断电

该电路结构简单，缺点是起动转矩也相应下降为三角形联结的 1/3，转矩特性差。因而该电路适用于电网电压 380V、额定电压 660V/380V、星-三角联结的电动机轻载起动的场合。

（三）自耦变压器减压起动控制

起动时电动机定子串入自耦变压器，定子绕组得到的电压为自耦变压器的二次电压，起动完毕，自耦变压器被断开，额定电压加于定子绕组，电动机以全电压投入运行。控制电路如图 2-11 所示。

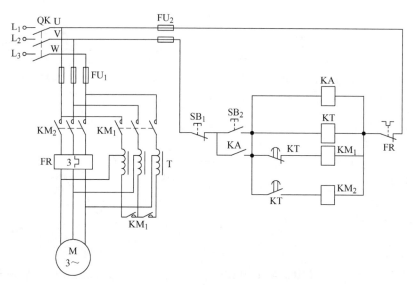

图 2-11　定子串自耦变压器起动控制电路

起运过程如下：

合上刀开关 QK→按下起动按钮 SB$_2$→接触器 KM$_1$ 线圈通电 ——

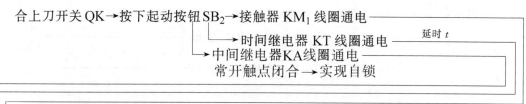

→电动机投入全压正常运行。

　　该控制方式对电网的电流冲击小，损耗功率也小，在降低起动电流的前提下，比星-三角起动转矩大。但是自耦变压器价格较贵，主要用于起动较大容量的电动机。图 2-11 中，接触器 KM$_1$ 有 5 对常开的主触点。

　　（四）延边三角形减压起动控制

　　上面介绍的星-三角形起动控制有很多优点，但不足的是起动转矩太小，如要求同时具有星形联结起动电流小及三角形联结起动转矩大的优点，则可采用延边三角形减压起动。延边三角形减压起动控制电路如图 2-12 所示。它适用于定子绕组特别设计的电动机，这种电动机共有 9 个出线头。延边三角形–三角形绕组联结如图 2-13 所示。起动时将电动机定子绕组接成延边三角形，在起动结束后，再换成三角形联结，投入全电压正常运行。

　　综合以上介绍的几种起动控制电路，均按时间原则采用时间继电器实现减压起动，这种控制方式电路工作可靠，受外界因素如负载、飞轮惯量以及电网波动的影响较小，结构比较简单，因而被广泛采用。

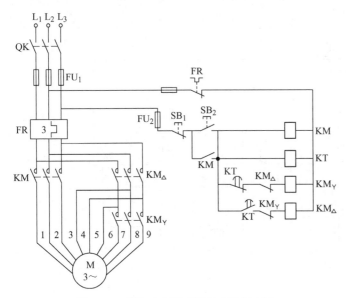

图 2-12 延边三角形减压起动控制电路

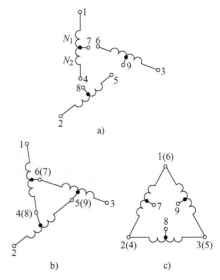

图 2-13 延边三角形-三角形绕组联结

a) 原始状态 b) 延边三角形联结

c) 三角形联结

起动过程如下：

合上刀开关 QK → 按下起动按钮 SB_2 → 接触器 KM 线圈通电 → KM 主触点闭合 ┐

└→ 时间继电器 KT 通电 ──── 延时 t

└→ 接触器 KM_Y 线圈通电 ─────

┌→ 定子绕组结点 1、2、3 接通电源

├→ KT 延时断开常闭触点断开 → 接触器 KM_Y 断电 → 接触器 $KM_\triangle$ 线圈通电 → $KM_\triangle$ 主触点闭合 ┐

├→ KT 延时闭合常开触点闭合

└→ KM_Y 主触点闭合 → 绕组结点 (4-8)、(5-9)、(6-7) 联结使电动机接成延边三角形起动

└→ 绕组结点 (1-6)、(2-4)、(3-5) 相连而接成三角形投入运行。

三、三相绕线转子电动机的起动控制

在要求起动转矩较大的场合，绕线转子电动机得到广泛的应用。

绕线转子电动机可以在转子绕组中通过集电环串接外加电阻起动，达到减小起动电流、提高转子电路的功率因数和增大起动转矩的目的。常用的起动方法有两种：一种是在转子电路中串接电阻；一种是在转子电路中串接频敏变阻器。

（一）转子绕组串接起动电阻控制

串接于三相转子电路中的起动电阻，一般都接成星形。在起动前，起动电阻全部接入电路，在起动过程中，起动电阻被逐级地短接。电阻被短接的方式有三相电阻不平衡短接法和三相电阻平衡短接法。不平衡短接法是转子每相的起动电阻按先后顺序被短接，而平衡短接法是转子三相的起动电阻同时被短接。使用凸轮控制器来短接电阻宜采用不平衡短接法，因为凸轮控制器中各对触点闭合顺序一般是按不平衡短接法来设计的，故控制电路简单，如桥

式起重机就是采用这种控制方式。使用接触器来短接电阻时宜采用平衡短接法。下面介绍使用接触器控制的平衡短接法起动控制。

　　转子绕组串电阻起动控制电路如图 2-14 所示。该电路按照电流原则实现控制，利用电流继电器根据电动机转子电流大小的变化来控制电阻的分级切除。$KI_1 \sim KI_3$ 为欠电流继电器，其线圈串于转子电路中，$KI_1 \sim KI_3$ 三个电流继电器的吸合电流值相同，但释放电流值不同，KI_1 的释放电流最大，首先释放，KI_2 次之，KI_3 的释放电流最小，最后释放。刚起动时起动电流较大，$KI_1 \sim KI_3$ 同时吸合动作，使全部电阻接入。随着电动机转速升高电流减小，$KI_1 \sim KI_3$ 依次释放，分别短接电阻，直到将转子串接的电阻全部短接。

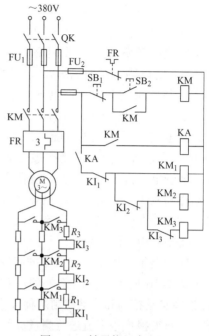

图 2-14　转子绕组串电阻
起动控制电路

　　起动过程如下：合上开关 QK→按动起动按钮 SB_2→接触器 KM 通电，电动机串入全部电阻（$R_1 + R_2 + R_3$）起动→中间继电器 KA 通电，为接触器 $KM_1 \sim KM_3$ 通电做准备→随着转速的升高，起动电流逐步减小，首先 KI_1 释放→KI_1 常闭触点闭合→KM_1 通电，转子电路中 KM_1 常开触点闭合→短接第一级电阻 R_1→然后 KI_2 释放→KI_2 常闭触点闭合→KM_2 通电，转子电路中 KM_2 常开触点闭合→短接第二级电阻 R_2→KI_3 最后释放→KI_3 常闭触点闭合→KM_3 通电，转子电路中 KM_3 常开触点闭合→短接最后一段电阻 R_3，电动机起动过程结束。

　　控制电路中设置了中间继电器 KA，是为了保证转子串入全部电阻后，电动机才能起动。若没有 KA，当起动电流由零上升在尚未到达电流继电器的吸合电流值时，$KI_1 \sim KI_3$ 不能吸合，将使接触器 $KM_1 \sim KM_3$ 同时通电，则转子电阻（$R_1 + R_2 + R_3$）全部被短接，则电动机直接起动。设置了 KA 后，在 KM 通电后才能使 KA 通电，KA 常开触点闭合，此时起动电流已达到欠电流继电器的吸合值，其常闭触点全部断开，使 $KM_1 \to KM_3$ 均断电。确保转子串入全部电阻，防止电动机直接起动。

　　（二）转子绕组串接频敏变阻器起动控制

　　在绕线转子电动机的转子绕组串电阻起动过程中，由于逐级减小电阻，起动电流和转矩突然增加，故产生一定的机械冲击力。同时由于串接电阻起动，使电路复杂，工作不可靠，而且电阻本身比较粗笨，能耗大，使控制箱体积较大。频敏变阻器的阻抗随着转子电流频率的下降自动减小，常用于较大容量的绕线转子电动机，是一种较理想的起动方法。

　　频敏变阻器实质上是一个特殊的三相电抗器。铁心由 E 形厚钢板叠成，为三相三柱式，每一个铁心柱上套有一个绕组，三相绕组接成星形，将其串接于电动机转子电路中，相当于接入一个铁损较大的电抗器，频敏变阻器等效电路如图 2-15 所示。图中 R_d 为绕组直流电阻，R 为铁损

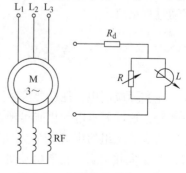

图 2-15　频敏变阻器等效电路

等效电阻，L 为等效电感，R、L 值与转子电流频率有关。

在起动过程中，转子电流频率是变化的。刚起动时，转速等于 0，转差率 $s=1$，转子电流的频率 f_2 与电源频率 f_1 的关系为 $f_2=sf_1$，所以刚起动时 $f_2=f_1$，频敏变阻器的电感和电阻均为最大，转子电流受到抑制。随着电动机转速的升高而 s 减小，f_2 下降，频敏变阻器的阻抗也随之减小。所以，绕线转子电动机转子串接频敏变阻器起动时，随着电动机转速的升高，变阻器阻抗也自动逐渐减小，实现了平滑的无级起动。此种起动方式在桥式起重机和空气压缩机等电气设备中获得广泛应用。

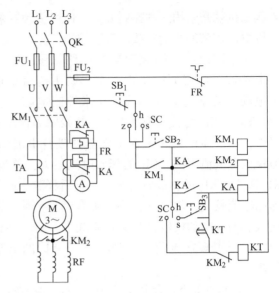

图 2-16　转子绕组串接频敏变阻器的起动控制电路

转子绕组串接频敏变阻器的起动控制电路如图 2-16 所示。该电路可利用转换开关 SC 选择自动控制和手动控制两种方式。在主电路中，TA 为电流互感器，作用是将主电路中的大电流变换成小电流进行测量。另外，在起动过程中，为避免因起动时间较长而使热继电器 FR 误动作，因而在主电路中，用 KA 的常闭触点将 FR 的热元件短接，起动结束投入正常运行时 FR 的热元件才接入电路。起动过程如下：

自动控制：

将转换开关 SC 置于"z"位置→合上刀开关 QK→按下起动按钮 SB₂─┐

└接触器 KM₁ 通电→KM₁ 主触点闭合→电动机转子电路串入频敏变阻器起动

├时间继电器 KT 通电 ──延时 t──→ KT 延时闭合常开触点闭合→中间继电器 KA 通电→KA 常开触点闭合→接触器 KM₂ 通电→KM₂ 主触点闭合，将频敏变阻器短接→时间继电器 KT 断电，起动过程结束。

手动控制：将转换开关 SC 置于"s"位置→按下起动按钮 SB₂→接触器 KM₁ 通电→KM₁ 主触点闭合，电动机转子电路中串入频敏变阻器起动→待电动机起动结束，按下起动按钮 SB₃→中间继电器 KA 通电→接触器 KM₂ 通电→KM₂ 主触点闭合，将频敏变阻器短接，起动过程结束。

第三节　三相异步电动机的正反转控制

在实际应用中，往往要求生产机械改变运动方向，如工作台前进、后退，电梯的上升、下降等，这就要求电动机能实现正反转。对于三相异步电动机来说，可通过两个接触器改变电动机定子绕组的电源相序来实现。电动机正反转控制电路如图 2-17 所示。图中接触器 KM₁ 为正向接触器，控制电动机正转；接触器 KM₂ 为反向接触器，控制电动机反转。

图 2-17a 工作过程如下：

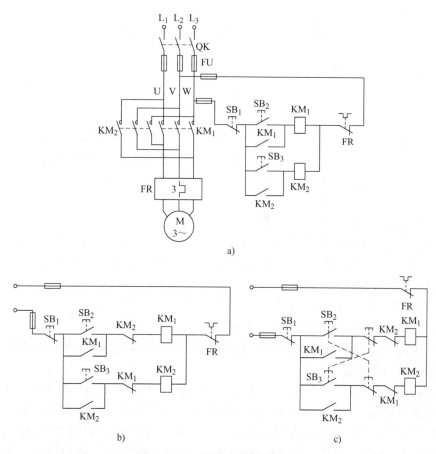

图 2-17　电动机正反转控制电路

正转控制：合上刀开关 QK→按下正向起动按钮 SB$_2$→正向接触器 KM$_1$ 通电→KM$_1$ 主触点和自锁触点闭合→电动机正转。

反转控制：合上刀开关 QK→按下反向起动按钮 SB$_3$→反向接触器 KM$_2$ 通电→KM$_2$ 主触点和自锁触点闭合→电动机反转。

停机：按停止按钮 SB$_1$→KM$_1$（或 KM$_2$）断电→电动机停转。

该控制电路必须要求 KM$_1$ 与 KM$_2$ 不能同时通电，否则会引起主电路电源短路，为此要求电路设置必要的联锁环节。如图 2-17b 所示，将其中一个接触器的常闭触点串入另一个接触器线圈电路中，则任何一个接触器先通电后，即使按下相反方向的起动按钮，另一个接触器也无法通电，这种利用两个接触器的辅助常闭触点互相控制的方式，叫电气互琐，或叫电气联锁。起互锁作用的常闭触点叫互锁触点。另外，该电路只能实现"正—停—反"或者"反—停—正"控制，即必须按下停止按钮后，再反向或正向起动。这对需要频繁改变电动机运转方向的设备来说，是很不方便的。为了提高生产率，简化正反向控制操作，故利用复合按钮组成"正—反—停"或"反—正—停"的互锁控制。如图 2-17c 所示，复合按钮的常闭触点同样起到互锁的作用，这样的互锁叫机械互锁。该电路既有接触器常闭触点的电气互锁，也有复合按钮常闭触点的机械互锁，即具有双重互锁。该电路操作方便，安全可靠，故应用广泛。

第四节　三相异步电动机的调速控制

根据三项异步电动机的转速公式:

$$n = \frac{60f_1}{p}\ (1-s)$$

三项异步电动机的调速方法有:改变电动机定子绕组的磁极对数 p;改变电源频率 f_1;改变转差率 s。改变转差率调速又可分为:绕线转子电动机在转子电路中串接电阻调速;绕线转子电动机串级调速;异步电动机交流调压调速;电磁离合器调速。下面分别介绍几种常用的异步电动机调速控制电路。

一、三相异步电动机的变极调速控制

三相异步电动机采用改变磁极对数调速,改变定子极对数时,转子极对数也同时改变,异步电动机的转子本身没有固定的极对数,它的极对数随定子极对数而定。

改变定子绕组极对数的方法有:

1)装有一套定子绕组,改变它的联结方式,得到不同的极对数。

2)定子槽里装有两套极对数不一样的独立绕组。

3)定子槽里装有两套极对数不一样的独立绕组,而每套绕组本身又可以改变它的联结方式,得到不同的极对数。

多速电动机一般有双速、三速、四速之分。双速电动机定子装有一套绕组,三速、四速电动机则装有两套绕组。双速电动机三相绕组联结图如图 2-18 所示。其中图 a 为三角形与双星形联结法;图 b 为星形与双星形联结法。应注意,当三角形或星形联结时,$p=2$(低速),各相绕组互为 240° 电角度,当双星形联结时,$p=1$(高速),各相绕组互为 120° 电角度,为保持变速前后转向不变,改变磁极对数时必须改变电源相序。

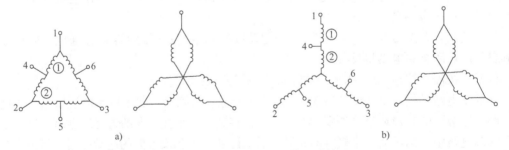

图 2-18　双速电动机三相绕组联结图

双速电动机调速控制电路如图 2-19 所示。图中 SC 为转换开关,置于"低速"位置时,电动机接成三角形,低速运行;SC 置于"高速"位置时,电动机接成双星形,高速运行。

工作过程如下:

低速运行 SC 置于低速位置→接触器 KM_3 通电→KM_3 主触点闭合—电动机接成三角形,低速运行。

高速运行 SC 置于高速位置→时间继电器 KT 通电→接触器 KM_3 通电→电动机先接成三角形以低速起动$\xrightarrow{\text{延时}\ t}$KT 延时断开常闭触点→$KM_3$ 断电→KT 延时闭合常闭触点→接触器 KM_2 通电→接触器 KM_1 通电→电动机接成双星形投入高速运行。电动机实现先低速后高速

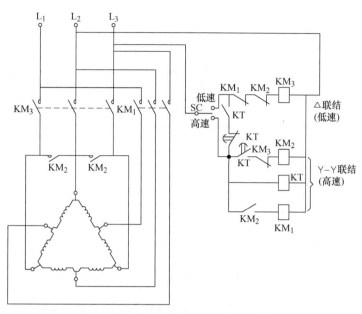

图 2-19　双速电动机调速控制电路

的控制，目的是限制起动电流。其中时间继电器 KT 既有瞬时动作触点，也有延时动作触点。

二、绕线转子电动机转子串电阻的调速控制

绕线转子电动机可采用转子串电阻的方法调速。随着转子所串电阻的增大，电动机的转速降低，转差率增大，使电动机工作在不同的人为特性上，以获得不同的转速，实现调速的目的。

绕线转子电动机一般采用凸轮控制器进行调速控制，目前在吊车、起重机一类的生产机械上仍被普遍采用。

图 2-20 所示为采用凸轮控制器控制的电动机正反转和调速的电路。在电动机的转子电路中，串接三相不对称电阻，作起动和调速用。转子电路的电阻和定子电路相关部分与凸轮控制器的各触点连接。

凸轮控制器的触点展开图如图 2-20c 所示，黑点表示该位置触点接通，没有黑点则表示不通。触点 $KT_1 \sim KT_5$ 和转子电路串接的电阻相连接，用于短接电阻，控制电动机的起动和调速。

工作过程如下：

（1）起动　凸轮控制器手柄"0"位，KT_{10}、KT_{11}、KT_{12} 三对触点接通→合上刀开关 QK→按起动按钮 SB_2→KM 接触器通电→KM 主触点闭合→把凸轮控制器手柄置正向"1"位→触点 KT_{12}、KT_6、KT_8 闭合→电动机按正转相序（L_1 接 U_1，L_2 接 V_1，L_3 接 W_1）接通电源，转子串入全部电阻（$R_1 + R_2 + R_3 + R_4$）正向低速起动→KT 手柄位置扳向正向"2"位→KT_{12}、KT_6、KT_8、KT_5 闭合，转子电阻 R_1 被短接，凸轮控制器手柄依次扳向"3""4""5"位时，触点 $KT_4 \sim KT_1$ 先后闭合，电阻 R_2、R_3、R_4 被依次断开，电动机转速逐步升高，直至以额定转速运转。

当凸轮控制器手柄由"0"位扳向反向"1"位时，触点 KT_{10}、KT_9、KT_7 闭合，电动机电源相序改变而反向起动。手柄位置从"1"位依次扳向"5"位时，电动机转子所串电阻被依次断开，电动机转速逐步升高。过程与正转相同。

（2）调速　如电动机需要低于额定转速运行，只需将凸轮控制器手柄置于 1~5 的某个

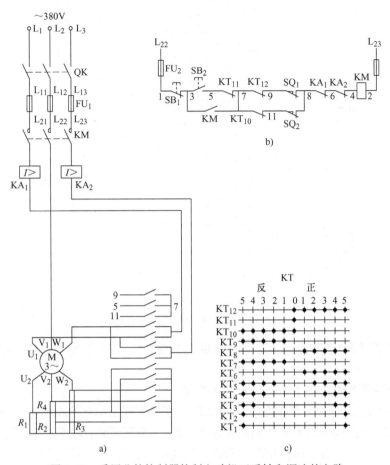

图 2-20　采用凸轮控制器控制电动机正反转和调速的电路

位置，则电动机转子串接相应的某几个电阻低速运行。例如手柄置于正转 "3" 位置，电动机转子串接电阻 R_3、R_4 运行。

凸轮控制器的三对触点 KT_{10}、KT_{11}、KT_{12} 是为防止电动机在未接入全部电阻的情况下起动而设置的，只有凸轮控制器手柄在 "0" 位置时，$KT_{10} \sim KT_{12}$ 闭合，电动机才能起动，此时电阻 $R_1 \sim R_5$ 都未被短接。

另外，为了安全运行，在终端位置设置了两个限位开关 SQ_1、SQ_2，分别与触点 KT_{12}、KT_{10} 串接，在电动机正反转过程中，当运行机构到达终端位置时，挡块压动限位开关，切断控制电路电源，使接触器 KM 断电，切断电动机电源，电动机停止运转。

三、电磁调速异步电动机的控制

电磁调速异步电动机由异步电动机、电磁离合器、控制装置三部分组成，是通过改变电磁离合器的励磁电流实现调速的。

电磁离合器由电枢与磁极两部分组成，如图 2-21 所示。电枢由铸钢制成圆筒形，直接与异步电动机轴相连。磁极由铁磁材料制成爪形，并装有励磁线圈，爪形磁极的轴与生产机械相连接，励磁线圈经集电环通入直流电励磁。

异步电动机运转时，带动电磁离合器电枢旋转，这时若励磁绕组没有直流电流，则磁极与生产机械不转动。若加入励磁电流，则电枢中产生感应电动势，产生感应电流。感应电流与爪形磁极相互作用，使爪形磁极受到与电枢转向相同的电磁转矩。因为只有它们之间存在转差时才能产生感应电流和转矩，所以爪形磁极必然以小于电枢的转速作同方向运转。

电磁离合器磁极的转速与励磁电流的大小有关。励磁电流越大，建立的磁场越强，在一定的转差率下产生的转矩越大。对于一定的负载转矩，励磁电流不同，转速也不同，因此只要改变电磁离合器的励磁电流，就可以调节转速。

电磁调速异步电动机的机械特性较软，为了得到平滑稳定的调速特性，需加自动调速装置。

电磁调速异步电动机的控制电路如图 2-22 所示。图中 VC 是晶闸管可控整流电源，提供电磁离合器的直流励磁电流，其大小可通过可变电阻 R 进行调节。由测速发电机取出的转速信号，反馈给 VC，起速度负反馈作用，以调节和稳定电动机的转速，改善异步电动机的机械特性。

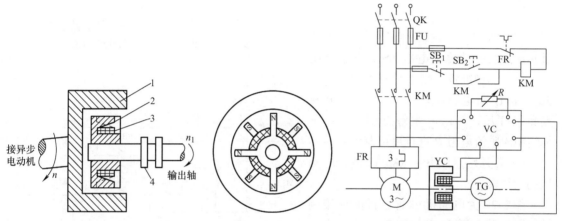

图 2-21　电磁离合器结构图
1—电枢　2—磁极　3—线圈　4—集电环

图 2-22　电磁调速异步电动机的控制电路

工作过程如下：合上刀开关 QK→按下起动按钮 SB_2→接触器 KM 通电→电动机运转→VC 输出直流电流给电磁离合器 YC，建立磁场，磁极随电动机和电枢同向转动→调节可变电阻 R 改变励磁电流大小，使生产机械达到所要求的转速。

用改变电源频率 f_1 来调节电动机转速的方法称为变频调速，这种方法目前应用已越来越广泛。由于变频调速需专用的电力电子电路，内容列入"交流调速"课程。

第五节　三相异步电动机的制动控制

三相异步电动机的制动方法有机械制动与电气制动两种。

机械制动是利用机械装置使电动机迅速停转。常用的机械制动装置是电磁抱闸，抱闸装置由制动电磁铁和闸瓦制动器组成。机械制动装置可分为断电制动和通电制动。制动时，将制动电磁铁的线圈切断或接通电源，通过机械抱闸制动电动机。

电气制动方法有反接制动、能耗制动、发电制动和电容制动等。

一、三相异步电动机反接制动控制

反接制动是利用改变电动机电源相序，使定子绕组产生的旋转磁场与转子旋转方向相反，因而产生制动力矩的一种制动方法。应注意的是，当电动机转速接近零时，必须立即断开电源，否则电动机会反向旋转。

另外，由于反接制动电流较大，制动时需在定子回路中串入电阻以限制制动电流。反接制动电阻的接法有两种：对称电阻接法和不对称电阻接法，如图 2-23 所示。

单向运行的三相异步电动机反接制动控制电路如图 2-24 所示。控制电路按速度原则实现控制，通常采用速度继电器。速度继电器与电动机同轴相连，在 120 ~ 3000r/min 范围内速度继电器触点动作，当转速低于 100r/min 时，其触点复位。

工作过程如下：合上刀开关 QK→按下起动按钮 SB_2→接触器 KM_1 通电→电动机起动运行→速度继电器 KS 常开触点闭合，为制动做准备。制动时按下停止按钮 SB_1→KM_1 断电→KM_2 通电（KS 常开触点尚未打开）→KM_2 主触点闭合，定子绕组串入限流电阻 R 进行反接制动→$n \approx 0$ 时，KS 常开触点断开→KM_2 断电，电动机制动结束。

图 2-25 为电动机可逆运行的反接制动控制电路。图中 KS_F 和 KS_R 是速度继电器 KS 的两组常开触点，正转时 KS_F 闭合，反转时 KS_R 闭合，工作过程请读者自行分析。

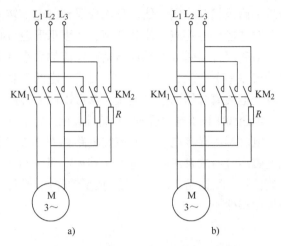

图 2-23　三相异步电动机反接制动电阻接法
a) 对称电阻接法　b) 不对称电阻接法

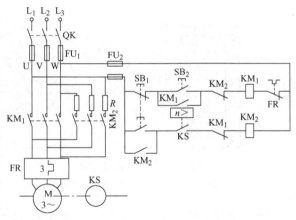

图 2-24　单向运行的三相异步电动机反接制动控制电路

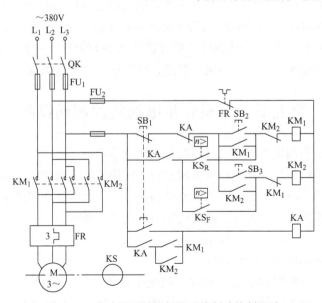

图 2-25　电动机可逆运行的反接制动控制电路

二、三相异步电动机能耗制动控制

三相异步电动机能耗制动时，切断定子绕组的交流电源后，在定子绕组任意两相通入直流电流，形成一固定磁场，与旋转着的转子中的感应电流相互作用产生制动力矩。制动结束必须及时切除直流电源。能耗制动控制电路如图 2-26 所示。

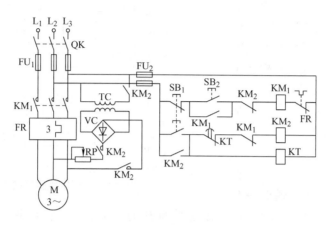

图 2-26　能耗制动控制电路

工作过程如下：合上刀开关 QK→按下起动按钮 SB_2→接触器 KM_1 通电→电动机起动运行。

制动时，按下复合按钮 SB_1→KM_1 断电→电动机断开交流电源→KM_2 通电——
　　　　　　　　　　　　　　　　　　　　　　　　　　→时间继电器 KT 通电——
——
└电动机两相定子绕组通入直流电，开始能耗制动

延时 t
——→KT 延时断开常闭触点断开→KM_2 断电→电动机切断直流电→能耗制动结束。
　　　　　　　　└→ KT 断电

该控制电路制动效果好，但对于较大功率的电动机要采用三相整流电路，则所需设备多，投资成本高。

对于 10kW 以下的电动机，在制动要求不高的场合，可采用无变压器单相半波整流控制电路，如图 2-27 所示。

在图 2-27 中，制动时，将其中两相转子绕组并联后与另一相转子绕组通入直流电流，相比图 2-26 所示电路中仅两相转子绕组通入直流电流时具有更大的制动力矩。

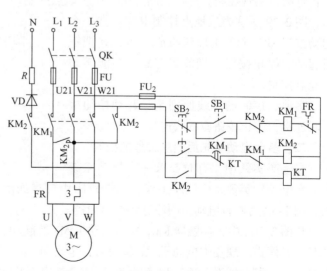

图 2-27　无变压器单相半波整流控制电路

三、三相异步电动机电容制动控制

电容制动是在切断三相异步电动机的交流电源后，在定子绕组上接入电容器，转子内剩磁切割定子绕组产生感应电流，向电容器充电，充电电流在定子绕组中形成磁场，这磁场与转子感应电流相互作用，产生与转向相反的制动力矩，使电动机迅速停转。电容制动控制电路如图 2-28 所示。

工作过程如下：

合上刀开关 QK → 按下起动按钮 SB$_2$ → 接触器 KM$_1$ 通电 → 电

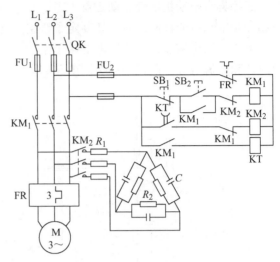

图 2-28 电容制动控制电路

动机运行 → 时间继电器 KT 通电 → KT 延时断开的常开触点闭合。制动时，按下停止按钮 SB$_1$ → KM$_1$ 断电 → KM$_2$ 通电，电容器接入，制动开始

┌→ KT 断电 →（延时 t）→ KT 延时断开常开触点断开 ┐

└→ KM$_2$ 断电 → 电容器断开，制动结束。

这种制动电路一般适用于 10kW 以下的小容量三相异步电动机的制动。

第六节 其他典型控制电路

一、多地点控制

有些电气设备，如大型机床、起重运输机等，为了操作方便，常要求能在多个地点对同一台电动机实现控制。这种控制方法叫作多地点控制。

图 2-29 所示为三地点控制电路。把一个起动按钮和一个停止按钮组成一组，并把三组起动、停止按钮分别放置三地，即能实现三地点控制。

多地点控制的接线原则是：起动按钮应并联连接，停止按钮应串联连接。

二、多台电动机先后顺序工作的控制

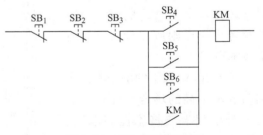

图 2-29 三地点控制电路

在生产实践中，有时要求一个拖动系统中多台电动机实现先后顺序工作。例如机床中要求润滑电动机起动后，主轴电动机才能起动。图 2-30 为两台电动机顺序起动控制电路。

在图 2-30a 中，接触器 KM$_1$ 控制电动机 M$_1$ 的起动、停止；接触器 KM$_2$ 控制电动机 M$_2$ 的起动、停止。现要求电动机 M$_1$ 起动后，电动机 M$_2$ 才能起动。工作过程如下：合上刀开关 QK → 按下起动按钮 SB$_2$ → 接触器 KM$_1$ 通电 → 电动机 M$_1$ 起动 → KM$_1$ 常开辅助触点闭合 → 按下起动按钮 SB$_4$ → 接触器 KM$_2$ 通电 → 电动机 M$_2$ 起动。

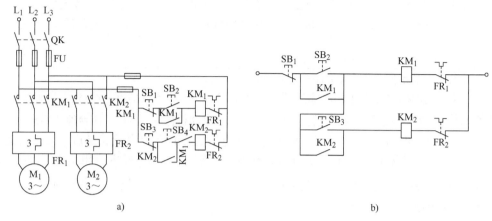

图 2-30　两台电动机顺序起动控制电路

按下停止按钮 SB_1，两台电动机同时停止。按下停止按钮 SB_3，电动机 M_2 单独停止。如改用图 2-30b 电路的接法，可以省去接触器 KM_1 的常开触点，使电路得到简化。

电动机顺序控制的接线规律是：要求接触器 KM_1 动作后接触器 KM_2 才能动作，故将接触器 KM_1 的常开触点串接于接触器 KM_2 的线圈电路中。

图 2-31 为采用时间继电器，按时间原则顺序起动的控制电路。

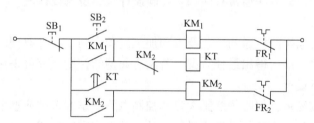

图 2-31　采用时间继电器，按时间原则顺序起动的控制电路

电路要求电动机 M_1 起动 t 后，电动机 M_2 自动起动。可利用时间继电器的延时闭合常开触点来实现。

三、自动循环控制

在机床电气设备中，有些是通过工作台自动往复循环工作的，如龙门刨床的工作台前进、后退。电动机的正反转是实现工作台自动往复循环的基本环节。自动循环控制电路如图 2-32 所示。

控制电路按照行程控制原则，利用生产机械运动的行程位置实现控制，通常采用限位开关。

工作过程如下：

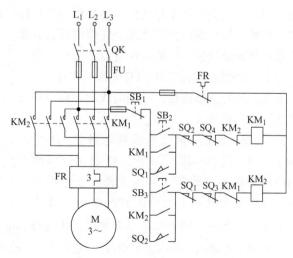

图 2-32　自动循环控制电路

合上电源开关QK→按下起动按钮SQ₂→接触器KM₁通电→电动机正转,工作台向前→
　　工作台前进到一定位置,撞块压动限位开关SQ₂→SQ₂常闭触点断开————
　　　　　　　　　　　　　　　　　└→SQ₂常开触点闭合————————

└→KM₁断电→电动机停止正转,工作台停止前进
└→KM₂通电→电动机改变电源相序而反转,工作台向后→工作台后退到一定位置,撞块压
动限位开关SQ₁→SQ₁常闭触点断开→KM₂断电→电动机停止反转,工作台停止后退
　　　└→SQ₁常开触点闭合→KM₁通电→电动机又正转,工作台又前进,如此往复
　　　　循环工作,直至按下停止按钮SB₁→KM₁(或KM₂)断电→电动机停止转动。

　　另外,SQ₃、SQ₄ 分别为反、正向终端保护限位开关,防止限位开关 SQ₁ 和 SQ₂ 失灵时
造成工作台从床身上冲出的事故。

第七节　电器控制电路的设计方法

　　人们希望在掌握了电器控制的基本原则和基本控制环节后,不仅能分析生产机械的电器
控制电路的工作原理,而且还能根据生产工艺的要求,设计电器控制电路。
　　电器控制电路的设计方法通常有两种:经验设计法和逻辑设计法。

一、经验设计法

　　经验设计法是根据生产机械的工艺要求和加工过程,利用各种典型的基本控制环节,加
以修改、补充、完善,最后得出最佳方案。若没有典型的控制环节可采用,则按照生产机械
的工艺要求逐步进行设计。

　　经验设计法比较简单,但必须熟悉大量的控制电路,掌握多种典型电路的设计资料,同
时具有丰富的实践经验。由于是靠经验进行设计,故没有固定模式,通常是先采用一些典型
的基本环节,实现工艺基本要求,然后逐步完善其功能,并加上适当的联锁与保护环节。初
步设计出来的电路可能是好几种,要加以分析比较,甚至通过试验加以验证,检验电路的安
全和可靠性,最后确定比较合理、完善的设计方案。

　　采用经验设计法,一般应注意以下几个问题:

　　(1) 保证控制电路工作的安全和可靠性

　　电器元件要正确连接,电器的线圈和触点连接不正确,会使控制电路发生误动作,有时
会造成严重的事故。

　　1) 线圈的连接。在交流控制电路中,不能
串联接入两个电器线圈,如图 2-33 所示。即使
外加电压是两个线圈额定电压之和,也是不允
许的。因为每个线圈上所分配到的电压与线圈

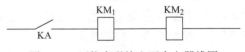

图 2-33　不能串联接入两个电器线圈

阻抗成正比,两个电器动作总是有先后,先吸合的电器,磁路先闭合,其阻抗比没吸合的电
器大,电感显著增加,线圈上的电压也相应增大,故没吸合电器的线圈的电压达不到吸合值。
同时电路电流将增加,有可能烧毁线圈。因此两个电器需要同时动作时,其线圈应并联连接。

　　2) 电器触点的连接。同一个电器的常开触点和常闭触点位置靠得很近,不能分别接在
电源的不同相上。不正确连接电器的触点如图 2-34a 所示,限位开关 SQ 的常开触点和常闭

触点不是等电位，当触点断开产生电弧时很可能在两触点之间形成飞弧而造成电源短路。正确连接的电器触点如图 2-34b 所示，则两触点电位相等，不会造成飞弧而引起的电源短路。

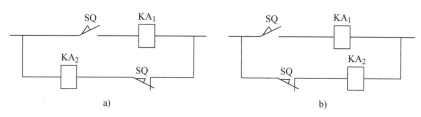

图 2-34　电器触点的连接

3）电路中应尽量减少多个电器元件依次动作后才能接通另一个电器元件，如图 2-35 所示。在图 2-35a 中，线圈 KA_3 的接通要经过 KA、KA_1、KA_2 三对常开触点。若改为图 2-35b 的接法，则每一线圈的通电只需经过一对常开触点，工作较可靠。

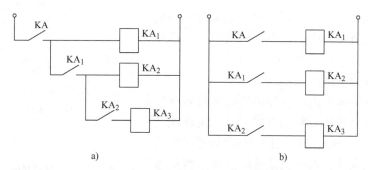

图 2-35　减少多个电器元件依次通电

4）应考虑电器触点的接通和分断能力，若容量不够，可在电路中增加中间继电器，或增加电路中触点数目。增加接通能力用多触点并联连接；增加分断能力用多触点串联连接。

5）应考虑电器触点"竞争"问题。同一继电器的常开触点和常闭触点有"先断后合"型和"先合后断"型之分。

通电时常闭触点先断开，常开触点后闭合；断电时常开触点先断开，常闭触点后闭合，属于"先断后合"型。而"先合后断"型则相反：通电时常开触点先闭合，常闭触点后断开；断电时常闭触点先闭合，常开触点后断开。如果触点动作先后发生"竞争"的话，电路工作则不可靠。触点竞争电路如图 2-36 所示，若继电器 KA 采用"先合后断"型，则自锁环节起作用，如果 KA 采用"先断后合"型，则自锁不起作用。

（2）控制电路力求简单、经济

1）尽量减少触点的数目。尽量减少电器元件和触点的数量。所用的电器、触点越少，则越经济，出故障的机会也越少，如图 2-37 所示。

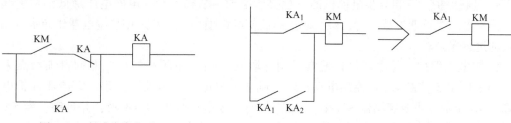

图 2-36　触点竞争电路　　　　　　　图 2-37　减少触点数目

2）尽量减少连接导线。将电器元件触点的位置合理安排，可减少导线根数和缩短导线的长度，以简化接线，如图 2-38 中，起动按钮和停止按钮同放置在操作台上，而接触器放置在电气柜内。从按钮到接触器要经过较远的距离，所以必须把起动按钮和停止按钮直接连接，这样可减少连接线。

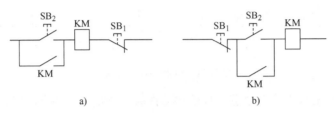

图 2-38　减少连接导线

a）不合理　b）合理

3）控制电路在工作时，除必要的电器元件必须长期通电外，其余电器应尽量不长期通电，以延长电器元件的使用寿命和节约电能。

（3）防止寄生电路

控制电路在工作中出现意外接通的电路叫寄生电路。寄生电路会破坏电路的正常工作，造成误动作。图 2-39 是一个具有过载保护和指示灯显示的可逆电动机的控制电路，电动机正转时过载，则热继电器动作时会出现寄生电路，如图中虚线所示，使接触器 KM$_1$ 不能断电，起不了保护作用。

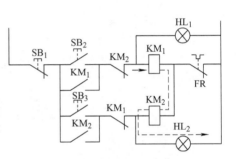

图 2-39　具有过载保护和指示灯显示的可逆电动机的控制电路

（4）应具有必要的保护环节

1. 短路保护　在电器控制电路中，通常采用熔断器或断路器作短路保护，当电动机容量较小时，其控制电路不需另外设置熔断器作短路保护，因主电路的熔断器同时可作控制电路的短路保护；若电动机容量较大，则控制电路要单独设置熔断器作短路保护。断路器既可作短路保护，又可作过载保护，线路出故障，断路器跳闸，经排除故障后只要重新合上断路器即能再次工作。

2. 过电流保护　不正确起动方法和过大的负载转矩常引起电动机的过电流故障。过电流一般比短路电流要小。过电流保护常用于直流电动机和绕线转子电动机的控制电路中，采用过电流继电器和接触器配合使用。将过电流继电器线圈串接于被保护的主电路中，其常闭触点串接于接触器控制电路中，当电流达到整定值时，过电流继电器动作，其常闭触点断开，切断控制电路电源，接触器断开电动机的电源而起到保护作用。

3. 过载保护　三相异步电动机的负载突然增加、断相运行或电网电压降低都会引起过载，异步电动机长期过载运行，会引起过热而使绝缘损坏。通常采用热继电器作异步电动机的长期过载保护。

4. 零电压保护　零电压保护通常采用并联在起动按钮两端的接触器的自锁触点来实现。当采用主令控制器 SA 控制电动机时，则通过零电压继电器来实现。零电压保护电路如图 2-40 所示。主令控制器 SA 置于"0"位时，零电压继电器 KA 吸合并自锁。当 SA 置于"1"位时，保证了接触器的接通。当断电时，KA 释放，当电网再通电时，必须先将 SA

置于"0"位，使 KA 通电吸合，才能使电动机重新起动，起到零电压保护作用。

　　对电动机的基本保护，如过载保护、断相保护、短路保护等，最好能在一个保护装置内同时实现，多功能保护器就是这种装置。电动机多功能保护装置品种很多，性能各异，图 2-41 是其中的一种。

　　图 2-41 中保护信号由电流互感器 TA_1、TA_2、TA_3 串联后取得。这种互感器选用具有较低饱和磁密度的磁环（如用软磁铁氧体 MXO—2000 型锰锌磁环）做成。电动机运行时磁环处于饱和状态，因此互感器二次绕组中的感应电动势，除基波外还有三次谐波成分。

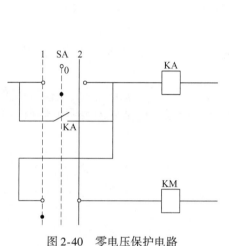

图 2-40　零电压保护电路

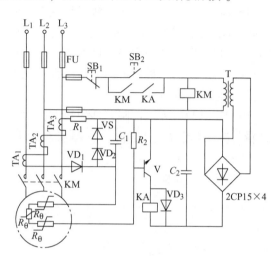

图 2-41　多功能保护器电气原理图

　　电动机正常运行时，三相的线电流基本平衡（大小相等，相位互差 120°），因此在互感器的二次绕组中的基波电动势合成为零，但三次谐波电动势合成后是每相电动势的 3 倍。取得的三次谐波电动势经过二极管 VD_2 整流、VD_1 稳压、电容器 C_1 滤波，再经过 R_1 与 R_2 分压后，供给晶体管 V 的基极，使 V 饱和导通。于是继电器 KA 吸合，KA 常开触点闭合。按下起动按钮 SB_2 时，接触器 KM 通电。

　　当电动机电源断开一相时，其余两相线电流大小相等、方向相反，互感器三个串联的二次绕组中只有两个绕组感应电动势，且大小相等、方向相反，结果互感器二次绕组总电动势为零，即不存在基波电动势，也不存在三次谐波电动势，于是 V 的基极电流为零，V 截至，接在 V 集电极的继电器 KA 释放，接触器 KM 断电，KM 主触点断开，切断电动机电源。

　　当电动机由于过载或其他故障使其绕组温度过高时，热敏电阻 R_θ 的阻值急剧上升，改变了 R_1 和 R_2 的分压比，使晶体管 V 的基极电流下降到很低的数值，V 截止，继电器 KA 释放，同样能切断电动机电源。

　　为了更好地解决电动机的保护问题，现代技术正在提供更加广阔的途径。例如，研制发热时间常数小的新型 PTC 热敏电阻，增加电动机绕组对热敏电阻的热传导。采用新材料的电动机工作时绕组电流密度增大（采用新型电磁材料和绝缘材料），当电动机过载时，绕组温度增长速率比过去的电动机大 2~2.5 倍，这就要求温度检测元件具有更小的发热时间常数，保护装置具有更高的灵敏度和精度。另外，发展高性能和多功能综合保护装置，其主要方向是采用固态集成电路和微处理器作为电流、电压、频率、相位和功率等检测和逻辑单元。

对于频繁操作以及大容量的电动机,它们的转子温升比定子绕组温升高,较好的办法是检测转子的温度,用红外线温度计从外部检测转子温度并加以保护,国外已有用红外线保护装置的实际应用。

二、逻辑设计法

逻辑设计法是利用逻辑代数这一数学工具来设计电器控制电路,同时也可以用于电路简化。

把电器控制电路中的接触器、继电器等电器元件线圈的通电和断电、触点的闭合和断开看成是逻辑变量,线圈的通电状态和触点的闭合状态设定为"1"态;线圈的断电状态和触点的断开状态设定为"0"态。根据工艺要求将这些逻辑变量关系表示为逻辑函数的关系式,再运用逻辑函数基本公式和运算规律,对逻辑函数式进行化简,然后由简化的逻辑函数画出相应的电气原理图,最后再进一步检查、完善,以期得到既满足工艺要求,又经济合理、安全可靠的最佳设计电路。

用逻辑函数来表示控制元件的状态,实质上是以触点的状态作为逻辑变量,通过简单的"逻辑与""逻辑或""逻辑非"等基本运算,得出其运算结果,此结果即表明电器控制电路的结构。

具体设计实例略。

第三章　普通机床的电气控制

生产机械种类繁多，其拖动方式和电气控制电路各不相同。下面通过一些典型的生产机械电气控制电路的分析，以期掌握阅读电气原理图的方法，培养读图能力并通过读图分析各种生产机械的工作原理，为电气控制电路的设计、安装、调试、维护打下良好基础。

第一节　卧式车床的电气控制

一、卧式车床的主要工作情况

卧式车床是应用极为广泛的金属切削机床，主要用于车削外圆、内圆、端面、螺纹和成形表面，也可用钻头、铰刀、镗刀等进行加工。

车床的切削加工包括主运动、进给运动和辅助运动。主运动为工件的旋转运动：由主轴通过卡盘和顶尖带动工件旋转。进给运动为刀具的直线运动：由进给箱调节加工时的纵向或横向进给量。辅助运动为刀架的快速移动及工件的夹紧、放松等。

根据切削加工工艺的要求，对电气控制提出下列要求：主拖动电动机采用三相笼型异步电动机，主轴的正反转由主轴电动机正反转来实现。调速采用机械齿轮变速的方法。中小型车床采用直接起动方法（容量较大时，采用星-三角形减压起动）。为实现快速停车，一般采用机械制动或电气反接制动。控制电路具有必要的保护环节和照明装置。

二、C650 型卧式车床的电气控制

图 3-1 为 C650 卧式车床的电气控制原理图。

车床共有 3 台电动机：M_1 为主轴电动机，拖动主轴旋转，并通过进给机构实现进给运动。M_2 为冷却电动机，提供切削液。M_3 为快速移动电动机，拖动刀架的快速移动。

（一）M_1 的点动控制

调整车床时，要求 M_1 点动控制，工作过程如下：合上刀开关 QK→按起动按钮 SB_2→接触器 KM_1 通电，M_1 串接限流电阻 R 低速转动，实现点动。

松开 SB_2→接触器 KM_1 断电→M_1 停转。

（二）M_1 的正反转控制

正转：合上刀开关 QK→按起动按钮 SB_3→接触器 KM 通电→中间继电器 KA 通电────┐
　　　└──→时间继电器 KT 通电　　　　　　　　　　　　　　　　　　　　　　　│

└→接触器 KM_1 通电→电动机 M_1 短接电阻 R 正向起动。主回路中电流表 A 被时间继电器 KT 常闭触点短接→延时 t 后→KT 延时断开常闭触点断开→电流表 A 串接于主电路监视负载情况。

主电路中通过电流互感器 TA 接入电流表 A，为防止起动时起动电流对电流表的冲击，起动时利用时间继电器 KT 常闭触点把电流表 A 短接，起动结束，KT 常闭触点断开，电流表 A 投入使用。

反转：合上刀开关 QK→按起动按钮 SB₄→接触器 KM 通电→中间继电器 KA 通电→时间继电器 KT 通电

→接触器 KM₂ 通电→电动机 M₁ 反接电源相序，短接电阻 R 反向起动。电流表 A 跟正转时情况相同。

停车：按停止按钮 SB₁→控制电路电源全部切断→电动机 M₁ 停转。

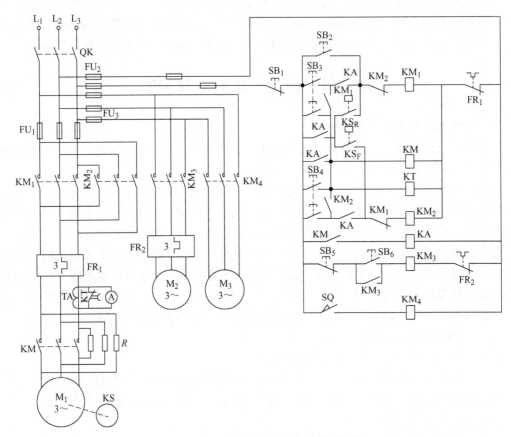

图 3-1　C650 卧式车床的电气控制原理图

（三）M₁ 的反接制动控制

C650 车床采用速度继电器实现电气反接制动。速度继电器 KS 与电动机 M₁ 同轴连接，当电动机正转时，速度继电器正向触点 KS$_F$ 动作，当电动机反转时，速度继电器反向触点 KS$_R$ 动作。

M₁ 反接制动工作过程如下：

M₁ 的正向反接制动：电动机正转时，速度继电器正向常开触点 KS$_F$ 闭合。制动时，按下停止按钮 SB₁→接触器 KM、时间继电器 KT、中间继电器 KA、接触器 KM₁ 均断电，主回路串入电阻 R（限制反接制动电流）→松开 SB₁→接触器 KM₂ 通电（由于 M₁ 的转动惯性，速度继电器正向常开触点 KS$_F$ 仍闭合）→M₁ 电源反接，实现反接制动，当速度≈0 时，速度继电器正向常开触点断开→KM₂ 断电→M₁ 停转，制动结束。

M₁ 的反向反接制动：工作过程和正向相同，只是电动机 M₁ 反转时，速度继电器的反向常开触点 KS$_R$ 动作，反向制动时，KM₁ 通电，实现反接制动。

（四）刀架快速移动控制

转动刀架手柄压下限位开关 SQ→接触器 KM_4 通电→电动机 M_3 转动。实现刀架快速移动。

（五）冷却泵电动机控制

按起动按钮 SB_6→接触器 KM_3 通电→电动机 M_2 转动，提供切削液。

按下停止按钮 SB_5→KM_3 断电→M_2 停止转动。

第二节　平面磨床的电气控制

一、M7130 平面磨床的主要工作情况

平面磨床是用砂轮进行磨削加工各种零件表面的精密机床，主要由工作台、电磁吸盘、立柱、砂轮箱、滑座等组成。

平面磨床的主运动是砂轮的旋转运动。进给运动为工作台和砂轮的往复运动。辅助运动为砂轮架的快速移动和工作台的移动。

二、M7130 平面磨床的电气控制

平面磨床共有三台电动机拖动：砂轮电动机 M_1、冷却泵电动机 M_2 和液压泵电动机 M_3。加工工艺要求砂轮电动机 M_1 和冷却泵电动机 M_2 同时起动或停止。为了使工作台运动时换向平稳且容易调整运动速度，保证加工精度，采用了液压传动。液压电动机 M_3 拖动液压泵，工作台在液压作用下作进给运动。线路具有必要的保护环节和局部照明。

图 3-2 为 M7130 平面磨床的电气控制原理图。

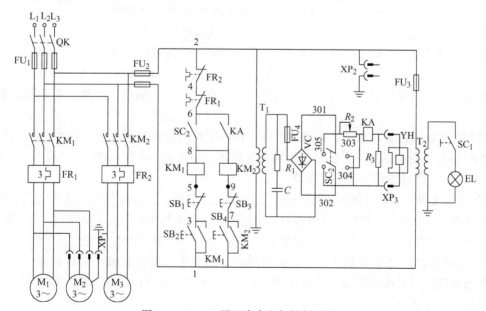

图 3-2　M7130 平面磨床电气控制原理图

（一）主回路

砂轮电动机 M_1 由接触器 KM_1 控制。冷却泵电动机 M_2 由 KM_1 主触点和插头 XP_1 控制。液压泵电动机 M_3 由接触器 KM_2 控制。

三台电动机均直接起动，单向旋转，共用熔断器 FU_1 作短路保护。M_1 和 M_2 由热继电

器 FR$_1$、M$_3$ 由热继电器 FR$_2$ 作长期过载保护。

（二）控制电路

砂轮电动机 M$_1$ 和冷却泵电动机 M$_2$ 的工作过程：合上刀开关 QK→插上插头 XP$_1$→按下起动按钮 SB$_2$→接触器 KM$_1$ 通电→电动机 M$_1$、M$_2$ 同时起动。

按下停止按钮 SB$_1$→接触器 KM$_1$ 断电→电动机 M$_1$、M$_2$ 同时停止。

液压泵电动机 M$_3$ 的工作过程：按下起动按钮 SB$_4$→接触器 KM$_2$ 通电→M$_3$ 起动。

按下停止按钮 SB$_3$→接触器 KM$_2$ 断电→M$_3$ 停止。

要注意的是：电动机的起动必须在电磁吸盘 YH 工作且欠电流继电器 KA 通电吸合，其常开触点 KA（6-8）闭合，或 YH 不工作，但转换开关 SC$_2$ 置于"去磁"位置，其触点 SC$_2$（6-8）闭合的情况下方可进行。

（三）电磁吸盘控制

电磁吸盘是用来吸住工件以便进行磨削加工，其线圈通以直流电，使芯体被磁化，将工件牢牢吸住。

电磁吸盘控制电路包括整流电路、控制电路和保护装置。

电磁吸盘整流装置由变压器 T$_1$ 与桥式全波整流器 VC 组成，输出 110V 直流电压对电磁吸盘供电。各台电动机的起动必须在电磁吸盘工作且欠电流继电器 KA 吸合动作的情况下方可进行。

电磁吸盘由转换开关 SC$_2$ 控制，SC$_2$ 手柄操作有三个位置：充磁、断电、去磁。

电磁吸盘工作过程如下：

充磁工作：SC$_2$ 扳向"充磁"位置→SC$_2$ 的触点 SC$_2$（301-303）、SC$_2$（302-304）闭合→电流继电器触点 KA（6-8）闭合→按动 SB$_2$→接触器 KM$_1$ 通电→M$_1$ 转动
└→按动 SB$_4$→接触器 KM$_2$ 通电→M$_3$ 转动 ──→进行磨削加工。

加工完毕，SC$_2$ 扳向"断电"位置→电磁吸盘线圈断电→可取下工件。

为了方便从吸盘上取下工件，并去掉工件上的剩磁，需进行去磁的工作。

去磁工作：SC$_2$ 扳向"去磁"位置→SC$_2$ 的触点 SC$_2$（301-305）、SC$_2$（302-303）闭合→电磁吸盘通以反向电流实现去磁。去磁结束，SC$_2$ 扳向"断电"位置，电磁吸盘断电，取下工件。

若对工件的去磁要求较高，应取下工件，再在附加的退磁器上进一步去磁，将退磁器的插头 XP$_2$ 插在床身的插座上，再将工件放在退磁器上进行进一步的去磁。

（四）必要的保护环节和照明电路

1）电磁吸盘的欠电流保护。为防止在磨削加工过程中，电磁吸盘吸力减小或失去吸力，造成工件飞出，导致工件损坏或人身事故，采用欠电流继电器 KA 作欠电流保护，保证吸盘有足够的吸力，欠电流继电器吸合，其触点 KA（6-8）闭合，M$_1$ 和 M$_2$ 才能起动工作。

2）电磁吸盘的过电压保护。电磁吸盘的电磁吸力大，要求其线圈的匝数多、电感大。当线圈断电时，将在线圈两端产生高电压，使线圈损坏，所以在线圈两端并联电阻 R_3，提供放电回路，保护电磁吸盘。

3）整流装置的过电压保护。在整流装置中设有 R_1、C 串联支路并联在变压器 T$_1$ 二次侧，用以吸收交流电路产生过电压和直流侧电路在接通、关断时在 T$_1$ 二次侧产生浪涌电压，实现过电压保护。

4）用熔断器 FU$_1$、FU$_2$、FU$_3$、FU$_4$ 分别作电动机、控制电路、照明电路和电磁吸盘的短路保护。

5）用热继电器 FR_1、FR_2 分别作电动机 M_1 和 M_3 的长期过载保护。

6）由照明变压器 T_2 将 380V 交流电压降为 36V 的安全电压供照明线路，照明灯 EL 一端接地，由开关 SC_1 控制。

第三节　摇臂钻床的电气控制

一、摇臂钻床的主要工作情况

摇臂钻床是一种孔加工机床，可以进行钻孔、扩孔、铰孔、镗孔和攻螺纹等加工。

摇臂钻床主要由底座、内外立柱、摇臂、主轴箱和工作台等组成。内立柱固定在底座的一端，在它外面套有外立柱，摇臂可连同外立柱绕内立柱回转。摇臂的一端为套筒，套装在外立柱上，并借助丝杠的正反转可沿外立柱作上下移动。

主轴箱安装在摇臂的水平导轨上可通过手轮操作使其在水平导轨上沿摇臂移动。加工时，根据工件高度的不同，摇臂借助于丝杠可带着主轴箱沿外立柱上下升降。在升降之前，应自动将摇臂松开，再进行升降，当达到所需的位置时，摇臂自动夹紧在立柱上。

钻削加工时，钻头一面旋转一面作纵向进给。钻床的主运动是主轴带着钻头做旋转运动。进给运动是钻头的上下移动。辅助运动是主轴箱沿摇臂水平移动，摇臂沿外立柱上下移动和摇臂与外立柱一起绕内立柱的回转运动。

二、Z3040 摇臂钻床的电气控制

图 3-3 所示为 Z3040 摇臂钻床的电气控制原理图。

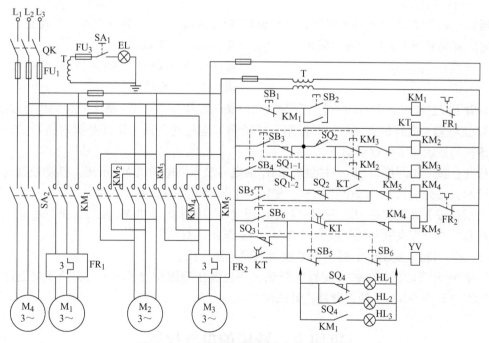

图 3-3　Z3040 摇臂钻床的电气控制原理图

摇臂钻床共有 4 台电动机拖动。M_1 为主轴电动机。钻床的主运动与进给运动皆为主轴的运动，由电动机 M_1 拖动，分别经主轴与进结传动机构实现主轴旋转和进给。主轴变速机构和进给变速机构均装在主轴箱内。M_2 为摇臂升降电动机。M_3 为立柱松紧电动机。M_4 为

冷却泵电动机。

（一）主回路

电源由总开关 QK 引入，主轴电动机 M_1 单向旋转，由接触器 KM_1 控制。主轴的正反转由机床液压系统操作机构配合摩擦离合器实现。摇臂升降电动机 M_2 由正反转接触器 KM_2、KM_3 控制。液压泵电动机 M_3 拖动液压泵送出压力液以实现摇臂的松开、夹紧和主轴箱的松开、夹紧，并由接触器 KM_4、KM_5 控制正反转。冷却泵电动机 M_4 用开关 SA_2 控制。

（二）控制线路

1. 主轴电动机 M_1 的控制　按起动按钮 SB_2→接触器 KM_1 通电→M_1 转动。按停止按钮 SB_1→接触器 KM_1 断开→M_1 停止。

2. 摇臂升降电动机 M_2 的控制

摇臂上升：按上升起动按钮 SB_3→时间继电器 KT 通电→电磁阀 YV 通电──┐
　　　　　　　　　　　　　　　　　　　　└→接触器 KM_4 通电──┤

┌→推动松开机构使摇臂松开。
├→液压泵电动机 M_3 正转→松开机构压下限位开关 SQ_3→KM_4 断电→M_3 停转，停止松开。
　　　　　　　　　　　　　　　　　　　　└→上升接触器 KM_2 通电──┐
├→升降电动机 M_2 正转，摇臂上升到预定位置→松开 SB_3→上升接触器 KM_2 断电──┤
　　　　　　　　　　　　　　　　　　　　　　　　└→时间继电器 KT 断电──┤
├→M_2 停转，摇臂停止上升。
└→延时 t，KT 延时闭合常闭触点闭合→接触器 KM_5 通电→M_3 反转→电磁阀推动夹紧机构使摇臂夹紧→夹紧机构压动限位开关 SQ_3→电磁阀 YV 断电。
　　　　　　　　　　　└→接触器 KM_5 断电→M_3 停转，夹紧停止。
　　　　　　　　　　　　摇臂上升过程结束。

摇臂下降过程和上升情况相同，不同的是由下降起动按钮 SB_4 和下降接触器 KM_3 实现控制。

3. 主轴箱与立柱的夹紧与松开控制　主轴箱和立柱的夹紧、松开是同时进行的，均采用液压机构控制。工作过程如下：

松开：按下松开按钮 SB_5→接触器 KM_4 通电→液压泵电动机 M_3 正转，推动松紧机构使主轴箱和立柱分别松开→限位开关 SQ_4 复位→松开指示灯 HL_1 亮。

夹紧：按下夹紧按钮 SB_6→接触器 KM_5 通电→液压泵电动机 M_3 反转，推动松紧机构使主轴箱和立柱分别夹紧→压下限位开关 SQ_4→夹紧指示灯 HL_2 亮。

4. 照明电路　变压器 T 提供 36V 交流照明电源电压。

5. 摇臂升降的限位保护　摇臂上升到极限位置压动限位开关 SQ_{1-1}，或下降到极限位置压动限位开关 SQ_{1-2}，使摇臂停止升或降。

第四节　铣床的电气控制

一、铣床的主要工作情况

铣床是用来加工各种形式的表面、平面、成形面、斜面和沟槽等，也可以加工回转体。铣床的主运动为主轴带动刀具的旋转运动。进给运动为工件相对铣刀的移动。

根据铣刀的直径、工件材料和加工精度不同，要求主轴通过变换齿轮实现变速。主轴电动机的正反转用于改变主轴的转向，满足铣床顺铣和逆铣的需要。

工作台上下、左右、前后的进给运动，由进给变速箱获得不同的速度，再经不同的电气控制电路控制进给丝杠来实现。

为使变速时齿轮更好地啮合，减少齿轮端面的冲击，要求电动机在变速时有短时的变速冲动。

二、主电路

图 3-4 所示为 X62W 型铣床的电气控制原理图。

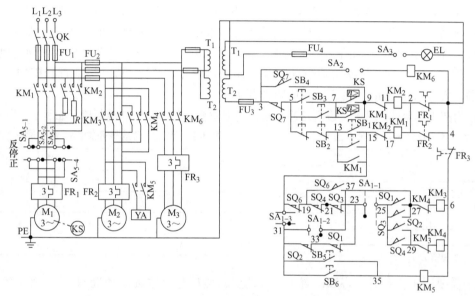

图 3-4 X62W 铣床的电气控制原理图

铣床共有三台电动机拖动：M_1 为主轴电动机，由接触器 KM_1 控制，M_1 的正反转由开关 SA_5 控制。

开关 SA_5 在"正转、停止、反转"三个位置时各触点的通断情况如表 3-1 所示。

M_2 为进给电动机，M_2 的正反转由接触器 KM_3、KM_4 控制。

M_3 为冷却泵电动机，要求主轴电动机起动后，M_3 才能起动。采用接触器 KM_6 控制 M_3 的起动和停止。

三、电气控制电路

（一）主轴电动机 M_1 的控制

1. M_1 的起动、停止在两地操作 一处在升降台上；一处在床身上。

起动前，先将开关 SA_5 扳到所需的旋转方向，然后按起动按钮 SB_1（或 SB_2）→接触器 KM_1 通电→主轴电动机 M_1 转动→速度继电器 KS 的正转常开触点闭合。

2. M_1 的停止采用速度继电器 KS 实现反接制动 制动时，按停止按钮 SB_3（或 SB_4）→接触器 KM_1 断电→速度继电器 KS 正转常开触点闭合→接触器 KM_2 通电→M_1 串入电阻 R 实现反接制动→当 $n \approx 0$ 时，速度继电器 KS 常开触点复位→接触器 KM_2 断电→M_1 停转，反接制动结束。因为 KM_2 无自锁触点，故在反接制动结束前，按钮 SB_3（或 SB_4）不能松开。

3. 主轴的变速冲动 主轴变速可在主轴不动时进行；也可在主轴旋转时进行，无须先按停止按钮，利用变速手柄与限位开关 SQ_7 的联动机构进行控制。

变速时，先把变速手柄下压，使它从第一道槽内拔出，再转动变速盘，选择所需速度，然后慢慢拉向第二道槽，通过手柄压下限位开关 SQ_7，其常闭触点先断开，使接触器 KM_1 断电，M_1 失电；SQ_7 常开触点后闭合，使接触器 KM_2 通电，M_1 反向冲动一下，变速手柄迅速推回原位，使限位开关 SQ_7 复位，接触器 KM_2 断电，M_1 停转，变速冲动过程结束。

变速完成后，需再次起动电动机 M_1，主轴将在新的转速下旋转。

（二）进给电动机 M_2 的电气控制

工作台进给方向有左右（纵向）、前后、上下（垂直）运动。利用正向接触器 KM_3 和反向接触器 KM_4 控制 M_2 的正反转。

接触器 KM_3、KM_4 是由两个机械操作手柄控制的，其中一个是纵向手柄，另一个是垂直手柄。操作手柄同时完成机械挂档和压动相应的限位开关，从而接通正反转接触器，起动 M_2，拖动工作台按预定方向进给，这两个手柄各有两套，分别设在铣床工作台正面与侧面。

限位开关 SQ_1、SQ_2 与纵向手柄有机械联锁，限位开关 SQ_3、SQ_4 与垂直和横向手柄有机械联锁。当扳动手柄时，将压动相应限位开关。

SA_1 为圆工作台选择开关，设有接通与断开两个位置，其三对触点通断情况如表 3-2 所示。

表 3-1   开关 SA_5 的触点通断情况

触点	位置		
	正转	停止	反转
SA_{5-1}	−	−	+
SA_{5-2}	+	−	−
SA_{5-3}	+	−	−
SA_{5-4}	−	−	+

注："＋"表示闭合，"－"表示断开。

表 3-2   圆工作台选择开关 SA_1 触点通断情况

触点	位置	
	接通	断开
SA_{1-1}	−	+
SA_{1-2}	+	−
SA_{1-3}	−	+

当不需要圆工作台时，将 SA_1 置于断开位置，然后起动主轴电动机 M_1。下面对各种进给运动的电气控制电路进行分析：

1. 工作台左、右进给运动的控制   把纵向操作手柄扳"右"→挂上纵向离合器→压动限位开关 SQ_1→正向接触器 KM_3 通电→M_2 正转，拖动工作台向右运动。把纵向操作手柄扳"左"→挂上纵向离合器→压动限位开关 SQ_2→反向接触器 KM_4 通电→M_2 反转，拖动工作台向左运动。停止时，把操作手柄扳"中间"位置→脱开纵向离合器→限位开关 SQ_1（或 SQ_2）复位→接触器 KM_3（或 KM_4）断电→M_2 停转，停止右（或左）进给运动。

2. 工作台前后和上下进给运动的控制   由十字开关操作，共有 5 个位置：上、下、前、后及中间位置。

"向前"进给：十字开关手柄扳前→挂上横向离合器→压动限位开关 SQ_3→正向接触器 KM_3 通电→M_2 正转，拖动工作台向前进给。

"向下"进给：十字开关手柄扳下→挂上垂直离合器→压动限位开关 SQ_3→正向接触器 KM_3 通电→M_2 正转，拖动工作台向下进给。

"向后"进给：十字开关手柄扳后→挂上横向离合器→压动限位开关 SQ_4→反向接触器 KM_4 通电→M_2 反转，拖动工作台向后进给。

"向上"进给：十字开关手柄扳上→挂上垂直离合器→压动限位开关 SQ_4→反向接触器 KM_4 通电→M_2 反转，拖动工作台向上进给。

停止时，十字开关扳向中间位置→脱开挂上的相应离合器→限位开关 SQ_3（或 SQ_4）复位→接触器 KM_3（或 KM_4）断电→M_2 停转→工作台停止进给。

在铣床床身导轨旁设置了上、下两块挡块，当升降台上下运动到一定位置时，挡块撞动操作手柄，使其回到中间位置，实现上下进给的终端保护。同样，在工作台左侧底部设置挡块，实现前后进给的终端保护。

3. 工作台的快速移动

（1）主轴转动时的快速移动　工作台的快速移动也由进给电动机 M_2 拖动。当工作台已经进行工作时，按下按钮 SB_5（或 SB_6）→接触器 KM_5 通电→快速移动电磁铁 YA 通电→工作台快速移动→松开 SB_5（或 SB_6）→接触器 KM_5 断电→快速移动电磁铁 YA 断电→快速移动停止。工作台仍按原来进给速度原方向继续进给。快速移动是点动控制的。

（2）主轴不转动时的快速移动　将开关 SA_5 扳向"停止"位置→按动 SB_1（或 SB_2）→接触器 KM_1 通电并自锁，提供进给运动 KM_3、KM_4 及 KM_5 的电源→操作工作台手柄→M_2 转动→按下按钮 SB_5（或 SB_6）→接触器 KM_5 通电→快速移动电磁铁 YA 通电→工作台快速移动。

4. 进给变速时的冲动控制　进给变速冲动是由进给变速手柄配合进给变速冲动位置开关 SQ_6 实现的。将进给变速手柄向外拉→对准所需速度，把手柄拉出到极限位置→压动限位开关 SQ_6→接触器 KM_3 通电→M_2 正转，再把手柄推回原位，进给变速完成。

（三）圆工作台进给的控制

圆工作台只作单向转动。工作过程如下：开关 SA_1 扳向"接通"位置→触点 $SA_{1-2(31-37)}$ 闭合→将工作台两个进给手柄扳向"中间"位置→按下按钮 SB_1（或 SB_2）→接触器 KM_1 通电→M_1 转动→接触器 KM_3 通电→M_2 起动→圆工作台回转。

圆工作台控制电路是经限位开关 $SQ_1 \sim SQ_4$ 的 4 对常闭触点形成回路的，所以操作任何一个长工作台进给手柄，压动相应的 SQ_1、SQ_2、SQ_3、SQ_4，都将切断圆工作台控制电路，实现圆工作台和长工作台的联锁控制。

圆工作台停止：按动 SB_3（或 SB_4）→接触器 KM_1 断电→接触器 KM_3 断电→M_2 停止。

（四）冷却泵电动机的控制和照明电路

冷却泵电动机的控制：把开关 SA_2 扳向"接通"位置→接触器 KM_6 通电→M_3 起动，拖动冷却泵送出切削液。

机床局部照明由照明变压器 T_2 输出 36V 安全电压，由开关 SA_3 控制照明灯 EL。

（五）控制电路的联锁

X62W 铣床的运动较多，控制电路较复杂，为安全可靠地工作，需加必要的联锁。

1. 主运动与进给运动的顺序联锁　进给电气控制电路接在主电动机接触器 KM_1 自锁触点之后，这就保证了主轴电动机 M_1 起动后（若不需要 M_1 转动，可将开关 SA_5 扳至中间位置）才可起动进给电动机 M_2。而主轴停止时，进给立即停止。

2. 工作台 6 个进给方向的联锁　铣床工作时，只允许一个进给方向运动，为此工作台 6 个进给方向运动都有联锁。工作台纵向操作手柄与横向、垂直操作手柄，均只能有一个工作位置，在电气原理图中，接点（19-21-23）及（31-33-23）的两条支路，一条由限位开关 SQ_3、SQ_4 的常闭触点串联组成，另一条由 SQ_2、SQ_1 的常闭触点串联组成，串联在接触器 KM_3 或 KM_4 线圈电路中，构成进给运动的联锁控制。当扳动纵向进给手柄时，压动限位开关 SQ_1 或 SQ_2、使支路（23-31）断开，但接触器 KM_3 或 KM_4 可经另一条支路（15-19-21-23）供电，若再扳动横向、垂直手柄，又将限位开关 SQ_3 或 SQ_4 压动，使另一支路又断开，进给电动机 M_2 不能通电，工作台不能自动进给。这就保证了不允许同时操作两个进给手柄，实现了工作台 6 个进给方向的联锁。

第一篇习题

1. 单相交流电磁机构为何要设置短路环？它的作用是什么？三相交流电磁铁是否装设短路环？

2. 从结构特征如何区分交流、直流电磁机构？

3. 交流接触器线圈通电后，衔铁长时间被卡死不能吸合，会产生什么后果？

4. 交流电磁线圈误接入直流电源，直流电磁线圈误接入交流电源，会发生什么问题？为什么？

5. 两个相同的交流电磁线圈能否串联使用？为什么？

6. 某些低压电器（如接触器）为什么要设灭弧装置？灭弧装置有哪几种？

7. 电器控制线路中，既装设熔断器，又装设热继电器，各起什么作用？能否相互代用？

8. 试分析接近开关的工作原理和作用。

9. 试为一台交流 380V、4kW（功率因数 $\cos\varphi = 0.88$）、△联结的三相笼型异步电动机选择接触器、热断电器和熔断器。

10. 低压断路器的主要功能用途是什么？如何选用低压断路器？

11. 漏电保护器有哪些主要技术参数？如何选用漏电保护器？

12. 三相笼型异步电动机有哪几种电气控制方式？

13. 试采用按钮、刀开关、接触器和中间继电器，画出异步电动机点动、连续运行的混合控制电路。

14. 试设计用按钮和接触器控制异步电动机的起动、停止，用组合开关选择电动机旋转方向的控制电路（包括主回路、控制回路和必要的保护环节）。

15. 电器控制电路采用的保护环节有哪些？各采用什么电器元件？

16. 试设计电器控制电路，要求：第一台电动机起动 10s 后，第二台电动机自动起动，运行 5s 后，第一台电动机停止，同时第三台电动机自动起动，运行 15s 后，全部电动机停止。

17. 对一台三相笼型异步电动机按下列要求设计电器控制电路：采用 Y-△减压起动；应设有熔断器和热继电器保护装置；可在三个地方控制电动机的起动和停止。

18. 设计一台三相笼型异步电动机控制电路，要求为：能正反方向运转；定绕组串电阻减压起动；设有熔断器和热继电器保护装置。

19. 试分析 C650 型车床主轴正反转控制和正反转反接制动的工作过程。

20. 简述平面磨床充磁、去磁的工作过程，电磁吸盘中设置欠电流继电器的作用是什么？

21. 试述 Z3040 摇臂下降的工作过程。

22. 试述 X62W 万能铣床的工作台 6 个方向进给控制的工作过程。

第二篇　可编程控制器（PLC）应用技术

在第一篇中已比较全面系统地介绍了电器控制技术，包括常用的低压控制电器、基本的电器控制电路和实用的电气控制系统等。这为学习第二篇打下了基础。在第二篇中将阐述可编程控制器（PLC）的基本结构、工作原理、指令系统、编程方法、编程软件，以及可编程控制器控制系统的设计、维护和应用实例等。

第四章　可编程控制器概论与基本工作原理

第一节　PLC 概述

一、可编程控制器的产生

在第一篇中介绍的各种传统电器，能完成逻辑"与""或""非"等运算功能，实现弱电对强电的控制，且由于结构简单，价格便宜，掌握容易等优点，因而得到了长期广泛的应用。但继电接触控制系统也存在如下缺点：设备体积大，开关动作慢，功能较少，接线复杂，触点易损坏，改接麻烦，灵活性较差等。

随着社会的发展，科技的进步，新的控制器件及其控制系统不断涌现。针对继电接触器存在的缺点，1968 年美国通用汽车公司（GM）提出 10 条技术指标公开招标，研制功能更强、使用更方便、可靠性更高、价格便宜的新型控制器。一年后美国数字设备公司（DEC）根据 GM 公司的招标要求，研制成功世界上第一台可编程控制器，型号为 PDP—14，并在GM 公司汽车生产线上首次应用成功。这就较好地把继电接触与计算机两者的优点结合起来。人们把这第一台可编程控制器叫作可编程序逻辑控制器（PLC），当时仅有执行继电器逻辑、定时、计数等较少的功能。

20 世纪 70 年代中期出现了微处理器和微型计算机，人们把微机技术应用到可编程控制器中，使得它兼有计算机的一些功能，不但用逻辑编程取代了硬连线逻辑，还增加了运算、数据传送与处理及对模拟量进行控制等功能，使之真正成为一种电子计算机工业控制设备。

1980 年美国电气制造协会（National Electrical Manufactorers Association，NEMA）把这种新的控制设备正式命名为可编程控制器（Programmable Controller，PC）。但为了与个人计算机的专称 PC 相区别，故常常把可编程控制器简称为 PLC，而本书均用 PLC 表示可编程控制器。1987 年美国国际电工委员会（IEC）颁布的 PLC 标准草案中对 PLC 做了如下定义："PLC 是一种专门为在工业环境下应用而设计的数字运算操作的电子装置。它采用可以编程的存储器，用来在其内部存储执行逻辑运算、顺序运算、计时、计数和算术运算等操作的指令，并能通过数字式或模拟式的输入和输出，控制各种类型的机械或生产过程。PLC 及其有关的外围设备都应按易于与工业控制系统形成一个整体，易于扩展其功能的原则而设计。"

二、PLC 的主要功能及应用领域

PLC 把自动化技术、计算机技术和通信技术融为一体。概括起来它有以下主要功能与应用：

1. 逻辑控制 PLC 具有逻辑运算功能，它设置有"与""或""非"等逻辑指令，因此它可以代替传统继电器进行组合逻辑与顺序逻辑控制。

2. 定时控制 PLC 具有定时控制功能。它为用户提供了若干个定时器并设置了定时指令。

3. 计数控制 PLC 具有计数功能。它为用户提供了若干个计数器并设置了计数指令。

4. 步进控制 PLC 能完成步进控制功能。PLC 为用户提供了若干个移位寄存器，或者直接有步进指令，可用于步进控制。

5. A - D、D - A 转换 有些 PLC 还具有"模-数"（A - D）转换和"数-模"（D - A）转换功能，能完成对模拟量的控制与调节。

6. 数据处理 有的 PLC 还具有数据处理能力。能进行数据并行传送、比较和逻辑运算，BCD 码的加、减、乘、除等运算，还能进行数据检索、比较、数制转换等操作。

7. 通信与联网 有些 PLC 采用了通信技术，可以进行远程 I/O 控制，多台 PLC 之间可以进行同位链接，还可以与计算机进行上位链接，由一台计算机和若干台 PLC 可以组成"集中管理、分散控制"的分布式控制网络，以完成较大规模的复杂的控制。

8. 对控制系统监控 PLC 配置有较强的监控功能，操作人员通过监控命令可以监视有关部分的运行状态。

可以预料，随着科学技术的不断发展，PLC 的功能与应用也会不断增强和拓宽。

由此可见，可编程控制器的应用领域和场合是很广泛的。可用于开关量逻辑控制，顺序控制，定时和计数控制，闭环与过程控制，运动（位置）控制，多级网络控制，数据处理等。

三、PLC 的主要优（特）点

PLC 有如下一些主要优（特）点：

1. 编程简单 PLC 的设计者在设计 PLC 时已充分考虑到使用者的习惯和技术水平及用户的方便，常用于编程的梯形图与传统的继电接触控制电路图有许多相似之处；编程语言易学；编程器和编程软件的使用简便；对程序进行增减、修改和运行监视很方便，掌握编程方法较容易。

2. 可靠性高 PLC 是专门为工业控制而设计的，在设计与制造过程中均采用了诸如屏蔽、滤波、隔离、无触点、精选元器件等多层次有效的抗干扰措施，因此抗干扰能力强，可靠性很高，有资料称其平均无故障时间可达 3 万小时以上。此外，PLC 还具有很强的自诊断功能，可以迅速方便地检查判断出故障，缩短检修时间。PLC 可靠性高的原因在后面还会作较具体的介绍。

3. 通用性好 PLC 品种多，可由各种组件灵活组合成不同的控制系统，以满足不同的控制要求。同一台 PLC 只要改变软件则可实现控制不同的对象或满足不同的控制要求，通用性好。

4. 功能很强 PLC 具有很强的功能，能进行逻辑、定时、计数和步进等控制，能完成

A－D 与 D-A 转换、数据处理和通信联网等功能。

5. 使用方便　PLC 体积小，重量轻，便于安装。PLC 编程简单，编程器使用简便。PLC 自诊断能力强，使操作人员检查判断故障方便迅速，修改程序和监视运行状态也容易。

6. 设计、施工和调试周期短　PLC 在许多方面是以软件编程来取代硬件接线，用 PLC 构成的控制系统比较简单，编程容易，安装使用方便，不需要很多配套的外围设备，程序调试修改也很方便。因此可大大缩短 PLC 控制系统的设计、施工和投产周期。

从上述 PLC 的功能特点可见，PLC 控制系统比传统的继电接触控制系统具有许多优点，在许多方面可以取代继电接触控制。但是 PLC 也有其缺点：目前价格还比较高；工作速度比计算机慢；使用中档和高档 PLC 时要求使用者具有相当的计算机知识；PLC 制造厂家和 PLC 品种类型很多，而指令系统和使用方法不尽相同，这给用户带来不便。

四、PLC 的应用与发展概况

自从美国研制出世界上第一台 PLC 以后，日本、德国、法国等工业发达国家相继研制出各自的 PLC。20 世纪 70 年代中期在 PLC 中引入了微机技术，使 PLC 的功能不断增强，质量不断提高，应用日益广泛。目前 PLC 已广泛应用于汽车制造、石油、化工、冶金、轻工、机械、电力等各行各业，有人认为 PLC 已成为工业控制领域中占主导地位的基础自动化设备。

1971 年日本从美国引进 PLC 技术，很快就研制出日本第一台 DSC-8 型 PLC。早在 1984 年日本就有 30 多个 PLC 的生产厂家，产品有 60 种以上。西欧在 1973 年已研制出它们的第一台 PLC，并且发展很快。目前世界上众多 PLC 制造厂家中，比较著名的几个大公司有美国 A－B 公司、通用电气公司，德国的西门子公司，法国施耐德公司，日本的三菱、欧姆龙公司等。它们的产品控制着世界上大部分的 PLC 市场。PLC 技术已成为工业自动化三大技术（PLC 技术、机器人、计算机辅助设计与制造）支柱之一。

我国研制与应用 PLC 起步较晚，1973 年开始研制，1977 年开始应用，20 世纪 80 年代初期以前发展较慢，20 世纪 80 年代随着成套设备或专用设备引进了不少 PLC，我国已有许多单位在消化吸收引进 PLC 技术的基础上，研制了很多 PLC 产品。

PLC 随着计算机和集成电路技术的发展而发展，主要是朝着标准化、智能化、大容量化、网络化方向发展，这将使 PLC 功能更强，可靠性更高，使用更方便，适用面更广。

五、PLC 可靠性高的原因

前面多次提到 PLC 的可靠性很高，究其原因归纳起来主要在于目前 PLC 在硬、软件方面一般都采用了下述措施：

1）PLC 内部有许多"软"继电器、"软"接点和"软"线连接，控制功能主要由软件来实现，"硬"器件、"硬"触点和"硬"线连接大为减少。

2）设置滤波。在 PLC 中一般都在输入、输出接口处设置 π 形滤波器，它不仅可滤除来自外界的高频干扰，而且还可减少内部模块之间信号的相互干扰。

3）设有隔离，在 PLC 系统中 CPU 和各 I/O 回路一般都设有光电耦合器作隔离，以防止干扰或可能损坏 CPU 等。

4）设置屏蔽。屏蔽有两类：一类是例如对变压器采取磁场和电场的双重屏蔽，这时要用既导磁又导电的材料作为屏蔽层；另一类是例如对 CPU 和编程器等模块仅作电场的屏蔽，此时可用导电的金属材料作屏蔽层。

5）采用模块式结构。PLC 通常采用积木式结构，这便于用户检修和更换模板，同时在各模板上都设有故障检测电路,并用相应的指示器显示它的状态,使用户能迅速确定故障的位置。

6)设有联锁功能。PLC 中各输出通道之间设有联锁功能,以防止各被控对象之间误动作可能造成的事故。

7)设置环境检测和诊断电路。这部分电路负责对 PLC 的运行环境(例如电网电压、工作温度、环境的湿度等)进行检测,同时也完成对 PLC 中各模块工作状态的监测。这部分电路往往是与软件相配合工作的,以实现故障自动诊断和预报。

8)PLC 中的电源具有很强的抗电网电压波动和高频干扰的能力,同时还具有过电压、过电流保护措施,以防止 PLC 的损坏可能导致系统的混乱。

9)设置 Watchdog 电路。PLC 中的这种电路是专门监视 PLC 运行进程是否按预定的顺序进行的,如果 PLC 中发生故障或用户程序区受损,则因 CPU 不能按预定顺序(预定时间间隔)工作而报警。

10)PLC 的输入、输出控制简单。PLC 是以扫描方式进行工作的,即 PLC 对信号的输入、数据的处理和控制信号的输出,分别在一个扫描周期内的不同时间间隔里,以批处理方式进行,这不仅使用户编程简单、不易出错,而且也不易使 PLC 的工作受到外界干扰的影响;同时 PLC 所处理的数据比较稳定,从而减少了处理中的错误;另外,PLC 输入、输出的控制较简单,不容易产生由于时序不合适而造成的问题。

以上这些措施中有些在前面已述及,有些在后面即将介绍。

简言之,因为 PLC 是专为工作环境条件较恶劣的工业应用而设计的,在设计制造时已充分考虑到可靠性问题,严格筛选采用的元器件,并采取了多层次多种有效措施来提高 PLC 的可靠性,因此,实践也证明 PLC 的抗干扰能力强,可靠性很高。

第二节 PLC 的基本结构与工作原理

一、PLC 的基本结构

PLC 及其控制系统是从继电接触系统和计算机控制系统发展而来的,因此与这两种控制系统有许多相同或相似之处,PLC 的输入、输出部分与继电接触控制系统的大致相同,PLC 的控制部分用微处理器和存储器取代了继电器控制电路,其控制作用是通过用户软件来实现的。各个厂家生产的 PLC 基本结构大体相同、相似,其基本结构示意图如图 4-1 所示。

(一)输入与输出部件

这是 PLC 与输入控制信号和被控制设备连接起来的部件,输入部件接收从开关、按钮、继电器触点和传感器等输入的现场控制信号,并将这些信号转换成中央处理器能接

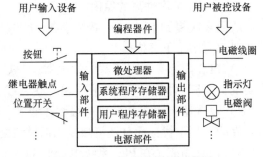

图 4-1 PLC 的基本结构示意图

收和处理的数字信号。输出部件接收经过中央处理器处理过的输出数字信号,并把它转换成被控制设备或显示装置所能接收的电压或电流信号,以驱动接触器、电磁阀和指示器件等。

（二）中央处理单元

微处理器又称中央处理单元（CPU），它是 PLC 的核心部件，整个 PLC 的工作过程都是在中央处理器的统一指挥和协调下进行的，它的主要任务是按一定的规律和要求读入被控对象的各种工作状态，然后根据用户所编制的应用程序的要求去处理有关数据，最后再向被控对象送出相应的控制（驱动）信号。PLC 中所采用的 CPU 位数越多，PLC 功能越强。

（三）存储器

存储器是保存系统程序和用户程序的器件。系统存储器主要用于存放系统正常工作所必需的程序，如管理、监控、指令解释程序，这些程序与用户无直接关系，已由厂家直接固化在 EPROM 中。用户存储器主要用于存放用户按控制要求所编制的程序，可通过编程器或编程软件进行必要的修改。

（四）电源部件

电源部件是把交流电转换成直流稳压电源的装置，它向 PLC 提供所需要的直流电源（一般为 5V）和外部输入设备所需直流稳压电源（一般为 24V）。

（五）编程器件

编程器件是 PLC 重要外围设备。它主要用于对用户程序进行编辑、输入、检查、调试和修改，并用来监视 PLC 的工作状态。现在很多 PLC 都可采用编程软件进行编程。

二、PLC 的基本工作原理

PLC 的工作过程一般可分为三个主要阶段：输入采样（输入扫描）阶段、程序执行（执行扫描）阶段和输出刷新（输出扫描）阶段，如图 4-2 所示。

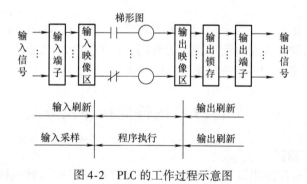

图 4-2　PLC 的工作过程示意图

（一）输入采样阶段

PLC 以扫描工作方式按顺序将所有输入信号，读入到寄存输入状态的输入映像寄存器中存储，这一过程称为采样。在本工作周期内这个采样结果的内容不会改变，而且这个采样结果将在 PLC 执行程序时被使用。

（二）程序执行阶段

PLC 按顺序对程序进行扫描，即从上到下、从左到右地扫描每条指令，并分别从输入映像寄存器和输出映像寄存器中获得所需的数据进行运算、"处理"，再将程序执行的结果写入寄存执行结果的输出映像寄存器中保存。但这个结果在全部程序未执行完毕之前不会送到输出端口上。

（三）输出刷新阶段

在执行完用户所有程序后，PLC 将输出映像寄存器中的内容（存放执行的结果）送入到寄存输出状态的输出锁存器中，再去驱动用户设备，这就是输出刷新。

PLC重复执行上述三个阶段，每重复一次的时间称为一个扫描周期。PLC在一个扫描周期中，输入扫描和输出刷新的时间一般为4ms左右，而程序执行时间可因程序的长度不同而不同。PLC的一个扫描周期一般在40～100ms之间。

PLC的一个工作周期主要有上述三个阶段，但严格来说还应包括下述4个过程，但这4个过程都是在输入扫描过程之后进行的。

1) 系统自监测，检查程序执行是否正确，如果超时则停止中央处理器工作。

2) 与编程器交换信息，这在使用编程器输入和调试程序时才执行。

3) 与数字处理器交换信息，这只有在PLC中配置有专用数字处理器时才执行。

4) 网络通信，当PLC配置有网络通信模块时，应与通信对象（如磁带机、其他PLC或计算机等）进行数据交换。

从上述PLC工作过程中可以看出：

PLC采用循环扫描工作方式。PLC工作的主要特点是输入信号集中批处理、执行过程集中批处理和输出控制也集中批处理。PLC的这种"串行"工作方式，可以避免继电接触控制中触点竞争和时序失配的问题。这是PLC可靠性高的原因之一，但是又导致输出对输入在时间上的滞后，这是PLC的缺点之一。

PLC在执行程序时所用到的状态值不是直接从实际输入端口所获得的，而是来源于输入映像寄存器和输出映像寄存器。输入映像寄存器的状态值，取决于上一扫描周期从输入端子中采样取得的数据，并在程序执行阶段保持不变。输出映像寄存器中的状态值，取决于执行程序输出指令的结果。输出锁存器中的状态值是由上一个扫描周期的刷新阶段从输出映像寄存器转入的。

还需指出一点：在PLC中常采用一种称之为"看门狗"（Watchdog）的定时监视器来监测PLC的实际工作时间周期是否超出预定的时间，以避免PLC在执行程序过程中进入死循环，或PLC执行非预定的程序而造成系统故障瘫痪。

第三节　PLC的性能指标及分类

一、PLC的性能指标

PLC的性能通常可以采用以下这些指标来综合评述。不同品种规格的PLC其性能指标是不尽相同的。

（一）编程语言

PLC常用的编程语言有梯形图语言、顺序功能图语言、功能图块语言、助记符（指令表）语言和结构文本语言等，目前使用最多的仍是梯形图语言。不同品种的PLC采用的编程语言可能不尽相同。

（二）指令种类数和总条数

用以表示PLC的编程和控制功能。

（三）I/O总点数

PLC的输入和输出量有开关量和模拟量两种。对于开关量，I/O总点数用最大I/O点数表示；而对模拟量，I/O总点数则用最大I/O通道数表示。

（四）PLC 内部继电器的种类和点数

包括输入继电器、输出继电器、辅助继电器、特殊继电器、定时器、计数器、状态继电器、数据寄存器等。而每种继电器点数也不一样。

（五）用户程序存储量

用户程序存储器用于存储通过编程器或编程软件输入的用户程序，其存储容量通常是以字为单位来计算的。约定 16 位二进制数为一个字（注意一般微处理机是以 8 位为一个字节的），每 1024 个字为 1K 字。中小型 PLC 的存储容量一般在 8K 字以下，大型 PLC 的存储容量有的已达 256K 字以上。编程时，通常对于一般的逻辑操作指令，每条指令占一个字，计时、计数和移位指令占两个字；对于一般的数据操作指令，每条指令占两个字。须指出，有的 PLC 其用户程序存储容量是用编程的步数来表示的，每编一条语句为一步。

（六）扫描速度

以 ms/K 字为单位表示。例如 20ms/K 字表示扫描 1K 字的用户程序需要的时间为 20ms。扫描速度就是指 PLC 执行程序的速度。

（七）工作环境

一般都能在下列环境条件下工作：温度 0～55℃，湿度小于 85%。

（八）特种功能

有的 PLC 还具有某些特种功能，例如可扩展能力，自诊断功能，通信联网功能，监控功能，特殊功能模块，远程 I/O 能力等。

（九）其他

还能列出其他一些指标，比如输入/输出方式、某些主要硬件（如 CPU、存储器）的型号等。

二、PLC 的分类

目前 PLC 的品种很多，规格性能不一，还没有统一的严格的分类标准，但是目前一般按下面几种情况进行大致分类。

（一）按结构形式分类

按 PLC 结构形式分类，可分为整体式、模块式和叠装式三种。

整体式（箱体式）PLC，将 PLC 的电源、中央处理器、输入输出部件等集中配置在一起，有的甚至全部安装在一块印制电路板上，装在一个箱体内。整体式结构紧凑、体积小、重量轻、价格低，小型 PLC 常使用这种结构，例如 F_1 系列 PLC。

模块式（积木式）PLC，它把 PLC 的各部分以模块形式单独分开，如电源模块、CPU 模块、输入模块、输出模块等，把这些模块插到机架插座上或安装在底板上，组装在一个机架内。这种结构配置灵活，装配方便，便于扩展。一般中型和大型 PLC 常采用这种结构。例如西门子 S7-300、S7-400 型 PLC 等采用这种结构，有的小型 PLC 也采用这种结构。

叠装式 PLC，将整体式和模块式结合起来称为叠装式结构 PLC。它除了基本单元外，还有扩展模块和特殊功能模块，兼有上面两种形式的优点。S7-200 PLC 就是这种结构。

（二）按输入输出点数和存储容量分类

按输入输出点数和存储容量来分，PLC 大致可分为超大、大、中、小和微型（超小型）5 种。

微型 PLC 的输入输出点数小于 64 点，用户程序存储容量一般小于 2KB。

小型 PLC 的输入输出点数在 64 ~ 256 点之间，用户程序存储容量为 2 ~ 4KB。

中型 PLC 的输入输出点数在 256 ~ 2048 点之间，用户程序存储容量为 4 ~ 16KB。

大型 PLC 的输入输出点数在 2048 ~ 8192 点之间，用户程序存储容量为 16 ~ 64KB。

超大型 PLC 的输入输出点数在 8192 点以上，用户程序存储容量在 64KB 以上。

（三）按功能分类

按 PLC 功能强弱来分，大致可分为低档机、中档机、高档机和专用机。高档 PLC 功能强大，相比之下低档 PLC 功能较弱，中档机功能介于低、高档机两者之间。

随着 PLC 的发展，对 PLC 的分类也将会做出相应的某些改变，使 PLC 的分类更科学、更严密。

第四节　PLC 与其他工业控制系统的比较

一、PLC 与继电接触控制系统的比较

从某种意义上看，PLC 是从继电接触控制发展而来的。两者既有相似性又有不同之处。

1）继电接触控制全部用硬器件、硬触点和"硬"线连接，为全硬件控制；PLC 内部大部分采用"软"电器、"软"接点和"软"线连接，为软件控制。

2）继电接触控制系统体积大；PLC 控制系统结构紧凑，体积小。

3）继电接触控制全为机械式触点，动作慢；PLC 内部全为"软接点"，动作快。

4）继电接触控制功能改变，需拆线、接线乃至更换元器件，比较麻烦；PLC 控制功能改变，一般仅修改程序即可，极其方便。

5）PLC 控制系统的设计、施工与调试比继电接触控制系统周期短。

6）PLC 控制的自检和监控功能比继电接触控制的强。

7）PLC 的适用范围比继电接触控制的广泛。

8）PLC 可靠性比继电接触控制的高。

二、PLC 与微型计算机的比较

PLC 也是随着微型计算机的发展而发展的，PLC 实质上就是一台专为工业生产控制设计的专用计算机。两者既有相近性又有差别，主要差别表现在以下几个方面：

1）PLC 输入、输出接口较多，中大型 PLC 输入、输出接口更多，便于多路多点控制。

2）PLC 编程简便，因为 PLC 是采用易于用户理解、接受和使用的梯形图编程语言，而计算机使用汇编语言或其他高级语言编程，比 PLC 编程复杂。

3）PLC 可靠性高，因为 PLC 是为工作环境条件比较恶劣的工业控制设计的，设计与制造 PLC 时已采取了多种有效的抗干扰和提高可靠性措施。

4）PLC 技术较容易掌握，使用维护方便，对使用者的技术水平要求比使用计算机的低。

5）PLC 采用扫描方式进行工作，加之其他一些原因，所以 PLC 输入、输出响应比计算机慢。

6）PLC 控制的系统调试周期短。

7）PLC 主要用于工业控制，但是微型计算机应用范围更广。

三、PLC 与集散系统的比较

1）PLC 是由继电器控制逻辑发展而来的，而集散系统（DCS）是由过程仪表控制发展而来的，但这两者都是随着微电子技术、大规模集成电路技术、计算机控制技术的发展而发展的。

2）PLC 在开关量控制、顺序控制方面有一定的优势，而集散系统在回路调节、模拟量控制、过程控制方面有一定的优势。

3）PLC 控制系统比集散控制系统在价格方面具有优势。

4）PLC 与集散系统在发展过程中，始终互相渗透、互为补充，两者的发展越来越接近，如果把两者的优势有机地结合起来，就有可能构成一种新型的全分布式的计算机控制系统。

5）学习掌握 PLC 比集散控制系统容易些。

第五章 西门子 S7 – 1200 硬件模块与博途软件平台

第一节 西门子 S7 系列 PLC

西门子公司的 PLC 系列产品主要包括 LOGO 系列、传统 S7 – X00 系列和最新的 S7 – 1X00 系列。

LOGO 系列小巧灵活，广泛用于楼宇自动化或小型自动化设备。

传统 S7 – X00 系列包括 S7 – 200、S7 – 300 和 S7 – 400，它们是传统的且正被广泛应用的 PLC 系列。S7 – 200 系列（详见第八章）是一体化 PLC，性能及价格相对较低，但只支持通过传统的 MicroWin 软件进行程序开发。S7 – 300 和 S7 – 400 系列是模块化 PLC，用户需借助背板将电源模块、CPU 模块、IO 模块和通信模块等连到一起构成一套可用的系统。该系列支持用博途软件进行程序开发，但西门子公司计划逐渐将该系列产品向技术更新的 S7 – 1X00 系列转移。

最新的 S7 – 1X00 系列包括 S7 – 1200 和 S7 – 1500。S7 – 1200 系列是一体化 PLC，其 CPU 模块可独立工作，其中具备基本的电源子模块、信号输入输出子模块、处理器子模块、编程与通信子模块。S7 – 1200 系列 PLC 也具有模块化扩展能力，在中小规模控制现场使用时，既能兼顾成本又具有良好的可扩展性。S7 – 1500 系列是模块化 PLC，相比 S7 – 300，S7 – 1500 系列的底层技术更新、性能更强、功能更多。

西门子还为现场应用提供 ET200 系列产品，该系列产品体积紧凑，可提供更高的安全防护等级，非常适用于现场设备层，并可通过 Profinet 或 Profibus 现场总线与远程的上层 PLC 进行快速的具有确定性的数据交换，从而可实现紧凑的网络化分布式应用。

在上述硬处理器之外，西门子还提供基于 S7 – 1500 设计的 S7 – 1500S 软 PLC 系列产品，软 PLC 运行在 PC 上，通过虚拟化技术利用部分 PC 的硬件资源实现 1500 硬 PLC 的功能，在与 S7 – 1500 硬 PLC 的编程方式完全一样的同时，还能兼顾 Windows 系统的开放性，可以使用高级语言进行编程（包括 C/C ++/C#/VB）开发，甚至可以直接使用 MATLAB/SIMULINK 中的算法模型。

第二节 西门子 S7 – 1200 系列 PLC 硬件模块

一、CPU 模块及扩展模块

S7 – 1200 控制器的 CPU 模块外观如图 5-1 所示。对 CPU 模块进行扩展后的效果如图 5-2 所示。

不同 CPU 模块的扩展能力不同，当前 S7 – 1200 系列产品中扩展能力最强的是 S7 – 1217C。S7 – 1217C CPU 左侧最多可扩展 3 块通信模块，借助不同通信模块可进行串行通信（RS – 232、RS – 485、Modbus、USS）、Profibus – DP 通信、AS – i 通信、Profinet 工业以太网通信和 GPRS 等远程通信。其中 USS 是西门子传动装置用串行通信接口，AS – i 是执行器传感器接口协议。

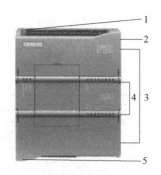

图 5-1　S7－1200 CPU 模块
1—电源接入端　2—存储卡插槽
3—可插拔的输入输出接线端
4—输入输出信号指示灯
5—Profinet 编程和通信口

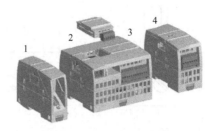

图 5-2　CPU 模块扩展
1—通信模块（CM）　2—CPU 模块
3—信号板（SB）　4—信号模块（SM）

CPU 前盖位置可扩展一块信号板（SB）、电池板（BB）或通信板（CB）。信号板可增加开关量、模拟量的输入输出通道；电池板可提供对实时时钟的供电；通信板可提供一个 RS－485 通信接口。

CPU 右侧最多可扩展 8 块信号模块。信号模块可增加开关量、模拟量的输入输出通道，热电阻/热电偶输入通道或作为 IO_Link 主站模块或电能表模块。

S7－1200 系列 PLC 各型号处理器的关键性能与扩展能力如表 5-1 所示，未列出的 S7－1217C 相比 S7－1215C 宽度再大 20mm，工作存储区容量再大 25KB。

表 5-1　S7－1200 系列 PLC 关键性能与扩展能力

参　数	CPU 1211C	CPU 1212C	CPU 1214C	CPU 1215C
尺寸（宽/mm×高/mm×厚/mm）	90×100×75	90×100×75	110×100×75	130×100×75
集成 DI/DO/AI/AO 数	6/4/2/0	8/6/2/0	14/10/2/0	14/10/2/2
Profinet 通信口数	1	1	1	2
装载存储区大小	1MB	1MB	4MB	4MB
工作存储区大小	50KB	75KB	100KB	125KB
保持性存储区大小	10KB	10KB	10KB	10KB
高速脉冲输出通道数	2	2	2	4
高速计数通道数	3	4	6	6
可扩展信号模块数	0	2	8	8
可扩展信号板数	1	1	1	1
可扩展通信模块数	3	3	3	3
浮点指令速度	2.3μs/指令			
逻辑指令速度	0.08μs/指令			

二、CPU 模块接线

S7－1200 CPU 模块接线如图 5-3 所示。如图中①所示，PLC 可为外部传感器提供 24V

直流传感器电源，外部传感器也可另外使用独立电源供电。需注意 PLC 内部提供的 24V 直流电源的最大驱动电流是 300mA。

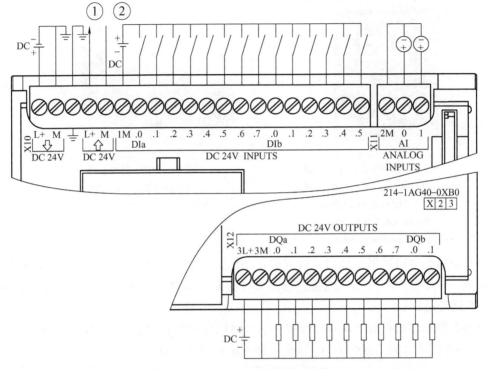

图 5-3　S7－1200 CPU 模块接线图

S7－1200 CPU 模块的型号如 CPU 1212C DC/DC/DC，其第一个"DC"表示 CPU 模块的电源供电类型为直流 24V，另一个可选项是"AC"，表示 CPU 模块的电源供电类型为交流 120V/240V。第二个"DC"表示 CPU 模块的开关量输入信号的类型为直流 24V。第三个"DC"表示 CPU 模块的开关量输出方式为晶体管，可对直流 24V 负载进行通断控制，另一个可选项是"Rly"，表示输出方式为继电器，继电器通过干接点既可对交流负载也可对直流负载进行通断控制。

S7－1200 CPU 的开关量输入既支持漏型也支持源型输入形式。如图 5-3 中②所示是漏型输入形式。

对于 PNP 集电极开路输出型传感器，采用漏型输入（Sinking Input），将电源的"－"端连接到 PLC 的公共端，其接线原理如图 5-4 所示；对于 NPN 集电极开路输出型传感器，采用源型输入（Sourceing Input），将电源的"＋"端连接到 PLC 的公共端，其接线原理如图 5-5 所示。

三、人机界面

可视化人机界面是操作员与现场设备之间的接口。在 PLC 完成底层实际控制逻辑的基础上，操作员需要观察现场设备的运行状态或者发送新的操作指令给现场设备。以前通过物理的指示灯、数码管、按钮、开关、旋钮等低压电器完成这些功能，现在都可将其放到可视化人机界面（Human Machine Interface，HMI）上完成。此外人机界面中还可实现动画、历史趋势图、报警、配方管理等功能。

西门子可视化人机界面有基于计算机的 WINCC 系列产品和基于嵌入式处理器的操作面

板系列产品。基于计算机的 WINCC 主要用于上层系统级的监控，基于嵌入式处理器的操作面板主要用于底层设备级的监控。

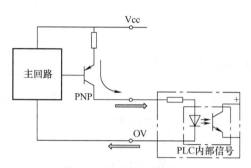 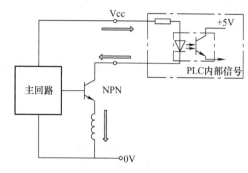

图 5-4　漏型开关量输入　　　　　　图 5-5　源型开关量输入

与 S7－1200 系列 PLC 配套的西门子人机界面操作面板主要有精简系列、精智系列和移动系列。精简操作面板如图 5-6 所示，移动操作面板如图 5-7 所示。

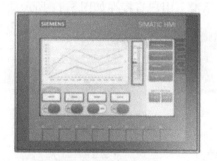 

图 5-6　精简操作面板　　　　　　图 5-7　移动操作面板

精简系列操作面板具有全面的人机界面基本功能，是适用于简易人机界面应用的入门级面板，提供了 3″、4″、6″、7″、9″、12″和 15″（″表示 in，1in = 0.0254m）的面板尺寸，可以进行按键及触控组合式操作，集成以太网或 RS－485 通信接口，支持 Profinet 或者 Profibus/MPI 通信协议。

精智系列操作面板可满足设备级的更高可视化要求，提供了 4″、7″、9″、12″、15″、19″和 22″的面板尺寸，可以进行按键及触控组合式操作，集成以太网和 RS－485 通信接口，支持进行网页浏览、作为 Web 服务器、作为 OPC UA 的客户机或者服务器等增强功能。

移动系列操作面板可手持使用，支持线缆或者 WiFi 通信，提供了 4″、7″和 9″的面板尺寸。

四、系统构建

S7－1200 系列 PLC 可通过自带的 Profinet 通信口接入 Profinet 现场总线网络，如图 5-8 所示基于 Profinet 的 S7－1200 控制系统由 3 台 S7－1200 PLC 和 1 块人机操作面板构成。其 PLC 与 PLC 之间可基于 Profinet 现场总线进行数据交换，人机操作面板也可基于 Profinet 现场总

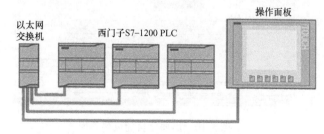

图 5-8　基于 Profinet 的 S7－1200 控制系统

线对所有 PLC 进行监控。Profinet 是工业以太网现场总线标准，网络中各台设备基于各自独立的 IP 地址进行互相访问。随着系统规模的扩大，也可采用多种现场总线构建层次化分布式控制系统，可对 S7 - 1200 的 CPU 扩展不同通信模块实现不同协议现场总线网络的接入，从而可与其他控制器、人机界面、传感器、执行器进行数据交换。

第三节　西门子博途软件平台

西门子提供了博途（Totally Integrated Automation Portal，TIA Portal）软件平台对 S7 - 1200 系列 PLC 进行应用开发，包括 PLC 控制逻辑的开发调试以及操作面板人机界面的开发调试。

一、西门子博途软件平台组成

西门子博途软件平台集成了 STEP7 PLC 组态和编程软件及 WINCC HMI 组态软件这两个原本独立的软件。用户可随时在面向任务（Portal）的风格和面向项目（Project）的风格中选择一种进行操作。面向任务的风格界面如图 5-9 所示，其以向导的形式完成创建项目、添加设备、组态设备和网络、PLC 编程、运动控制、人机面板组态等相关任务。面向项目的风格界面如图 5-10 所示，按树形结构管理项目中各元素，用户直接在如图 5-11 所示项目树的

图 5-9　面向任务的风格界面

1—任务入口　2—任务选择　3—任务操作　4—切换到项目视图

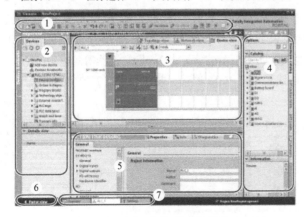

图 5-10　面向项目的风格界面

1—菜单和工具栏　2—项目导航　3—工作区　4—任务卡

5—巡视窗口　6—切换到 Portal 视图　7—编辑器栏

图 5-11　项目树导航栏

树形结构中选择相应入口进行操作，Portal 风格界面以向导的形式可实现的功能，也可以在项目树中找到各个入口逐一实现。

二、西门子博途软件平台开发流程

使用西门子博途软件进行程序开发可按如图 5-12 所示基本开发流程进行。

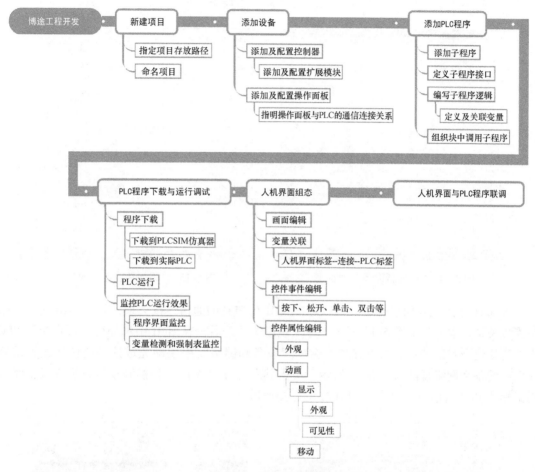

图 5-12　基本开发流程

（一）新建项目

可以在 Portal 风格下执行"创建新项目"并基于向导进行后续操作。也可在项目风格下执行菜单"项目"→"新建"命令。在弹出的如图 5-13 所示的新建项目对话框中可对项目进行命名，指定项目存放路径。

图 5-13　新建项目

（二）添加设备

项目创建后，在项目风格视图中将出现如图5-11所示项目树，执行项目树中"添加新设备"命令，将弹出如图5-14所示的"添加新设备"对话框，在对话框中可选择相应的控制器或HMI型号及固件版本号。在Portal风格视图中创建或打开项目后，在左侧"设备与网络"选项卡中也可启动如图5-15所示的"添加新设备"向导。

图5-14 "添加新设备"对话框

图5-15 "添加新设备"向导

添加HMI人机界面过程中，可以选择HMI与PLC的通信连接关系，如图5-16所示。网络连接关系建立成功如图5-17所示，建立该连接关系后，在HMI中添加变量可直接与PLC中的变量建立映射关系。也可在项目树的"设备和网络"中手动完成这一通信连接关系的建立。设备和网络视图如图5-18所示，单击其左上方"连接"切换到连接显示方式，就可用鼠标从PLC通信口拉出一条到HMI的连接通道。

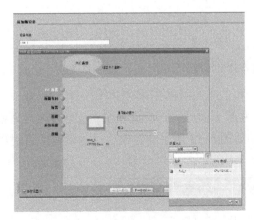

图5-16 指定设备间网络连接关系

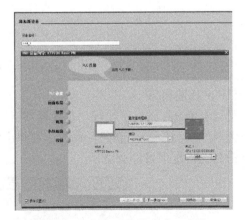

图5-17 网络连接关系建立成功

（三）设备组态

如果除了CPU之外还有其他的信号模块或者通信模块，则可通过项目树的"设备组态"打开PLC设备组态窗口，如图5-19所示。窗口右侧列出了该PLC支持的全部硬件目录，拖拉右侧目录中的硬件模块到左侧PLC机架的对应槽位即可完成硬件模块的添加。

图 5-18　设备和网络视图

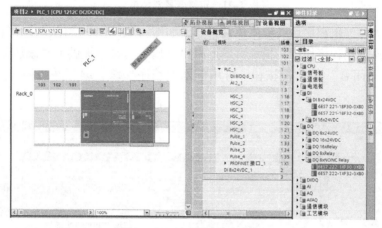

图 5-19　PLC 设备组态窗口

可在此对各硬件模块的属性进行配置，比如输入模块的滤波器设置，输出模块的停止状态输出值设置等。

（四）添加变量及分配地址

添加 PLC 控制器设备后，可在项目树的 PLC 设备中找到"PLC 变量（PLC tags）"项，打开如图 5-20 所示的变量表编辑界面，往其中添加变量，以便在程序编写阶段直接使用这些变量。

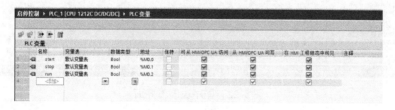

图 5-20　PLC 变量表

变量定义也可在程序编写阶段进行，编写程序时先输入变量名，然后在该变量名上单击右键，在右键菜单中选择定义变量，继而在弹出的如图 5-21 所示的"定义变量（Define tag）"对话框中定义变量的类型和存放地址及其他属性。

上述两种定义变量的方式，前一种的编程效率更高，这种方式的工作流程是先规划并统一定义程序所需变量，然后再编写指令程序并使用变量。

（五）编辑 PLC 程序

添加 PLC 控制器设备后，可在项目树的 PLC 设备下找到"程序块（Program blocks）"

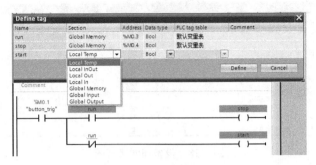

图 5-21　定义变量对话框

项，在其中添加并编辑程序块。程序块编辑界面如图 5-22 所示。可从右侧"指令"页中选取需要的指令添加到程序块中，指令页最上面"常规"目录中提供了"添加程序段""打开分支"和"嵌套闭合"等功能按钮，可用于添加程序梯级、编写并行梯级等梯形图结构编辑。

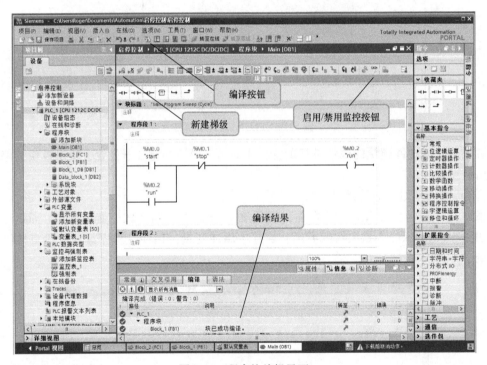

图 5-22　程序块编辑界面

（六）PLC 程序编译、下载与运行调试

通过如图 5-22 所示的编译按钮可对 PLC 程序进行编译，如果程序有错误，编译结果窗口会提示程序错误的位置和出错类型，双击提示项，程序编辑窗口会自动定位到出错程序所在位置。

在项目风格下执行菜单"在线"→"仿真"→"启动"命令将会启动西门子 S7‑PLCSIM 软件，该软件可模拟物理 PLC 的运行，提供了无物理 PLC 情况下对 PLC 程序的模拟运行功能。如果有实际的物理 PLC，就不需要上述启动 S7‑PLCSIM 软件的过程。如果要与实际的 S7‑1200 PLC 通过 Profinet 现场总线联网，计算机 IP 地址的网段须与 PLC 的网段一致，且地址不冲突，S7－1200 的默认 IP 地址是"192.168.0.1"，子网掩码是"255.255.255.0"。

执行菜单"在线"→"下载到设备"命令将打开如图 5-23 所示的"程序下载"对话框，在该对话框中单击"开始搜索"按钮，会找到 PLCSIM 模拟出来的 PLC 或者实际的物理 PLC，选中该 PLC 后单击"下载"按钮可完成程序下载。程序下载完成后可在如图 5-23 所示向导的后续对话框中勾选"全部启动"复选框来启动 PLC 的运行，也可通过工具栏的"启动 CPU"按钮来启动 PLC 的运行。

通过如图 5-22 所示工具栏中的"启用/禁用监控"按钮可启动或停止对程序运行状态的实时监控。程序监控效果如图 5-24 所示，其中实线表示能流接通、虚线表示能流断开。在程序监控状态可对各变量单击鼠标右键，选择对其值进行修改。也可在项目树的 PLC 设备下通过"监控与强制表"命令打开如图 5-25 所示的变量监控表窗口，在其中对各个变量的状态进行实时监测和修改。

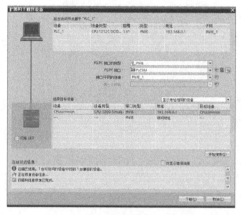

图 5-23　"程序下载"对话框

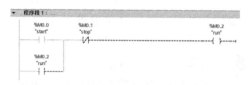

图 5-24　程序监控效果

图 5-25　变量监控表

（七）人机界面组态

1. 定义与 PLC 的通信协议

在项目树的人机界面设备下的"连接（Connections）"里面，可以编辑人机界面与其他设备的通信链路及通信协议，为后续人机界面变量与 PLC 变量的关联提供基础。如果在添加人机界面设备时就如图 5-16 所示指明了与 PLC 的连接关系，则此时"连接"里应该已经有一条如图 5-26 所示的连接配置记录。

图 5-26　HMI 连接编辑窗口

2. 定义人机界面变量

在项目树的人机界面设备下的"HMI 变量（HMI tags）"里面可定义人机界面的内部变量或者人机界面与 PLC 的关联变量，HMI 变量编辑窗口如图 5-27 所示，本例中 HMI 的

"start"变量与PLC的"start"变量会以1s的周期进行同步。

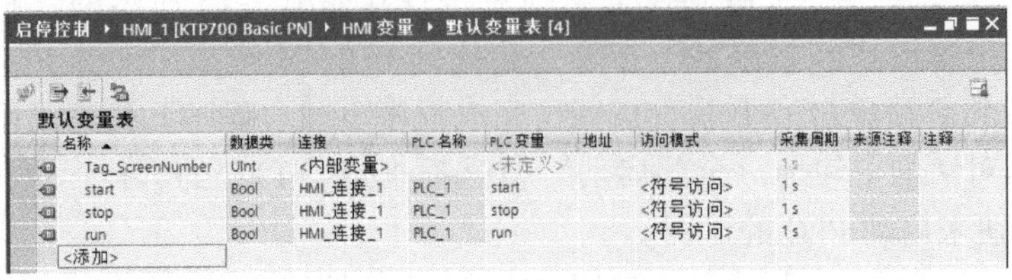

图5-27 HMI变量编辑窗口

3. 编辑画面

在项目树人机界面设备下的"画面（Screens）"里面可编辑主画面或添加新画面。HMI
画面编辑窗口如图5-28所示。右侧工具箱提供基本
的图形、文本对象及IO域、按钮、棒图等元素。这
些对象包含外观属性、动画属性、文本属性及事件
属性，各个属性值可与人机界面变量关联，变量值
的变化可引起相应属性的变化。

外观属性可设置对象的静态颜色和大小等。动
画属性可设置对象的动态颜色、可见性与平移等。
文本属性可设置对象内的文本内容。事件属性可关
联对象的按下、松开、单击等事件，在事件发生
时可选择运行系统提供的函数，比如设置人机界面
变量的值、切换画面等。

图5-28 HMI画面编辑窗口

（八）人机界面与PLC程序联动

在打开人机界面画面编辑窗口的情况下，执行菜单"在线"→"仿真"→"启动"命
令将会启动如图5-29所示的人机界面模拟运行窗口，从而可在计算机上实时测试人机界面
的运行效果。此时人机界面与PLC之间会如图5-30所示不断基于之前组态好的连接关系及
变量关联关系进行数据交换，从而将PLC内部变量的状态上传到人机界面，实现对现场运
行状态的检测；也将由于人机界面操作修改后的变量值写入PLC，实现操作指令的下达。

图5-29 人机界面在线运行

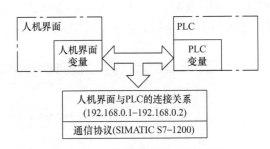

图5-30 人机界面与PLC数据交换

第六章　西门子 S7 – 1200 PLC 程序设计

第一节　编程语言简介

按照 IEC（国际电工委员会）的 PLC 编程语言标准（IEC61131 – 3），PLC 可用的编程语言有指令表（ILD）、梯形图（LAD）、功能块图（FBD）、结构化文本（STL）和顺序功能图（SFC）五种。西门子 S7 – 1200 支持的编程语言为其中的梯形图、功能块图和结构化文本三种。西门子将结构化文本语言（STL）自定义为结构化控制语言（SCL）。书中后续内容将采用最传统的梯形图语言进行讲解。

一、梯形图（LAD）

梯形图中的指令（如常闭接点、常开接点和线圈）相互连接构成程序段。程序执行时，能流（Result of Logical Operation，RLO）由最左侧的左母线流入，从左向右、从上到下流入各指令，各指令根据其流入能流的状态，决定指令如何执行，并基于执行结果对相关操作数进行赋值，最后决定是否继续向右输出能流。每个梯形图程序段都必须使用线圈或功能框指令来终止，即程序段最右侧与右母线相连的指令不能是接点。

如图 6-1 所示的能流断开情况，当操作数"jog"的值为"0"时，常开接点断开，执行该指令后能流不再往右输出，导致后面的 ADD 指令不进行加法操作，变量"cnt"的值随着程序扫描过程不会改变；输出线圈指令也因为其输入能流为"0"而断开，从而让其操作数"m1_run"赋值为"0"。

如图 6-2 所示的能流接通情况，当操作数"jog"的值为"1"时，常开接点闭合，执行该指令后能流继续往右输出，导致后面的 ADD 指令会进行加法操作，变量"cnt"的值每个扫描周期都会增加 1；输出线圈指令也因为其输入能流为"1"而接通，从而让其操作数"m1_run"赋值为"1"。

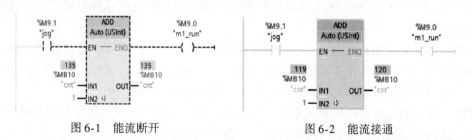

图 6-1　能流断开　　　　　　　　图 6-2　能流接通

要创建复杂运算逻辑，可插入并行分支电路。并行分支可在左母线或每个指令后向下打开，并行分支向上可关闭分支。

在 PLC 程序块编辑界面右侧指令列表的"通用"子选项卡中，提供如图 6-3 所示的两个按钮用来进行向下创建分支（Open branch）及向上关闭分支（Close branch）操作。如图 6-4 所示自锁逻辑梯形图程序，其"motor_run"的自锁接点就是通过该方式插入程序的。

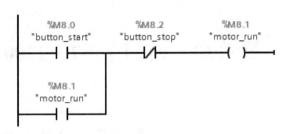

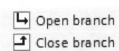

<table>
<tr><td>图 6-3　程序分支操作</td><td>图 6-4　自锁逻辑梯形图程序</td></tr>
</table>

二、功能块图（FBD）

功能块图（Function Block Diagram，FBD）是基于布尔代数中使用的图形逻辑符号进行编程的语言。自锁逻辑功能块图程序如图 6-5 所示，其功能与如图 6-4 所示梯形图的功能等价。

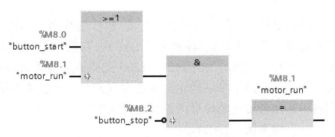

图 6-5　自锁逻辑功能块图程序

三、结构化控制语言（SCL）

结构化控制语言（Structured Control Language，SCL）是用于 SIMATIC S7 CPU 的基于 PASCAL 的高级编程语言。结构化控制语言对应于 IEC 61131-3 标准中定义的文本高级语言 ST（结构化文本），尤其适用于对复杂算法和算术函数进行高效编程，可用于数据管理、过程优化、配方管理、算术运算和统计分析等场合。SCL 程序设计采用结构化编程思想，程序结构更清晰，可在程序中设置断点，支持程序代码的单步执行。

用结构化控制语言实现自锁逻辑的示例代码如下：

"motor_run"：=（"button_start" OR "motor_run"）AND NOT "button_stop"；

第二节　存储资源、数据类型与操作数寻址

一、存储资源

西门子 S7-1200 处理器的内部用户存储区分为装载存储区、系统存储区、工作存储区和保持性存储区。

装载存储区采用非易失型的存储介质，用于保存静态用户程序、数据块（Data Block，DB）和系统配置信息。用户程序包括组织块（Organized Block，OB）、函数块（Function Block，FB）和函数（Function，FC），其具体区别将在本章第四节中介绍。

系统存储区和工作存储区采用易失型的存储介质，访问速度快，但掉电后存储区中的内容丢失，这两个区域用于存放实时运行的用户程序和数据。

保持性存储区采用非易失型的存储介质，当处理器断电时，将系统存储区和工作存储区的部分指定内容转存到这里，恢复供电后再从这里将内容导出到对应的系统存储区和工作存储区。

（一）系统存储区

系统存储区包括全局的输入过程映像区 I、输出过程映像区 Q 和位存储区 M 以及局部的临时数据存储区 L。所有子程序可以无限制地访问上述全局系统存储区的内容。

　　程序扫描过程的输入采样阶段统一采集输入端子的状态到输入过程映像区；输出刷新阶段统一将输出过程映像区的内容送到输出端子。如果想要指令直接从物理端子立即访问 I/O 数据，不使用过程映像，则可在 I/O 地址后加上后缀“:P”。

　　临时数据存储区是各子程序内部动态创建的临时变量区，临时变量区只用于子程序当次扫描过程中对中间运算结果的临时保存，每次子程序开始执行时，临时变量存储空间被分配，子程序结束执行后，临时变量存储空间被收回，所以临时变量不能用于持续保持状态到下个扫描周期。

　　西门子 S7－1200 中的数据支持以变量或常量的形式存在，变量的内容可在运行时进行修改，常量只可在编程时指定其内容，不可在运行时进行修改。

　　通过项目树 PLC 设备中的“PLC 变量（PLC tags）”可打开如图 6-6 所示的 PLC 变量定义窗口，系统存储区的全局变量在该窗口的“变量（tags）”选项卡中定义，全局常量在该窗口的“用户常量（User constants）”选项卡中定义。本地临时变量在各子程序的接口中定义，本地常量也在各子程序的接口中定义。子程序接口定义在本章第四节中介绍。

图 6-6　PLC 变量定义

（二）工作存储区

　　工作存储区包括代码（组织块 OB、函数块 FB、函数 FC）工作存储区和数据块 DB 工作存储区，系统掉电后工作存储区内容丢失，恢复供电后系统将从装载存储区中重新加载程序代码和数据块到工作存储区。

（三）保持性存储区

　　可标记工作存储区某些数据为保持性（Retain），在 CPU 掉电再恢复供电后这些数据的值能得到保持，S7－1200 系列 PLC 最大支持 10KB 的保持性数据。对于位存储区 M，可通过如图 6-6 所示 PLC 变量定义窗口中的“保持”设置按钮打开保持性存储器设置对话框，在对话框中指定从 MB0 开始想保持多少个字节的数据，但不能随意对某个地址的变量设置是否保持。对于背景数据块 DB，对应的函数块 FB 的属性里如果设置了“优化的块访问（Optimized Block Access）”，那么可在函数块的接口编辑框中统一对各个变量分别设置保持性属性，也可单独对每个实例数据块 IDB（Instance Data Block）的各个变量分别设置其保持性属性，实例背景数据块的概念在本章第四节中介绍。如果对应函数块的属性中未设置“优化的块访问”，则函数块的接口编辑框中没有“保持”设置列，只在函数块的实例背景数据块中有“保持”设置列，但这里只能将背景数据块中全部数据同时定义为保持或非保持。

　　程序下载不能清除或改变保持性存储区的内容，将 CPU 恢复出厂设置才能清除其内容。

（四）系统存储器字节和时钟存储器字节

　　在 CPU 属性页的系统和时钟存储器的属性设置中可使能“系统存储器字节”和“时钟存储器字节”，如图 6-7 所示。

　　可在位存储区 M 中分配一个字节作为系统存储器字节，其中包括 4 位有效位：初始扫描位、诊断状态改变位、常 1 位和常 0 位。

可在位存储区 M 中分配一个字节作为时钟存储器字节，其中每个位分别被配置为频率从 0.5 ~ 10Hz 的方波脉冲。

CPU 具有由超级电容供电的实时时钟，尽管 CPU 掉电了，实时时钟还能持续运行。

二、数据类型

西门子 S7 - 1200 PLC 支持基本数据类型和复合数据类型。基本数据类型包括位、整数、浮点数、字符和日期时间等，具体支持的基本数据类型如表 6-1 所示。

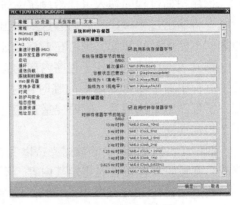

图 6-7　系统和时钟存储区

表 6-1　S7 - 1200 PLC 支持的基本数据类型

数据类型	长度（位）	取值范围	常量举例
Bool	1	0、1	FALSE，TRUE，0，1
Byte	8	16#00 ~ 16#FF	16#AB，16#01，16#64，100
Word	16	16#0000 ~ 16#FFFF	16#ABCD，65535
DWord	32	16#00000000 ~ 16#FFFFFFFF	16#12345678
Sint	8	-128 ~ 127	5，-1，16#FF
Int	16	-32768 ~ 32767	30000，16#7530
Dint	32	-2,147,483,648 ~ 2,147,483,647	-2123456789
USInt	8	0 ~ 255	100
UInt	16	0 ~ 65535	65300
UDInt	32	0 ~ 4,294,967,295	4123456789
Real	32	-3.402823e38 ~ 3.402823e38	123.456，1.23e5，-3.45
LReal	64	-1.7976931348623158e308 ~ 1.7976931348623158e308	123.456789e50，-3.5678901234e60
Time	32	T# -24d20h31m23s648ms ~ T# +24d20h31m23s647ms	T#5s
Date	16	D#1900 - 1 - 1 ~ D#2168 - 12 - 31	D#2020 - 08 - 29
TOD	32	TOD#0：0：0.0 ~ TOD#23：59：59.999	TOD#13：31：52.123
DTL	96	DTL#1979 - 01 - 01 - 00：00：00.0 ~ DTL#2262 - 04 - 11：23：47：16.854775807	DTL#2020 - 08 - 29 - 21：30：30.135

复合数据类型有数组（ARRAY）、结构体（STRUCT）、用户自定义数据（UDT）类型等，用户自定义数据类型是一种由多个不同数据类型元素组成的数据结构，元素可以是基本数据类型，也可以是结构体、数组等复杂数据类型以及其他用户自定义数据类型等。用户自定义类型嵌套的深度最大为 8 级。

三、操作数寻址

西门子 PLC 中的指令操作数支持直接寻址和间接寻址。直接寻址又分为绝对寻址和符号寻址。绝对寻址直接使用存储区的物理地址，可以按位、字节、字或双字大小访问输入过程映像区、输出过程映像区、位存储区和非优化的数据块，绝对地址寻址的示例如表6-2所示。

表6-2　绝对地址寻址示例

	位寻址	字节、字、双字寻址
输入过程映像区 I	I0.0	IB0、IW0、ID0
输出过程映像区 Q	Q0.0	QB0、QW0、QD0
位存储区 M	M0.0	MB0、MW0、MD0
非优化数据块 DB	DB1.DBX0.0	DB1.DBB0、DB1.DBW0、DB1.DBD0

存储区内部位、字节、字、双字的对应关系如图6-8所示。

如将 MD0 的值赋为 16#12345678
（16#表示十六进制数据），则 MB0 的
值对应为 16#12，MB1 为 16#34，MB2
为 16#56，MB3 为 16#78；MW0 由 MB0
和 MB1 构成，值为 16#1234；MW1 由
MB1 和 MB2 构成，值为 16#3456；MW2
由 MB2 和 MB3 构成，值为 16#5678。

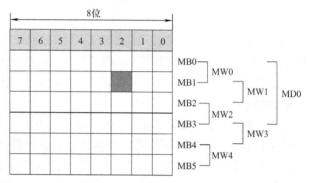

图6-8　位、字节、字、双字对应关系

如将 MD0 绑定为标签 Tag1，则可
对 Tag1 内部进行切片形式的访问，比
如"Tag1".%B1 对应 MB1，"Tag1".%W0
对应 MW0，"Tag1".%W1 对应 MW2
（注意此处不是"Tag1".%W2），"Tag1".%X10 对应图6-8中黑底的 M1.2。

绝对地址不能直观表达其对应的功能含义，为了便于程序的阅读及维护，可以给物理地址起个名字，这就是符号寻址方式，一个符号名也可叫标签（Tag），例如图6-6中用"start"标签表示位存储区的 M0.0 位。编程时指令操作数可以选择以符号形式显示、以绝对地址形式显示或者两者同时进行显示，同时显示的效果如图6-12所示，只显示符号名的效果如图6-17所示。

优化的数据块存储区中的变量只提供符号寻址方式，采用 <DB块名>.<变量名> 的方式访问，例如：Data_Block_1.Var1。

第三节　西门子 S7 – 1200 基本指令

PLC 中最常用的指令是逻辑、定时和计数指令。为了掌握指令的使用，首先要理解指令的功能，其次要理解输入能流及输入操作数对指令运行效果的影响，其中包括对指令输出操作数的影响和对指令输出能流的影响。

一、逻辑指令

逻辑指令是实现基本逻辑控制的指令，主要包括接点指令、线圈指令、边沿扫描指令和置位复位指令，其操作数类型都为 Bool 型。

（一）接点指令

接点指令是输入指令，操作数状态决定指令对能流的通断。

接点指令分为常开接点和常闭接点指令。常开接点指令如图6-9所示，常闭接点指令如图6-10所示，其中op1为输入操作数。

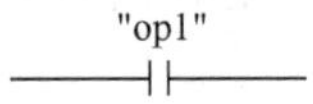

"op1"
——| |——
图6-9　常开接点指令

常开接点指令在op1状态为"1（True）"时闭合，让能流通过，为"0（False）"时断开，能流不能通过。

常闭接点在输入操作数状态为"0（False）"时闭合，让能流通过，为"1（True）"时断开，能流不能通过。

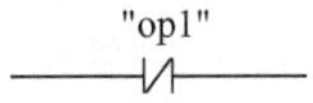

"op1"
——|/|——
图6-10　常闭接点指令

接点串联时是与（AND）逻辑，接点并联时是或（OR）逻辑。

（二）线圈指令

线圈指令是输出指令，用于将指令的输入能流写入操作数。

线圈指令如图6-11所示，其中变量op1为输出操作数。指令的输入能流为"1"时，指令往操作数写入"1"，线圈接通，否则写入"0"，线圈回路断开。

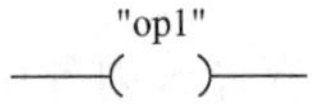

"op1"
——（ ）——
图6-11　线圈指令

点动逻辑电路与自锁长动逻辑电路是所有逻辑控制电路的基础，可以用上述常开接点指令、常闭接点指令和输出线圈指令实现。点动逻辑梯形图如图6-12所示，按下"I0.0"对应的点动按钮（JogButton），点动运行（JogRun）线圈的能流接通；松开点动按钮，点动运行线圈的能流断开。

自锁逻辑梯形图如图6-13所示。按下"I0.1"对应的启动按钮（StartButton），连续运行（CtnRun）线圈的能流接通；连续运行的常开接点与启动按钮的常开接点并联起到自锁作用，让连续运行线圈在启动按钮松开时仍能保持能流的接通；只有按下"I0.2"对应的停止按钮（StopButton），连续运行线圈的能流才会断开。

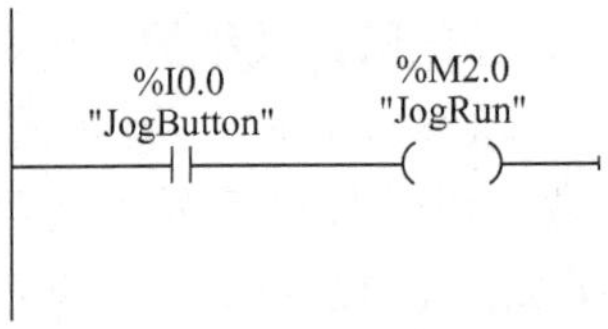

图6-12　点动逻辑

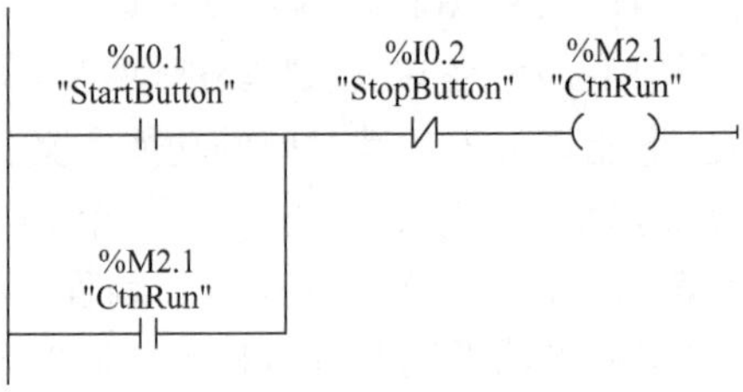

图6-13　自锁逻辑

自锁逻辑程序中启动按钮的常开接点所在位置，称为启动环节，可根据需要在此处并联多个启动信号，实现多点启动功能。停止按钮的常闭接点所在位置，称为停止环节，可根据需要在此处串联多个停止信号，实现多点停止功能。启动环节及停止环节的信号一般是按钮信号或后面的边沿扫描指令得到的脉冲信号，一般不直接将开关信号放入自锁回路中。

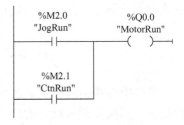

图6-14　点动与长动综合程序

如图6-14所示用点动与长动综合程序来控制电动机运行（MotorRun）线圈后，由Q0.0给出的电动机运行控制信号，同时具有了点动与长动控制功能。

（三）操作数边沿扫描指令

操作数边沿扫描指令是输入指令，又称边沿检测接点指令，操作数状态决定指令对能流的通断。

操作数边沿扫描指令分为操作数上升沿扫描指令和操作数下降沿扫描指令，扫描到所需边沿信号后让指令输出能流接通一个扫描周期。

操作数上升沿扫描指令如图 6-15 所示，操作数下降沿扫描指令如图 6-16 所示，其中变量 op1 是输入型操作数，op2 是输入输出型操作数。输入输出型操作数是在指令开始执行时做输入用，在指令执行后做输出用。指令扫描的是操作数 op1 的上升沿或下降沿，操作数 op2 用于保存上次指令执行时 op1 的状态。

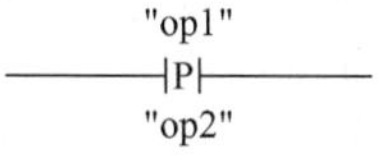

"op1"　　　　　　　　　　　　　"op1"
——|P|——　　　　　　　——|N|——
"op2"　　　　　　　　　　　　　"op2"

图 6-15　操作数上升沿扫描指令 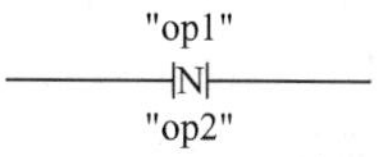　　　　图 6-16　操作数下降沿扫描指令

上述指令中"op2 = 0 且 op1 = 1"时是 op1 的上升沿，"op2 = 1 且 op1 = 0"时是 op1 的下降沿，指令扫描到 op1 所需的边沿后，输出能流接通，持续时长为一个扫描周期。

sq1 上升沿扫描示例程序如图 6-17 所示，其时序如图 6-18 所示。其中"run"是对象运行状态；"sq1"是位置开关输入信号；"sq1_last"用于保存上次执行完该指令时"sq1"的状态。当"run"为"1"且"sq1"来一个上升沿时，"stop_trig"得到一个持续时长为一个扫描周期的"1"脉冲。

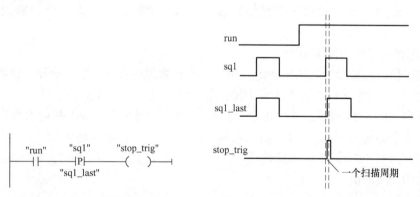

图 6-17　sq1 上升沿扫描示例　　　　图 6-18　sq1 上升沿扫描程序时序图

图 6-19 所示操作数上升沿扫描等价程序与图 6-17 所示 sq1 上升沿扫描示例程序功能等价，该程序用基本的接点与线圈指令说明了操作数边沿扫描指令的运行原理。

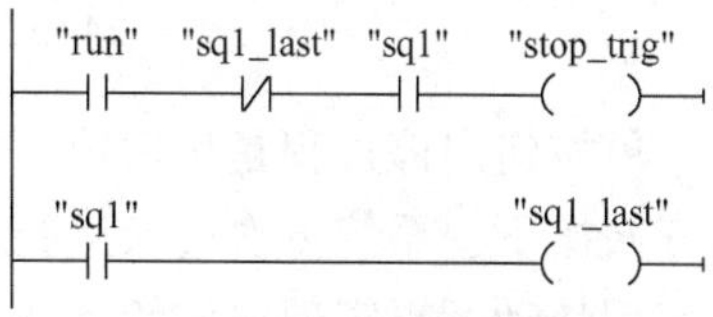

边沿扫描指令得到的脉冲信号经常用于实现事件触发型控制功能。将图 6-17 所示 sq1 上升沿扫描示例程序与图 6-20 所示将脉冲信号放在自锁回路停止环节程序合并，

图 6-19　操作数上升沿扫描等价程序

"sq1"一旦从"0"变到"1"，则"stop_trig"发出一个脉冲，CtnRun 停止运行，而且停止脉冲信号只会在每次到达"sq1"位置开关时发出一次（作用一个扫描周期），后面就算"sq1"状态仍然为"1"，电动机在自锁回路启动环节作用下仍然可以再次起动。如图 6-21 所示直接将"sq1"开关放在自锁回路停止环节，只要"sq1"信号为"1"，电动机就不能再次起动。

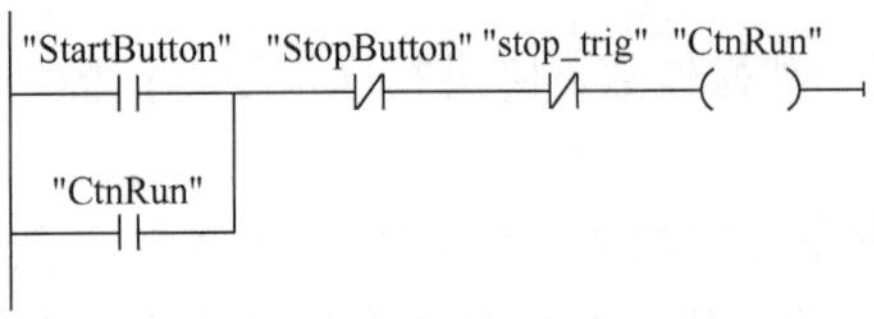

图 6-20 将脉冲信号放在自锁回路停止环节 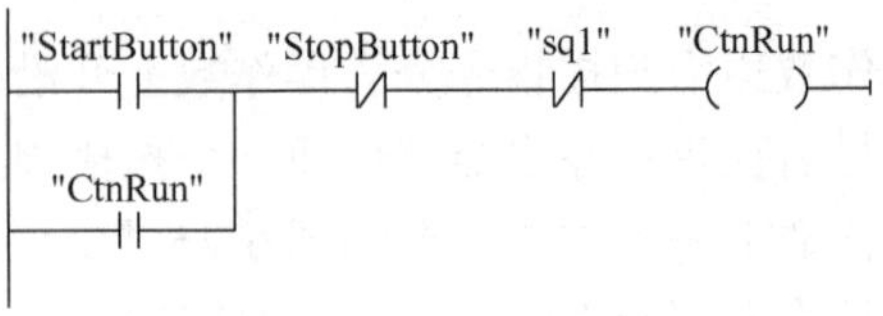 图 6-21 直接将"sq1"开关放在自锁回路停止环节

（四）能流边沿扫描指令

能流边沿扫描指令是输出指令，又称边沿检测线圈指令，用于在输入能流的对应边沿往操作数输出一个"1"脉冲，脉冲的持续时长为一个扫描周期。

能流上升沿扫描指令如图 6-22 所示，能流下降沿扫描指令如图 6-23 所示，其中变量 op1 是输出操作数，op2 是输入输出型操作数，op1 用于输出"1"脉冲，op2 用于保存上次指令执行时的能流状态。

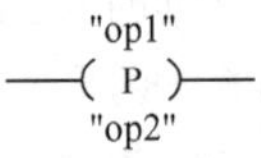

图 6-22 能流上升沿扫描指令 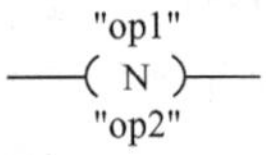 图 6-23 能流下降沿扫描指令

当能流上升沿扫描指令的输入能流由"0"变"1"，或者当能流下降沿扫描指令的输入能流由"1"变"0"时，其对应的操作数 op1 得到一个持续时长为一个扫描周期的"1"脉冲。

（五）操作数置位、复位指令

操作数置位、复位指令是输出指令，用于对操作数进行置位、复位操作，该指令只在其输入能流为"1"时才执行，所以表现为操作数的状态具有保持效果。

置位指令如图 6-24 所示，复位指令如图 6-25 所示，其中变量 op1 是输出操作数。

当置位指令的输入能流为"1"时，向操作数写入"1"；输入能流为"0"时，不改变操作数的值。当复位指令的输入能流为"1"时，向操作数写入"0"；输入能流为"0"时，不改变操作数的值。

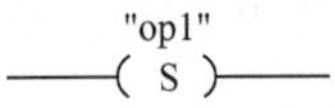

图 6-24 置位指令 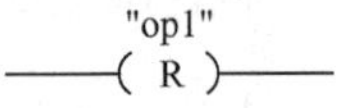 图 6-25 复位指令

单按钮启停过程是按钮第一次按下，系统进入运行态，第二次按下，系统进入停止态，第三次按下，系统再次进入运行态，周而复始，用一个按钮实现系统的运行与停止转换。

用长动逻辑实现单按钮启停控制功能的程序如图 6-26 所示。用置位、复位指令实现单按钮启停控制功能的程序如图 6-27 所示。

程序首先通过边沿扫描指令得到每次按钮按下的脉冲信号，再用脉冲信号和对象是否在运行的状态得到启停控制信号，最后用长动逻辑或者用置位、复位指令实现对象的启停控制。

二、定时指令

定时指令用以处理延时相关逻辑，可以实现定时脉冲生成、接通延时、关断延时与时间累加等功能。

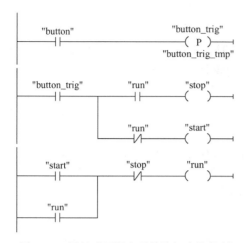

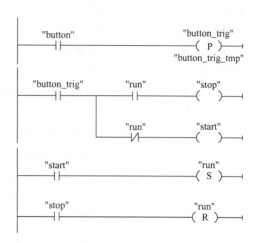

图 6-26　用长动逻辑实现单按钮启停控制　　　图 6-27　用置位、复位指令实现单按钮启停控制

S7 - 1200 采用符号化的编程方式，定时器没有固定编号，每条定时指令需指定一个 IEC_TIMER 类型的背景变量作为操作数。整个程序可使用的定时器数量由可定义的该变量的个数决定，仅受 CPU 的工作存储区容量限制。背景变量的概念在本章第四节中介绍。

IEC_TIMER 类型的数据结构如图 6-28 所示，其中 PT（PresetTime）表示预设定时值；ET（ElapsedTime）表示已计时时间，IN 是指令输入能流，Q 是指令输出能流。

定时器指令分功能框型和线圈型两种表达方式，功能框型 TP（生成脉冲）指令如图 6-29 所示，线圈型 TP 指令如图 6-30 所示。功能框型指令引出了指令的全部输入输出接口。线圈型指令更紧凑，只提供了 IN 和 Q 接口，但用户也可通过其背景数据块访问到 PT、ET 成员。

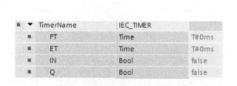

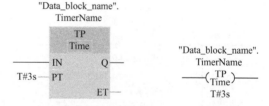

图 6-28　IEC_TIMER 数据结构　　图 6-29　功能框型 TP 指令　　图 6-30　线圈型 TP 指令

（一）生成定时脉冲指令（TP）

生成定时脉冲指令用于在输出端 Q 生成给定时间的脉冲，脉冲由输入端 IN 的上升沿触发。TP 指令的时序图如图 6-31 所示，该指令的执行逻辑是：

1）输入端 IN 的上升沿，定时器启动运行。

2）运行过程中：

① Q 输出 "1"，ET 输出不断增加到 PT。

② IN 的状态改变不影响 Q 的输出和 ET 的计时。

③ 定时器会一直运行，直到定时完成，除非用 RT 指令对定时器进行复位。

④ 定时启动后，PT 值的变化对本次定时不会产生影响。

3）直到定时时间到（ET≥PT），定时器停止运行，Q 输出 "0"。

① 如果 IN 为 "0"，ET 回到 0。

② 如果 IN 为"1"，ET 保持。

（二）接通延时指令（TON）

接通延时指令用于对 IN 端接通的能流进行延时，延时后指令才从 Q 输出能流"1"。TON 指令的时序图如图 6-32 所示，该指令的执行逻辑是：

1）输入端 IN 的上升沿，定时器启动运行。

2）运行过程中：

① Q 输出"0"，ET 输出不断增加到 PT。

② IN 只要变成"0"，定时器立即复位，Q 输出"0"，ET 回到 0。

3）直到定时时间到（ET≥PT），定时器停止运行。

① 如果 IN 为"0"，则 Q 输出"0"，ET 回到 0。

② 如果 IN 为"1"，则 Q 输出"1"，ET 保持。

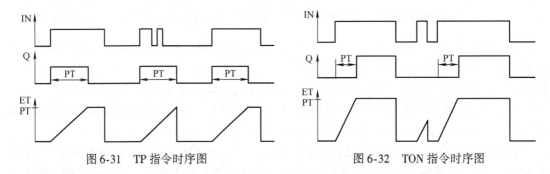

图 6-31 TP 指令时序图   图 6-32 TON 指令时序图

如图 6-33 和图 6-34 所示的程序分别用两种方式使用定时器指令实现指示灯亮 1s、灭 1s 连续闪烁的功能。

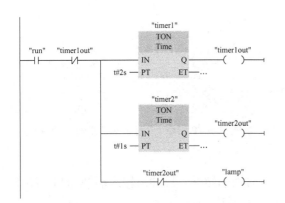
图 6-33 连续闪烁实现方案 1

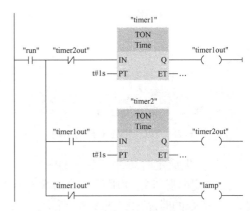
图 6-34 连续闪烁实现方案 2

方案 1 通过 timer1 的自复位得到周期为 2s 的"timer1out"脉冲，timer2 定时器首先需要 1s 的定时时间，定时完成后保持定时完成状态 1s，然后被"timer1out"信号复位。该方案由 timer1 控制循环周期，timer2 控制指示灯每周期的点亮时间。

方案 2 中两个定时器分别接力完成 1s 的定时，timer1 定时完成后启动 timer2，timer2 定时完成后通过"timer2out"的常闭接点复位 timer1 定时器继而在本扫描周期马上再通过"timer1out"的常开接点复位 timer2。该方案由 timer1 控制每周期指示灯点亮时间，由 timer2 控制每周期指示灯熄灭时间。

这种短周期方波也可借助系统时钟存储器字节中 0.5Hz 的系统时钟位实现。

（三）关断延时指令（TOF）

TOF 指令如图 6-35 所示，该指令用于对 IN 端断开的能流进行延时，延时期间 Q 输出能流保持为 "1"，延时完成后 Q 才输出能流 "0"。TOF 指令的时序图如图 6-36 所示，该指令的执行逻辑是：

1）输入端 IN 的下降沿，定时器启动运行。

2）运行过程中，Q 输出 "1"。

① ET 输出不断增加到 PT。

② IN 只要变成 "1"，定时器立即复位，ET 回到 0。

3）直到定时时间到（ET≥PT），定时器停止运行。

① 如果 IN 为 "0"，则 Q 输出 "0"，ET 保持。

② 如果 IN 为 "1"，则 Q 输出 "1"，ET 回到 0。

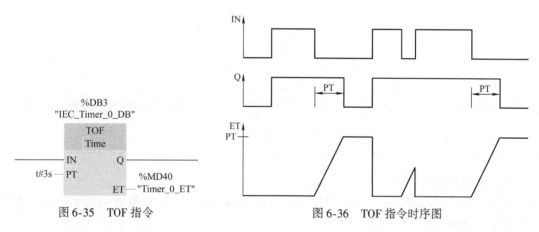

图 6-35　TOF 指令

图 6-36　TOF 指令时序图

（四）时间累加器指令（TONR）

TONR 指令如图 6-37 所示，其与 TON 指令很相似，都是输入端能流接通时才延时，不同在于 TONR 的输入端能流断开后，其定时器只会暂停而不会复位，下次能流再接通，定时器将从暂停处继续计时。该指令比前面的指令多一个输入端 R，可用于定时器复位操作。

TONR 指令的时序图如图 6-38 所示，其执行逻辑是：

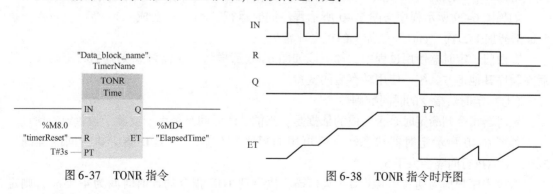

图 6-37　TONR 指令

图 6-38　TONR 指令时序图

1）输入端 IN 为 "0"，Q 即输出为 "0"。

2）输入端 IN 的上升沿，定时器启动运行。

3）运行过程中，Q 输出 "0"。

① ET 输出不断增加直到 PT。

② IN 如果变成"0",定时器停止计时,ET 保持。

③ IN 再次变成"1",定时器继续计时。

4)直到定时时间到(ET≥PT),定时器停止运行。

无论 IN 为"1"或"0",Q 输出"1",ET 保持。

5)任意时刻,只要 R 为"1",则定时器复位,Q 输出"0",ET 回到0。

(五)复位定时器(RT)指令和加载持续时间(PT)指令

复位定时器指令让定时器立即停止计时,ET 清零,其对 Q 及定时器的影响与对应的定时指令有关,具体如表6-3所示。加载持续时间指令给定时器设定新的预设定时值 PV,如果设定新 PV 值时定时器正在定时过程中,新 PV 值需等到下次定时器启动才能生效。

表6-3　复位定时器指令影响效果

定时指令名称	影 响 效 果
TP	激活 RT,Q 和 IN 保持一致,ET 清零。 取消激活 RT 时,如果 IN 为"1",则 ET 立即开始计时
TON	激活 RT,Q 和 ET 清零。 取消激活 RT 时,如果 IN 为"1",则 ET 立即开始计时
TOF	激活 RT,Q 和 IN 保持一致,ET 清零。 取消激活 RT 时,尽管 IN 为"0",ET 也不会立即开始计时,IN 的下一个下降沿,ET 才开始计时
TONR	R 与 RT 或的结果取代之前的 R

(六)定时器的状态刷新

西门子 PLC 的定时器除了在定时指令执行时会刷新状态,执行其他引用定时器背景变量的指令也会刷新定时器状态。

如图6-39所示直接使用定时器状态程序中,"timer1. Q"的常闭接点和常开接点指令同样会引起定时器状态的刷新。如果在"timer1. Q"的常闭接点处刷新出定时器定时完成,则常闭接点断开,紧接着的 TON 指令由于其输入能流断开会让定时器复位,由于定时器复位了,再下一行的"timer1. Q"常开接点就会断开,此时"ctn1"加1指令不会执行。只有在 TON 指令或"timer1. Q"的常开接点指令处刷新到定时完成,"ctn1"加1指令才能得到执行。

如果图6-39所示程序与图6-40所示程序同时运行,"run"变成"1"后,"cnt2"每5ms 都能加1,而"cnt1"能加1的机会非常少。

在西门子定时器使用过程中,都应该如图6-40那样将定时器背景变量的状态转存,然后在程序其他地方,统一使用转存后的变量。

(七)定时器指令的时间准确性

定时器指令判断定时是否完成的依据是:当前计时时间是否大于或等于预置定时值。

如图6-40所示定时器状态转存后再用的程序,不能保证 ADD 指令执行间隔准确为5ms,实际执行间隔会大于5ms。

假设程序扫描周期为2ms,第 k 次扫描,执行到 TON 指令的计时时间为4.95ms,则定时器没有定时完成;第 k+1 次扫描,执行到 TON 指令的计时时间为6.95ms(ET=5ms),则定时完成,ADD 指令执行;第 k+2 次扫描,timer2out 的常闭接点复位 timer2 定时器;第 k+3 次扫描 TON 指令输入端又发现上升沿,开始新一周期的定时,此时与上次计时的起始时刻相差 10.95ms。ADD 指令实际的执行间隔会在 9ms（定时时间 + 两个扫描周期）到 11ms（定时时间 + 三个扫描周期）之间。

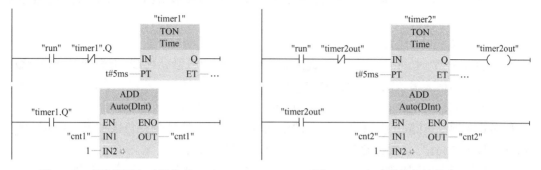

图 6-39　直接使用定时器状态　　　　　　图 6-40　定时器状态转存后再用

如希望获得准确的定时间隔应使用循环中断组织块。用户在 S7－1200 PLC 中最多可设置 4 个时间间隔在 1～60000ms 之间的循环中断组织块，还可对其各自设置"相移时间"，循环中断组织块每次循环时间到了后会再推迟"相移时间"才执行，这样可避免多个循环中断组织块同时竞争启动的问题，保证各自执行时间间隔的确定性和准确性。系统组织块的内容在本章第四节中介绍。

三、计数指令

计数指令用以对 PLC 外部输入信号或者程序内部逻辑的变化进行计数，包括加计数（CTU）、减计数（CTD）和加减计数（CTUD）。这组指令对输入能流的上升沿进行计数，输入能流前个扫描周期状态为"0"，本扫描周期状态为"1"就认为"捕捉"到了一个上升沿。计数指令是否能"捕捉"到所需上升沿，与指令所在程序块的扫描周期长短有关，待计数的信号的变化频率不能高于程序块的扫描频率。

S7－1200 计数器没有固定编号，每条计数指令需指定一个 IEC_COUNTER 类型的背景变量作为操作数，整个程序可使用的计数器数量仅受 CPU 的工作存储区容量限制。

IEC_COUNTER 类型的数据结构如图 6-41 所示，其中 CU（Count Up）是加计数的信号输入端；CD（Count Down）是减计数的信号输入端；R（Reset）是计数值清零信号输入端；LD（Load）是计数值装载信号输入端；PV 是预设的计数值；CV 是当前计数值。当 LD 端输入状态为"1"时 PV 值被装载到 CV 中。QU 是加计数完成状态的输出端，当 CV≥PV 时 QU 输出"1"；QD 是减计数完成状态的输出端，当 CV≤0 时 QD 输出"1"。需注意无论是加计数指令还是减计数指令，其背景变量中的 QU 位与 QD 位同时存在，且都会按照上述规则同时对该两位进行赋值。计数值 PV、CV 的数据类型可如图 6-42 所示进行选择，选项包括有符号或者无符号的短整型、整型或长整型，该数据类型决定了计数值的取值范围。

▼ CounterName	IEC_COUNTER	
CU	Bool	false
CD	Bool	false
R	Bool	false
LD	Bool	false
QU	Bool	false
QD	Bool	false
PV	Int	0
CV	Int	0

图 6-41　IEC_COUNTER 数据结构

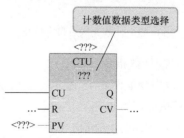

图 6-42　加计数指令

（一）加计数指令（CTU）

加计数指令如图6-42所示，该指令具有加计数信号输入端"CU"和复位计数值输入端"R"，其执行逻辑是：

1）每次CU的上升沿，CV加1。

2）当CV≥PV时，Q输出"1"，此后若CU继续有上升沿，则CV继续加1直到计数值指定数据类型的最大值，期间Q保持输出"1"。

3）任意时刻，只要R为"1"，则Q输出"0"，CV回到0。

如图6-43所示计数5次后自动停止的示例程序可实现传送带在每次按下"start"按钮后启动，直至"sq1"位置传感器检测到5个产品经过后停止。

用计数器指令实现单按钮启停控制功能的程序如图6-44所示。程序首先通过边沿扫描指令得到每次按钮按下的脉冲信号，再对脉冲信号进行加计数，计数器每计数两次就通过自己的加计数完成状态"QU"自复位，最后用计数器的减计数完成状态"QD"驱动"run"运行位。一开始计数器CV值为0，"QD"状态为"1"，"run"为"0"；第一次按下按钮，计数值变为1，"QD"变为"0"，"run"接通；第二次按下按钮，计数值变为2并自复位，由于CV复位为0，则"QD"变为"1"，"run"断开，回到初始状态。该程序只是借助单按钮启停控制说明计数指令的使用，实际项目中不会这么大成本地用一个计数器来实现单按钮启停功能。程序中用"QU"位接入"R"复位端，不是一个良好的编程习惯，这会让程序其他指令再使用"QU"位的地方得不到计数完成信号。假设"QU"位在某次CTU指令执行后变成"1"，由于"QU"位直接接入了"R"复位端，此时会马上对计数器进行复位，导致"QU"位变为"0"，后续如果还有其他指令使用"QU"状态，它们能得到的将一直都是"0"。应该像如图6-43所示程序那样，将计数完成状态另外输出到"counter1out"变量，再用该变量接入"R"复位端，则每次计数完成，后续其他指令可以通过"counter1out"变量得到一个扫描周期的"1"状态。

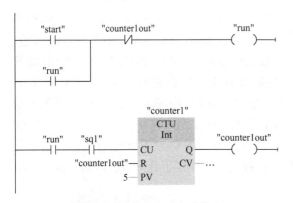

图6-43 计数5次后自动停止

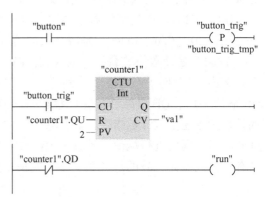

图6-44 用计数器实现单按钮启停控制

（二）减计数指令（CTD）

减计数指令如图6-45所示，该指令具有减计数输入端"CD"和重新装载计数值输入端"LD"，其执行逻辑是：

1）每次CD的上升沿，CV减1。

2）当CV≤0时，Q输出"1"，此后若CD继续有上升沿，则CV继续减1直到计数器指定整数类型的最小值，Q 保持输出"1"。

3) 任意时刻，只要 LD 为"1"，则 Q 输出"0"，CV 回到 PV 值。

（三）加减计数指令（CTUD）

加减计数指令同时具有加计数指令与减计数指令的输入端，其执行逻辑中同时包含了加计数和减计数的逻辑，可同时进行两个方向的计数，需要注意的是当"R"或"LD"端为"1"时，加计数输入信号 CU 和减计数输入信号 CD 同时无效。

加减计数指令示例如图 6-46 所示，该程序对传送带输入端位置开关"sqIn"进行加计数，对传送带输出端位置开关"sqOut"进行减计数，从而可得到传送带是否满（bFull）、是否空（bEmpty），及传送带上现有工件数量（iWorkpieceCtn）。

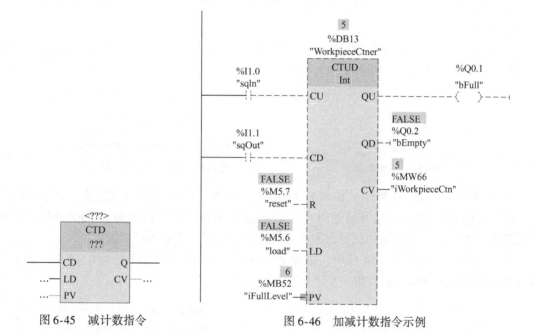

图 6-45　减计数指令　　　　图 6-46　加减计数指令示例

四、比较指令

可以使用比较指令判断第一个操作数与第二个操作数的关系是否符合指令比较条件。如果满足比较条件，则指令输出能流为"1"。如果不满足比较条件，则指令输出能流为"0"。

比较指令各部分功能如图 6-47 所示，"相等"比较指令的示例如图 6-48 所示，所有可选的比较条件如图 6-49 所示，比较指令支持的操作数类型如图 6-50 所示。

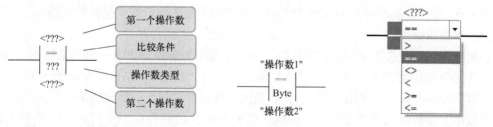

图 6-47　比较指令各部分功能　　图 6-48　比较指令示例　　图 6-49　比较条件列表

另有范围比较指令 IN_RANGE 指令和 OUT_RANGE 指令，这组指令接受 3 个输入操作数，分别是待比较的值 VAL、范围下限 MIN 和范围上限 MAX，如果 IN_RANGE 指令待比较

的值在上下限范围内（包括上下限），OUT_RANGE 指令待比较
的值在上下限范围外，则能流输出"1"，否则能流输出"0"。

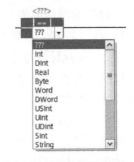
图 6-50 操作数类型列表

五、数据传送指令

常用的数据传送指令有移动值指令（MOVE）和块移动指令
（MOVE_BLK）。

移动值指令如图 6-51 所示，如果指令的使能输入端"EN"
的输入能流为"1"，则指令执行，若执行无错误，则使能输出
端"ENO"将输出"1"。

移动值指令将 IN 端操作数中的内容复制到 OUT1 端的操作
数中，如果 IN 参数的数据类型与 OUT1 参数的指定数据类型不对应，则指令执行错误，
"ENO"将输出"0"。

移动值指令示例如图 6-52 所示，指令执行后可将 Source 数组中下标为 0 的元素的内容
复制到 Destination 数组中下标为 0 的元素中。

图 6-51 移动值指令   图 6-52 移动值指令示例

块移动指令如图 6-53 所示，如果指令的使能输入端"EN"的输入能流为"1"，则指令
将 IN 端指定的数组起始地址开始的内容移动到 OUT 端指定的存储区中，COUNT 端指定移
动元素的个数。仅当源范围和目标范围的数据类型相同时，才能执行该指令。

块移动指令示例如图 6-54 所示，指令执行后可将 Source 数组中下标为 0 ~ 4 的共 5 个元
素的内容复制到 Destination 数组中从下标 0 开始的地方。

图 6-53 块移动指令   图 6-54 块移动指令示例

上述两个指令的 ENO 端可通过指令右键菜单的"生成 ENO"或"不生成 ENO"选择激
活或不激活，当不生成 ENO 时，ENO 显示为灰色，指令的 EN 端能流直接输出到 ENO 端；
当生成 ENO 时，指令的 ENO 端显示为黑色，基于指令是否执行错误进行能流输出。

六、移位指令

移位指令包括左移指令 SHL、右移指令 SHR、循环左移指令 ROL、循环右移指令 ROR。

左移指令 SHL 如图 6-55 所示，当 EN 端的能流为"1"时，左移指令将输入 IN 中操作
数的内容按位向左移动，并用"0"填充右侧因左移而空出的位，移位结果会存入 OUT 指定
的操作数中。参数 N 用于指定移位的位数，如果参数 N 的值为 0，则将输入 IN 的值直接复
制到输出 OUT 的操作数中。如果参数 N 的值大于 IN 操作数位数，则 OUT 操作数的值会被
全部清 0。

循环右移指令 ROR 的示例如图 6-56 所示，当 EN 端的能流为"1"时，循环右移指令

将输入 IN 中操作数的内容按位向右循环移动，并将结果存入 OUT 操作数中。参数 N 用于指定循环移位的位数。移出的位会循环填回左侧因右移而空出的位。如果参数 N 的值为 0，则将输入 IN 的值直接复制到输出 OUT 指定的操作数中。

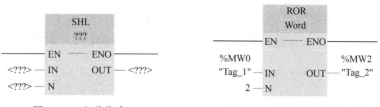

图 6-55　左移指令　　　　　　　　　图 6-56　循环右移指令示例

用左移指令 SHL 对原内容为 16#E5 的 MB0 进行一次位数为 2 的左移，结果为 16#94，过程如图 6-57 所示。用循环右移指令 ROR 对 MB0 进行一次位数为 2 的循环右移，结果为 16#79，过程如图 6-58 所示。

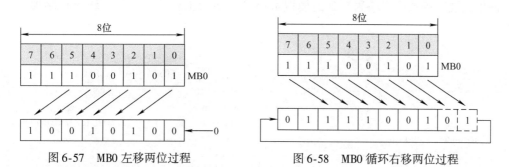

图 6-57　MB0 左移两位过程　　　　　　　图 6-58　MB0 循环右移两位过程

七、数学运算指令、标准化转换指令与缩放转换指令

基本数学运算指令有加（ADD）、减（SUB）、乘（MUL）、除（DIV）、求余（MOD）、求补（NEG）、递增（INC）、递减（DEC）等。复杂数学运算指令有指数（EXP）、对数（LN）、平方根（SQRT）、三角函数（SIN、COS、TAN、ASIN、ACOS、ATAN）等。

加法指令如图 6-59 所示，该指令对两个及以上输入端的数据求和，并将结果输出到 OUT。递增指令如图 6-60 所示，该指令使用了输入输出型接口参数，指令对该输入输出型操作数加 1 并将结果存回该操作数中。乘法指令如图 6-61 所示，该指令对两个及以上输入端的数据计算乘积，并将结果输出到 OUT。除法指令如图 6-62 所示，该指令计算出 IN1 除以 IN2 的商，并将结果输出到 OUT。

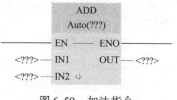

图 6-59　加法指令

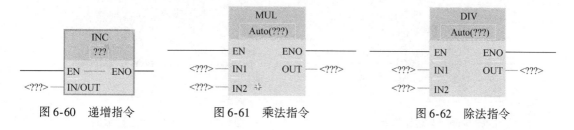

图 6-60　递增指令　　　　　　图 6-61　乘法指令　　　　　　图 6-62　除法指令

标准化转换指令（NORM_X）如图 6-63 所示，该指令将输入 VALUE 的值基于参数 MIN 和 MAX 映射成范围在 [0~1] 内的浮点数，并将结果输出到 OUT 中。

标准化转换指令按以下公式进行计算：OUT = (VALUE − MIN)/(MAX − MIN)。

缩放转换指令（SCALE_X）如图 6-64 所示，该指令将输入的标准化后的浮点数 VALUE 映射到由参数 MIN 和 MAX 定义的范围内，并将映射结果输出到 OUT 中。

缩放转换指令按以下公式进行计算：OUT = (VALUE × (MAX − MIN)) + MIN。

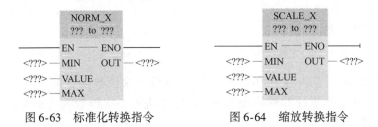

图 6-63　标准化转换指令　　　　图 6-64　缩放转换指令

使用上述转换指令可将采集到的模拟量信号转换为工程单位信号，转换程序如图 6-65 所示。

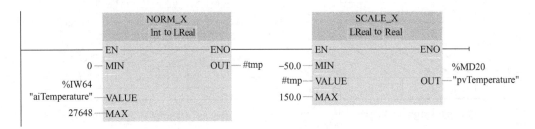

图 6-65　模拟量到工程量的转换

此处使用的温度传感器的量程是 −50~150℃，配套的温度变送器的输出电压范围是 0~10V，该电压信号经过 S7−1200 的 A/D 转换后存入 IW64，对应的数值范围是 0~27648，NORM_X 指令将范围在 [0~27648] 内的 IW64 转换成范围在 [0~1] 内的浮点数存入临时变量 tmp，SCALE_X 指令再将 tmp 的值转换成范围在 [−50~150] 内的温度值存入 MD20。

八、字逻辑运算指令

字逻辑运算指令有与（AND）、或（OR）、非（INVERT）、异或（XOR）等。

与运算指令如图 6-66 所示，该指令可对两个及以上的操作数进行逻辑与运算，并将运算结果输出到 OUT。与运算指令运行示例如图 6-67 所示。

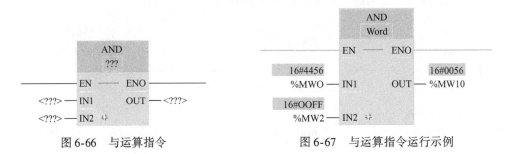

图 6-66　与运算指令　　　　　图 6-67　与运算指令运行示例

非运算指令如图 6-68 所示，该指令对 IN 端操作数逻辑取反，并将运算结果输出到 OUT。非运算指令运行示例如图 6-69 所示。

图 6-68　非运算指令　　　　　　　　　图 6-69　非运算指令运行示例

九、程序控制指令

程序控制指令有跳转标签（LABEL）、跳转（JMP）和跳转分支（SWITCH）等。

跳转标签和跳转指令如图 6-70 所示，跳转指令的输入能流如果为"1"，则程序跳转到指令的程序标签所标识的程序段执行。

跳转分支指令如图 6-71 所示，该指令对输入量 K 逐一判断各个比较条件是否满足，如果满足则跳转到对应的分支执行并且不考虑后续比较条件；如果所有比较条件都不满足，则跳转到 ELSE 给出的程序标签，如果 ELSE 未给出程序标签，则程序顺序往下执行。

图 6-70　标签指令和跳转指令　　　　　　图 6-71　跳转分支指令

如图 6-72 所示程序使用跳转指令实现让特定程序循环执行的效果，该程序每次扫描会

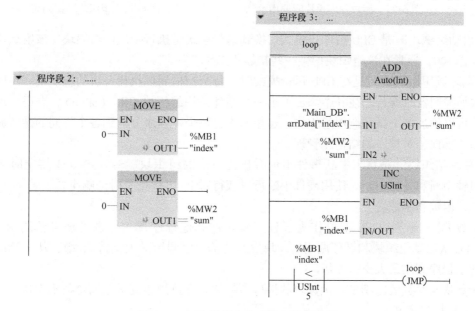

图 6-72　用跳转指令实现循环执行效果

将 arrData 数组中的前 5 个数循环求和，并将结果存到 sum 中。在 PLC 程序中使用循环结构的程序时需要注意其对扫描周期的影响。

第四节　模块化程序设计

西门子 S7 - 1200 PLC 的用户程序以块的形式进行管理，包括组织块（Organized Block，OB）、函数块（Function Block，FB）、函数（Function，FC）和数据块（Data Block，DB）。如图 6-73 所示的用户程序模块间调用示例包括了组织块、函数块、函数、背景数据块和全局数据块。

一、组织块

组织块是 PLC 底层系统与用户程序的接口，分为启动组织块、循环调用组织块和中断组织块，新建组织块时弹出的类型选择列表如图 6-74 所示，从中可见所有支持的组织块类型。

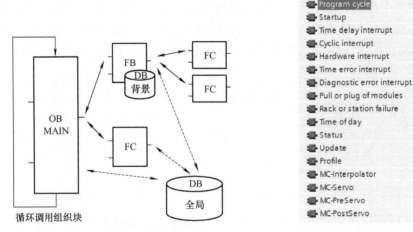

图 6-73　用户程序模块间调用示例　　　　　图 6-74　组织块类型列表

"启动组织块"是 CPU 由停止模式切换到运行模式时执行一次的组织块，该组织块的默认编号是 100，通常在该组织块中做一些初始化工作。

"循环调用组织块"是在 CPU 运行模式时，每个扫描周期执行一次的组织块。在博途软件中添加控制器时就自动往其中添加了第一个循环调用组织块 OB1（Main）。当程序规模较大时，可以添加多个循环调用组织块，这相当于将整个主程序分散到各个不同的循环调用组织块中，更便于对程序的结构化管理。

"中断组织块"是每当中断事件出现时执行一次的组织块。S7 - 1200 支持定时循环中断、时钟中断和硬件中断。使用硬件中断可以获得对 IO 事件更及时的响应。

二、函数和函数块

函数 FC 和函数块 FB 都可作为子程序模块被其他程序调用，也可被自己调用。S7 - 1200 PLC 从启动组织块和循环调用组织块发起的子程序调用最大支持 16 级，从中断组织块发起的子程序调用最大支持 6 级。

函数块与函数的区别是：函数块的接口参数类型支持静态变量，而函数不支持。

（一）接口定义

子程序调用时需要传递接口参数，在博途软件子程序编辑窗口的上方，有专门的接口定义框，函数编辑界面及接口定义框如图 6-75 所示，函数块的接口定义框如图 6-76 所示。可定义的接口参数类型有：输入变量、输出变量、输入输出变量、静态局部变量、临时局部变量和局部常量。

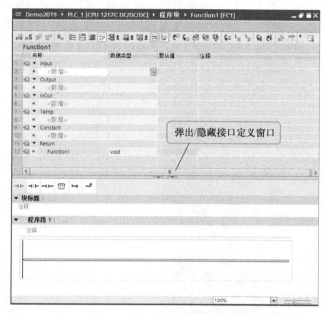

图 6-75　函数编辑界面及接口定义框

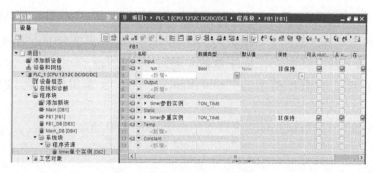

图 6-76　函数块接口定义框

"输入变量"传递其值由程序块读取的参数。"输出变量"传递其值由程序块写入的参数。"输入输出变量"传递调用时由程序块读取，执行后又由程序块写入的参数。"静态局部变量"是以静态变量的形式存储中间结果的变量。除非有指令写入新值，程序块下次扫描时，静态变量的值会一直保留。"临时局部变量"是每次进入该子程序都会重新分配存储空间并重新初始化的变量，用于存储临时中间结果，程序块下次扫描时临时变量的值会被重新初始化。"局部常量"是只在程序块中使用且具有符号名的常量。

（二）函数块的背景数据块

为了让函数块的接口支持静态局部变量的参数类型，需要在调用函数块的时候另外指定数据块来保存这些静态变量，这个数据块叫作背景数据块。在子函数块被调用并且为其分配好背景数据块时，该背景数据块被称为实例背景数据块。背景数据块中除了保存被调用子函数块接口中定义的静态变量外，还保存了其中的输入变量、输出变量和输入输出变量。

　　定时器指令就是系统提供的子函数块，在使用定时器指令时，也需要为其配套背景数据块。背景数据块类型选择对话框如图 6-77 所示，可选单个实例、多重实例和参数实例三种。

　　如图 6-78 所示，其中分别以不同选项调用了 TON 指令，不同选项背景数据块存放或定义的位置如图 6-76 所示，"单个实例"背景数据存放在单独的系统全局数据块 DB2 中，"多重实例"背景数据定义在主调程序的静态局部变量区中，"参数实例"背景数据定义在主调程序的输入输出变量区中。当函数块 FB1 被调用时，需为其指派背景数据块，"静态局部变量区"和"输入输出变量区"的变量实际存放在主调程序调用被调程序时指派的背景数据块中。

图 6-77　背景数据块类型选择

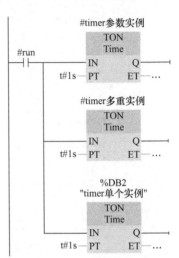

图 6-78　FB1 函数块

　　如图 6-79 所示主程序调用了子函数块 FB1 并为其指派了背景数据块 DB3。由于函数块 FB1 的接口需要输入输出型变量"timer 参数实例"，本例创建了一个用户全局数据块 DB4，并在其中定义了 IEC_TIMER 类型的"timerMain"变量，在调用函数块 FB1 时作为实参传入。

　　本例中不同选项背景数据块存放位置的示意图如图 6-80 所示。

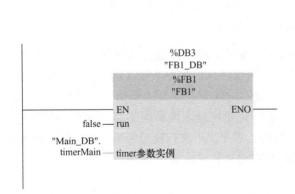

图 6-79　主程序

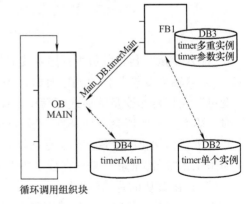

图 6-80　背景数据块存放位置示意图

三、函数与函数块的可复用性

　　函数与函数块作为子程序可完成某一特定功能，当这一功能需要在当前项目甚至其他项目中多次使用时，就可考虑将该子程序进行复用。子程序复用主要有两方面含义：一是子程序可以方便复制到其他项目中重复使用；二是同一个项目可以给同一套子程序代码配置不同的背景数据块或输入、输出参数实现对多个同类对象的独立控制。程序复用能提高项目的开发效率，降低代码异常的发生概率，发生异常时也更容易用结构化的思维方式定位到出错的子程序位置。

如图 6-78 所示的函数块 FB1 不具有可复用性，因为其中使用了"单个实例"背景数据块。

由图 6-81 所示的背景数据块存放示意图可见，当主程序两次调用函数块 FB1，每次调用的"timer 多重实例"是相互独立的，"timer 参数实例"也是相互独立的，但两个"timer 单个实例"是相同的，"timer 单个实例"的定时值在两次调用中不独立，所以函数块 FB1 不适用于对两个及以上同类对象的独立控制。

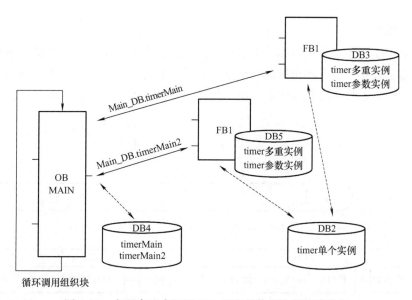

图 6-81　主程序两次调用 FB1 的背景数据块存放示意图

如果希望编写的子程序具有可多次复用性，程序设计时需遵守以下规则：

1）使用接口在子程序间交换数据，而不是直接引用对方的背景数据块。

2）子程序中不要访问全局数据块，不要访问位存储区定义的全局变量，而应该使用局部变量。需要在扫描周期间保持状态不变的就用静态局部变量，不需要的就用临时局部变量。

3）不要以"单个实例"背景数据块的形式调用下级子程序，而应使用多重实例或者参数实例背景数据块调用下级子程序。

第七章 S7 – 1200 系列 PLC 应用

本章以运输小车正反转控制为例，详细说明整个控制程序的开发过程，包括 PLC 程序设计、人机界面组态和系统联调，其中 PLC 程序部分采用对象模拟化设计方法，在没有实际小车的情况下，依然可验证控制程序的正确性。

第一节 PLC 程序设计

一、控制要求

运输小车正反转控制示意图如图 7-1 所示，控制要求为：按下启动按钮，小车进入运行状态，运行指示灯亮；按下停止按钮，小车进入停止状态，运行指示灯灭；当小车在运行状态时，按照如图 7-2 所示的要求往复运动，并在 SQ3、SQ2 和 SQ1 位置依次停顿。

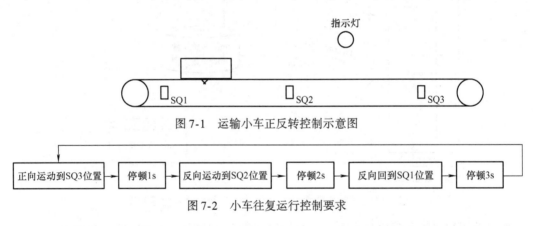

图 7-1　运输小车正反转控制示意图

图 7-2　小车往复运行控制要求

二、IO 分配

基于上述控制要求，可得到如表 7-1 所示的小车控制 IO 分配表。

表 7-1　小车控制 IO 分配表

输　入　点		输　出　点	
启动按钮	I0.0	小车电动机正转接触器	Q0.0
停止按钮	I0.1	小车电动机反转接触器	Q0.1
SQ1	I0.2	运行指示灯	Q0.2
SQ2	I0.3		
SQ3	I0.4		

三、模拟小车

为了方便实验的开展，本例基于西门子 PLCSIM 软件在模拟 PLC 上完成，这样就不需要实际的 PLC 和小车，但也没有实际的位置开关、接触器等 IO 信号可接入 PLC。为了得到这些信号，本例设计一个小车模拟函数块，该函数块接收正转、反转控制信号，并基于图 7-3

所示逻辑计算出模拟小车的位置，继而基于该位置得到 SQ1、SQ2 和 SQ3 信号，小车模拟函数块的接口如图 7-4 所示。

四、主程序

有了上述模拟小车，就可像控制真正的小车一样设计控制函数块，小车控制函数块的接口定义如图 7-5 所示。继而可构建出如图 7-6 所示的整体程序框图，将控制函数块的控制量输出接入小车模拟函数块，并将小车模拟函数块的状态量输出反馈给控制函数块，整个程序就能联动起来。为了衔接两个函数块，本例在全局变量中定义如图 7-7 所示的接口变量，主程序对两个函数块的调用如图 7-8 所示。

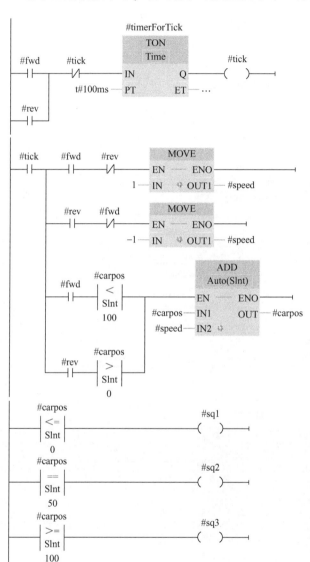

图 7-3　小车模拟程序

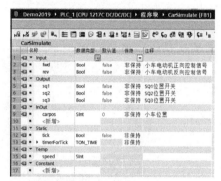

图 7-4　小车模拟函数块接口定义

图 7-5　小车控制函数块接口定义

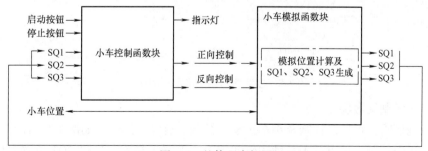

图 7-6　整体程序框图

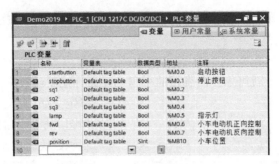

图 7-7　全局变量定义

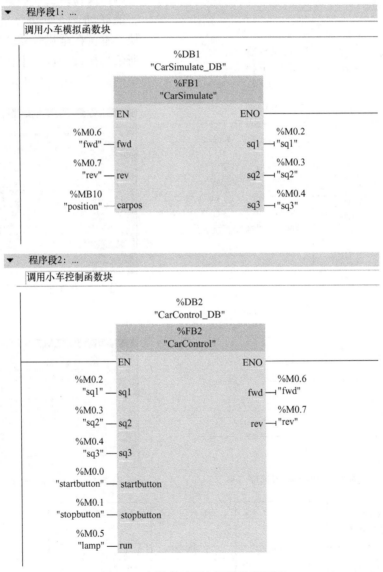

图 7-8　主程序对两个函数块的调用

五、小车控制函数块

小车控制逻辑包括启停控制及小车正反向控制。启停控制可用如图 7-9 所示自锁逻辑实现。小车正反向控制也可以基于自锁逻辑实现。本例要求在反向经过 SQ2 位置时停止小车，停顿时间到了后再次启动小车，这种需求不适合直接将 SQ2 的常闭接点放入反向控制的停止逻辑中，而应该使用 SQ2 的上升沿脉冲，所以本例对所有事件信号都做了上升沿触发处理，得到事件触发信号的逻辑如图 7-10 所示。基于自锁逻辑实现的小车正反向控制程序如图 7-11 所示。与其对应的完整函数块接口定义如图 7-12 所示。

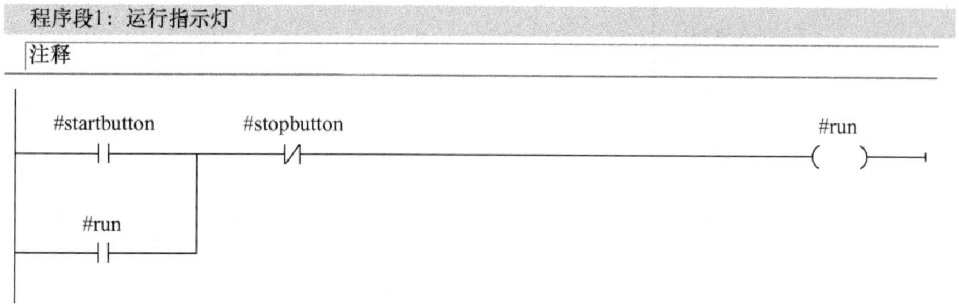

图 7-9　启停控制

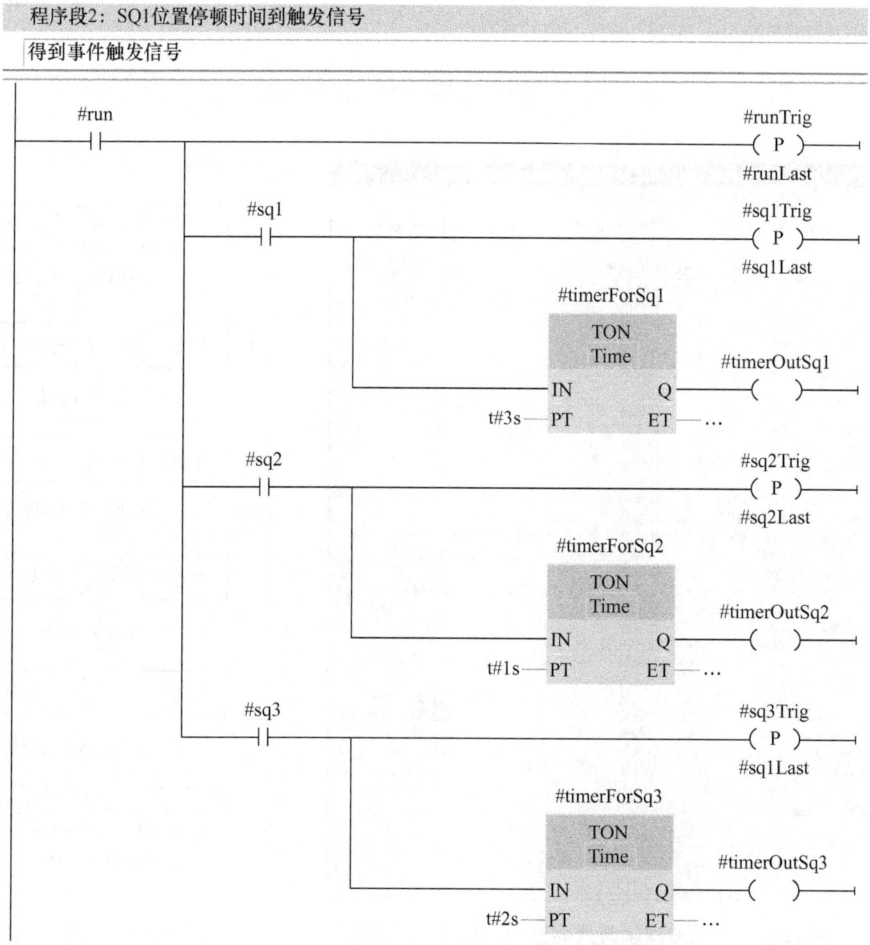

图 7-10　获得事件触发信号

本例中的小车正反向运行逻辑也可抽象为步进控制逻辑，用如图 7-13 所示的步进状态转换图表示。S7 – 1200 PLC 不提供专门的步进指令或者顺序功能图的编程方式，但可以用如图 7-14 所示的移位指令实现上述步进控制逻辑，该函数块在局部静态变量区另外定义了

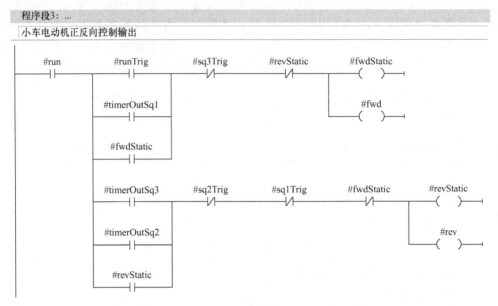

图 7-11　基于自锁逻辑实现小车正反向控制

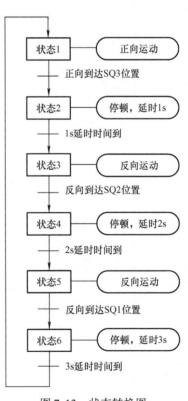

图 7-12　小车控制函数块完整接口定义　　　　图 7-13　状态转换图

Byte 型变量 "stateByte"。也可以用如图 7-15 所示的置位、复位指令实现上述步进控制逻辑，该函数块在局部静态变量区另外定义了六个 Bool 型变量 "stateS1" ~ "stateS6"。

六、PLC 程序在线调试

首先可单独测试小车模拟函数块，去掉主程序中对小车控制函数块的调用，在如图 7-16

程序段3：...

小车电动机正反向控制输出

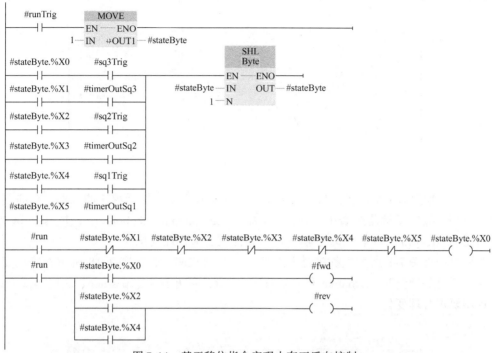

图 7-14　基于移位指令实现小车正反向控制

程序段3：...

小车电动机正反向控制输出

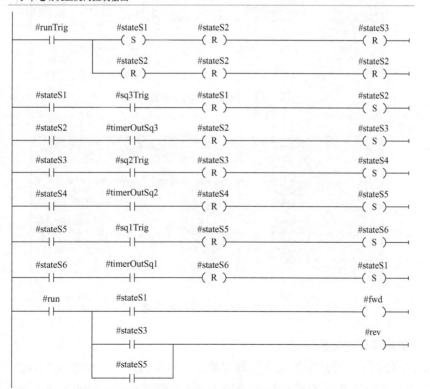

图 7-15　基于置位、复位指令实现小车正反向控制

所示的模拟函数块变量监控表中，通过手动修改 fwd、rev 的值给出正转、反转控制信号，可见 position 变量和 sq1、sq2、sq3 变量基于控制信号合理变化。

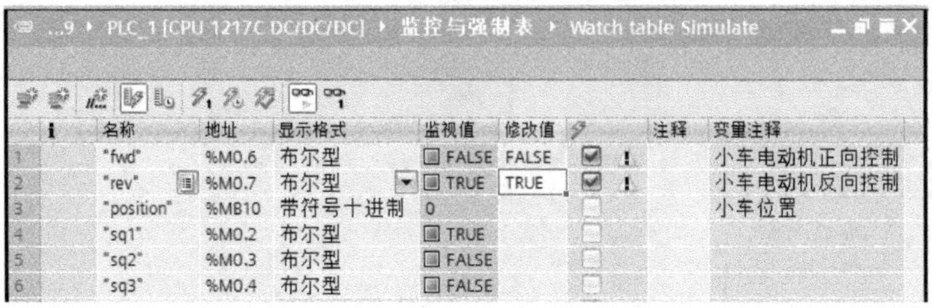

	i	名称	地址	显示格式	监视值	修改值		注释	变量注释
1		"fwd"	%M0.6	布尔型	FALSE	FALSE	☑ !		小车电动机正向控制
2		"rev"	%M0.7	布尔型	TRUE	TRUE	☑ !		小车电动机反向控制
3		"position"	%MB10	带符号十进制	0				小车位置
4		"sq1"	%M0.2	布尔型	TRUE				
5		"sq2"	%M0.3	布尔型	FALSE				
6		"sq3"	%M0.4	布尔型	FALSE				

图 7-16 模拟函数块变量监控表

然后可单独测试小车控制函数块，去掉主程序中对小车模拟函数块的调用，在如图 7-17 所示的控制函数块变量监控表中，通过手动修改 startbutton、stopbutton、sq1、sq2 和 sq3 变量，可见 lamp、fwd、rev 信号基于输入信号和控制要求合理变化。

最后可用如图 7-8 所示主程序对上述两个函数块联调，在如图 7-18 所示的联动变量监控表中，通过手动修改 startbutton 和 stopbutton 变量，可见 lamp、position、sq1、sq2、sq3 能按照控制要求合理变化。

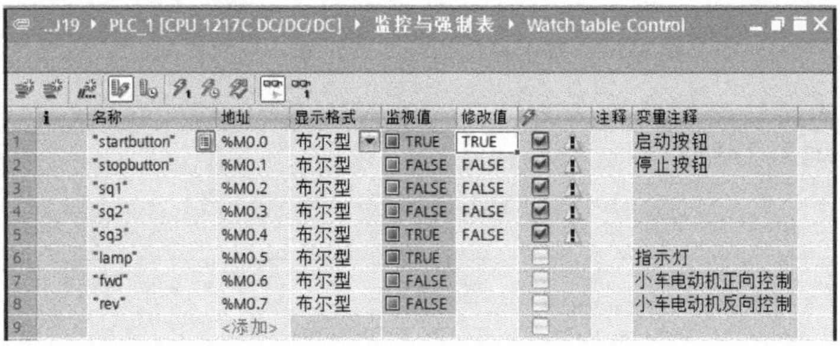

	i	名称	地址	显示格式	监视值	修改值		注释	变量注释
1		"startbutton"	%M0.0	布尔型	TRUE	TRUE	☑ !		启动按钮
2		"stopbutton"	%M0.1	布尔型	FALSE	FALSE	☑ !		停止按钮
3		"sq1"	%M0.2	布尔型	FALSE	FALSE	☑ !		
4		"sq2"	%M0.3	布尔型	FALSE	FALSE	☑ !		
5		"sq3"	%M0.4	布尔型	TRUE	FALSE	☑ !		
6		"lamp"	%M0.5	布尔型	TRUE				指示灯
7		"fwd"	%M0.6	布尔型	FALSE				小车电动机正向控制
8		"rev"	%M0.7	布尔型	FALSE				小车电动机反向控制
9			<添加>						

图 7-17 控制函数块变量监控表

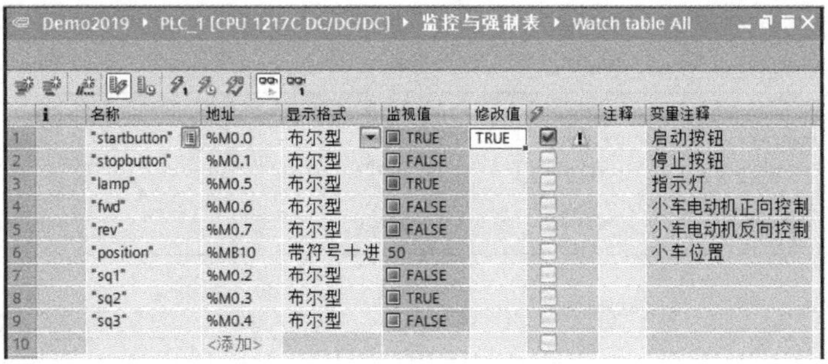

	i	名称	地址	显示格式	监视值	修改值		注释	变量注释
1		"startbutton"	%M0.0	布尔型	TRUE	TRUE	☑ !		启动按钮
2		"stopbutton"	%M0.1	布尔型	FALSE				停止按钮
3		"lamp"	%M0.5	布尔型	TRUE				指示灯
4		"fwd"	%M0.6	布尔型	FALSE				小车电动机正向控制
5		"rev"	%M0.7	布尔型	FALSE				小车电动机反向控制
6		"position"	%MB10	带符号十进	50				小车位置
7		"sq1"	%M0.2	布尔型	FALSE				
8		"sq2"	%M0.3	布尔型	TRUE				
9		"sq3"	%M0.4	布尔型	FALSE				
10			<添加>						

图 7-18 联动变量监控表

七、对实际物理对象的控制

如果需要将以上程序应用到实际物理对象上，只需将图 7-7 中的 sq1、sq2、sq3、lamp、fwd 和 rev 变量关联到真正 IO 点的物理地址上，并删除对小车模拟函数块的调用即可。

第二节　人机界面组态

第五章介绍了人机界面组态的基本操作，在完成添加 HMI 设备、建立与 PLC 通信连接、定义好 HMI 变量的基础上，本节将详细描述人机界面的画面组态过程。

如第五章中图 5-28 所示，在窗口右侧有"工具箱"和"库"选项卡。在"工具箱"选项卡中有"基本对象""元素"和"控件"三个子选项卡。在"库"选项卡中有"项目库"和"全局库"两个子选项卡，在"全局库"子选项卡里面有"Buttons-and-Switches"子目录。工具箱子选项卡如图 7-19 所示。全局库子选项卡如图 7-20 所示。

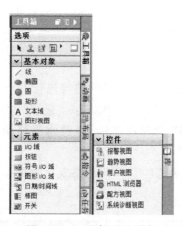

图 7-19　工具箱子选项卡

图 7-20　全局库子选项卡

本例将实现的画面效果如图 7-21 所示，其中使用到"基本对象"中的"线""圆""矩形"和"文本域"；"元素"中的"按钮"；"全局库"中的"PlotLight_Round_G"指示灯。

一、静态属性组态

将上述子选项卡中所需内容拖入画面编辑框后，首先可分别组态其静态属性，包括调整位置和大小；设置背景色、前景色、边框样式、边框色等；设置文本框中的文本及字体等。

在设置文本内容时，西门子博途软件很方便地提供了多种语言的支持，在项目树最下方"语言和资源"目录中有"项目语言""项目文本"和"项目图形"三个子项，在"项目语言"子项中可勾选本项目需要用到的所有语言，如图 7-22 所示。本例勾选

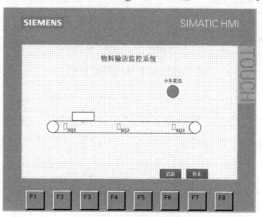

图 7-21　监控画面

"英语（美国）"和"中文（中华人民共和国）"复选框，窗口上方"编辑语言"下拉列表框中选择编辑画面时希望采用的语言，本例中选择中文。从而在后续设置画面元素的文本内容时，可分别设置英语内容及中文内容，人机界面运行时可按需切换到不同语言进行显示。如图 7-23 所示文本域内容设置框可见对同一段文本其英语和中文内容可以分别设置。

图7-22　项目语言

二、"动画"属性组态

静态属性组态完成后，需要继续对画面中有动态显示效果的内容进行"动画"属性组态。可组态的"动画"属性有："变量连接"类目下的"过程值"；"显示"类目下的"外观"和"可见性"；"移动"类目下的"直接移动""对角线移动""水平移动"和"垂直移动"。

如图7-21所示监控画面中，"小车状态"指示灯的背景色动态变化效果是通过"过程值"动画实现的，如图7-24所示。

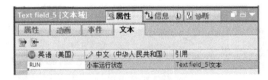

图7-23　文本域内容设置框

图7-24　过程值组态

如图7-21所示监控画面中，位置开关矩形框的背景色动态变化效果是通过"外观"动画实现的。显示类动画的可选项如图7-25所示，可见其中包括"外观"和"可见性"动画。外观动画设置如图7-26所示，可见性动画设置如图7-27所示。

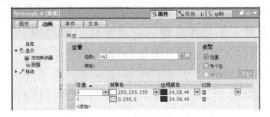

图7-25　显示类动画的可选项

图7-26　外观动画设置

如图7-21所示监控画面中，小车左右移动的效果是通过"移动"动画实现的。移动类动画的可选项如图7-28所示，可见其中包括"直接移动""对角线移动""水平移动"和

"垂直移动"。"水平移动"动画组态时的画面显示效果如图 7-29 所示。用户可直接在画面中分别水平拖动两侧的小车，"移动"动画可以将对应变量的最小值映射到最左侧小车位置，将最大值映射到最右侧小车位置，运行时对应变量在最小值和最大值之间变化时，小车位置就会随之在最左侧和最右侧之间移动。水平移动动画组态框如图 7-30 所示，在上述鼠标拖动方案之外，用户也可在该框中直接输入各设定值。

图 7-27　可见性动画设置

图 7-28　移动类动画的可选项

图 7-29　水平移动动画组态时画面显示效果

图 7-30　水平移动动画组态框

三、"事件"组态

如图 7-21 所示监控画面中，启动、停止按钮发出主令信号的效果是通过"事件"属性实现的。如图 7-31 所示的按钮"事件"组态框中，可对按钮的"单击""按下""释放""激活""取消激活"和"更改"事件设定相应的响应函数。可选择的函数分为"报警""编辑位""画面""计算脚本"和"配方"等类别，其中包括 HMI 提供的所有系统功能函数。本例中使用"编辑位"函数，设定按下时将"startbutton"变量置位，释放时将"startbutton"变量复位。

图 7-31　事件组态框

第三节　人机界面与 PLC 在线联调

人机界面组态完成后，可通过"编译"检查项目中是否存在错误，如果编译通过，可执行菜单的"在线"→"仿真"→"启动"命令来启动操作面板模拟器，或者执行菜单的"在线"→"下载到设备"命令将组态好的项目下载到物理的操作面板中。

首先可验证 PLC 变量与 HMI 变量是否能正常同步。打开 PLC 的变量监控窗口，同时按下触摸屏上的按钮，应该能看到 PLC 中对应变量被置位为"1"，松开触摸屏上的按钮，应该能看到 PLC 中对应变量被复位为 “0”。如果本步不成功，应该去检查 PLC 与 HMI 的网络连接协议设置、节点地址设置及两者变量的对应关系设置。

然后可验证 HMI 动画效果是否符合预期。在 PLC 程序运行时，启动小车，应该能看到运行指示灯亮，小车开始右移，小车经过位置开关时，对应位置开关变亮。

最后可观察 HMI 中小车启停及正反向运行过程来验证 PLC 控制逻辑是否符合预期。

在上述过程中会发现小车正向经过 SQ2 位置开关时，不一定能看见位置开关变亮，这是因为 HMI 为了合理利用网络资源，对每个变量可单独设置其与 PLC 的同步周期。本例为了让位置开关指示灯的显示和小车运行过程的显示更实时，将对应变量的采集周期从 1s 修改为 100ms，HMI 变量采集周期的设置如图 7-32 所示。

人机界面运行时效果如图 7-33 所示。

Demo2019 ▸ HMI_1 [KTP700 Basic PN] ▸ HMI 变量

HMI 变量

名称	变量表	数据类型	连接	PLC名称	PLC变量	地址	访问模式	采集周期	来源注释
lamp	Default tag table	Bool	HMI_Connectio...	PLC_1	lamp		<符号访...	1 s	
position	Default tag table	SInt	HMI_Connectio...	PLC_1	position		<符号访...	100 ms	
sq1	Default tag table	Bool	HMI_Connectio...	PLC_1	sq1		<符号访...	100 ms	
sq2	Default tag table	Bool	HMI_Connectio...	PLC_1	sq2		<符号访...	100 ms	
sq3	Default tag table	Bool	HMI_Conne...	PLC_1	sq3		<符号...	100 ms	
startbutton	Default tag table	Bool	HMI_Connectio...	PLC_1	startbutton		<符号访...	1 s	
stopbutton	Default tag table	Bool	HMI_Connectio...	PLC_1	stopbutton		<符号访...	1 s	
Tag_ScreenNumber	Default tag table	UInt	<内部变量>		<未定义>			1 s	
<添加>									

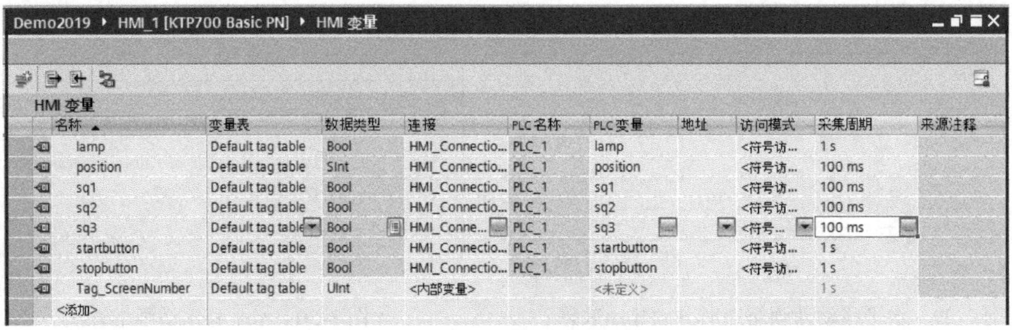

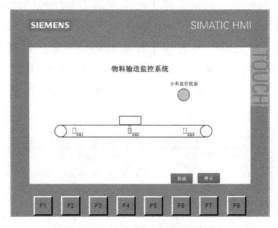

图 7-32 HMI 变量采集周期设置

图 7-33 人机界面运行时效果

第八章　西门子 S7-200 系列 PLC

第一节　西门子 S7-X00 系列 PLC 简介

一、西门子 S7-200 PLC

S7-200 PLC 是微型的 PLC，它适用于各行各业，各种场合中的自动检测、监测及控制等。S7-200 PLC 的强大功能使其无论是独立运行，或相连成网络都能实现复杂的控制功能。

S7-200 PLC 在集散自动化系统中充分发挥其强大功能。使用范围可覆盖从替代继电器的简单控制到更复杂的自动化控制。

S7-200 PLC 可提供 4 个不同型号的 8 种 CPU 可供选择使用。

二、西门子 S7-300 PLC

S7-300PLC 是模块化小型 PLC 系统，能满足中等性能要求的应用。各种单独的模块之间可进行广泛组合以用于扩展。

1. S7-300 PLC 主要由下列模块组成

中央处理单元（CPU）：各种 CPU 有各种不同的性能，例如，有的 CPU 上集成有输入/输出点，有的 CPU 上集成有 PROFIBUS DP 通信接口等；

信号模块（SM）：用于数字量和模拟量输入/输出；

通信处理器（CP）：用于连接网络和点对点连接；

功能模块（FM）：用于高速计数、定位操作（开环或闭环定位）和闭环控制；

负载电源模块（PS）：用于将 SIMATIC S7-300 连接到 120V/230V 交流电源，或 24V/28V/60V/110V 直流电源；

接口模块（IM）：用于多架配置，连接主机架（CR）和扩展机架（ER）。

S7-300 通过分布式的主机架（CR）和 3 个扩展机架（ER），可以操作多达 32 个模块，运行时无需风扇。

2. S7-300 PLC 的主要功能　高速（0.6~0.1μs）的指令处理，在中等至低等性能要求范围内开辟了全新的应用领域；浮点数运算可以有效地实现更为复杂的算术运算；一个带标准用户接口的软件工具方便用户给所有模块进行参数赋值；方便的人机界面服务已经集成在 S7-300 操作系统内，人机对话的编程要求大大减少。SIMATIC 人机界面（HMI）从 S7-300 中取得数据，S7-300 按用户指定的刷新速度传送这些数据。S7-300 操作系统自动地处理数据的传送；CPU 的智能化的诊断系统连续监控系统的功能是否正常、记录错误和特殊系统事件（例如超时、模块更换等）；多级口令保护可以使用户高度、有效地保护其技术机密，防止未经允许的复制和修改；S7-300 PLC 设有操作方式选择开关，操作方式选择开关像钥匙一样可以拔出，当钥匙拔出时，就不能改变操作方式。这样可防止非法删除或改写用户程序。

3. S7-300 PLC 的通信功能　可通过 STEP 7 的用户界面提供通信组态功能，这使得组态非常容易、简单。S7-300 PLC 具有多种不同的通信接口，并通过多种通信处理器来连接 ASI 总线接口和工业以太网总线系统；串行通信处理器用来连接点到点的通信系统；多点接口（MPI）集成在 CPU 中，用于同时连接编程器、PC、人机界面系统及其他 SIMATIC-S7/M7/C7 等自动化控制系统。

S7 - 300 CPU 支持的通信类型有：

过程通信：通过总线（ASI 或 PROFIBUS）对 I/O 模块周期寻址（过程映像交换）。

数据通信：在自动控制系统之间或人机界面（HMI）和几个自动控制系统之间，数据通信会周期地进行或被用户程序或功能块调用。

三、西门子 S7 - 400 PLC

S7 - 400 PLC 是用于中、高档性能范围的可编程控制器。它采用模块化无风扇的设计，可靠耐用。同时可以选用多种级别（功能逐步升级）的 CPU，并配有多种通用功能的模板，使用户能根据需要组合成不同的专用系统。当控制系统规模扩大或升级时，只要适当地增加一些模板，便能使系统升级和充分满足需要。

S7 - 400 PLC 主要由下列模块（部件）组成：

电源模板（PS）：将 SIMATIC S7 - 400 连接到 AC 120V/230V 或 DC 24V 电源上。

中央处理单元（CPU）：有多种 CPU 可供用户选择，有些带有内置的 PROFIBUS DP 接口，用于各种性能可包括多个 CPU 以加强其性能。

I/O 模块（SM）：数字量输入和输出（DI/DO）以及模拟量输入和输出（AI/AO）的信号模板。

通信处理器（CP）：用于总线连接和点到点连接。

功能模板（FM）：专门用于计数、定位、凸轮等控制任务。

SIMATIC S7 - 400 还提供以下部件：接口模板（IM），用于连接中央控制单元和扩展单元。SIMATIC S7 - 400 中央控制器最多能连接 21 个扩展单元。

第二节　西门子 S7 - 200 系列 PLC 的内部元器件

一、数据的存储类型

1. 数据的长度和类型　S7 - 200 PLC 将信息存于不同的存储器单元，每个单元都有唯一的地址，可以明确指出要存取的存储器地址，这就允许用户程序直接存取这个信息。表 8-1 列出了不同长度的数据所能表示的数值范围。

表 8-1　不同长度的数据所能表示的十进制和十六进制数范围

数据类型	数据长度	取值范围
字节（B）	8 位（1 字节）	0～255
字（W）	16 位（2 字节）	0～65 535
位（bit）	1 位	0、1
整数（int）	16 位（2 字节）	0～65 535（无符号），-32 768～32 767（有符号）
双整数（dint）	32 位（4 字节）	0～4 294 967 295（无符号） -2 147 483 648～2 147 483 647（有符号）
双字（dword）	32 位（4 字节）	0～4 294 967 295
实数（real）	32 位（4 字节）	1.175 495E-38～3.402 823E+38（正数） -1.175 495E-38～-3.402 823E+38（负数）
字符串（string）	8 位（1 字节）	

2. 常数　在 S7 - 200 PLC 的许多指令中都用到常数，常数有多种表示方法，如二进制、十进制和十六进制等。在表述二进制和十六进制时，要在数据前分别加 "2#" 或 "16#"，格式如下：

二进制常数：2#1100，十六进制常数：16#234B1。其他的数据表述方法举例如下：

ASCII 码："HELLOW"，实数：- 3.1415926，十进制数：234。

几个错误的表示方法：八进制的 "33" 表示成 "8#33"，十进制的 "33" 表示成 "10#33"，"2" 用二进制表示成 "2#2"，这些错误读者要避免。

若要存取存储区的某一位，则必须指定地址，包括存储器标志符 + 字节地址 . 位号。图 8-1 是一个位寻址的例子，要查找的地址是输入 I 存储区第 2 号字节的第 1 号位。

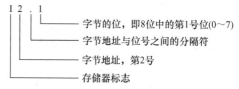

图 8-1　位寻址的例子

二、元件的功能与地址分配

1. 输入映像寄存器（I）　输入映像寄存器与输入端相连，它是专门用来接受 PLC 外部开关信号的元件。在每次扫描周期的开始，CPU 对物理输入点进行采样，并将采样值写入输入过程映像寄存器中。可以按位、字节、字或双字来存取输入过程映像寄存器中的数据。输入寄存器 I0.0 的等效电路如图 8-2 所示。

位格式：I［字节地址］.［位地址］，如 I0.0，这指明地址是输入 I 存储区第 0 号字节第 0 号位。

字节、字或双字格式：I［长度］［起始字节地址］，如 IB0、IW0、ID0。其中 IW0 指明地址是输入 I 存储区第 0 号和第 1 号两个字节共 16 位（I0.0 ~ I0.7，I1.0 ~ I1.7）。

2. 输出映像寄存器（Q）　输出映像寄存器是用来将 PLC 内部信号输出传送给外部负载（用户输出设备）。输出映像寄存器线圈是由 PLC 内部程序的指令驱动，其线圈状态传送给输出单元，再由输出单元对应的硬接点来驱动外部负载，输出寄存器 Q0.0 的等效电路如图 8-3 所示。在每次扫描周期的结尾，CPU 将输出过程映像寄存器中的数值复制到物理输出点上。输出过程映像寄存器中的数据，可以按位、字节、字或双字进行存取。

位格式：Q［字节地址］.［位地址］，如 Q1.1，指明这个地址是输出存储区第 1 号字节第 1 号位。

字节、字或双字格式：Q［长度］［起始字节地址］，如 QB5、QW5、QD2。其中 QD2，指明地址是输出存储区第 2 号双字共 32 位。

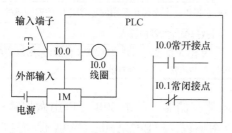

图 8-2　输入映像寄存器 I0.0 的等效电路

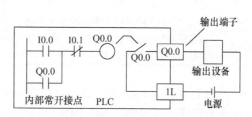

图 8-3　输出映像寄存器 Q0.0 的等效电路

3. 变量存储器（V）　可以用存储器 V 存储程序执行过程中控制逻辑操作的中间结果，也可以用它来保存与工序或任务相关的其他数据，变量存储器不能直接驱动外部负载。它可以按位、字节、字或双字来存取 V 存储区中的数据。

位格式: V[字节地址].[位地址], 如 V10.2。

字节、字或双字格式: V[长度][起始字节地址], 如 VB100, VW100, VD100。

4. 位存储器 (M) 位存储器又称通用辅助继电器, 是 PLC 中数量最多的一种继电器, 一般的辅助继电器 M 与传统的继电器控制系统中的中间继电器相似。位存储器不是直接驱动外部负载, 负载只能由输出继电器的外部接点驱动。位存储器的常开接点与常闭接点在 PLC 内部编程时可无限次使用。可以用位存储器作为控制继电器来存储中间操作状态和控制信息, 并且可以按位、字节、字或双字进行存取。

位格式: M[字节地址].[位地址], 如 M2.7。

字节、字或双字格式: M[长度][起始字节地址], 如 MB10, MW10, MD10。

注意: 有的用户习惯使用 M 区作为中间地址, 但 S7 - 200 CPU 中 M 区地址空间很小, 只有 32 个字节, 往往不够用。而 S7 - 200 CPU 中提供了大量的 V 存储空间, 即用户数据空间。V 存储区相对很大, 其用法与 M 区相似, 可以按位、字节、字或双字来存取 V 区数据, 例如 V10.1、VB20、VW100、VD200 等。

5. 特殊标志位存储器 (SM) SM 为 CPU 与用户程序之间传递信息提供了一种手段, 可以用 SM 的位来选择和控制 S7 - 200 CPU 的一些特殊功能。例如, 首次扫描标志位 (SM0.1)、按照固定频率开关的标志位或者显示数字运算或操作指令状态的标志位, 并且可以按位、字节、字或双字来存取 SM 位。

位格式: SM[字节地址].[位地址], 如 SM0.1。

字节、字或双字格式: SM[长度][起始字节地址], 如 SMB86, SMW22, SMD42。

特殊标志位存储器的范围为 SM0 ~ SM549, 全部掌握是比较困难的, 使用特殊标志位存储器请参考有关手册, 常用的特殊标志位存储器字节如表 8-2 所示, SM0.0、SM0.1、SM0.5 的波形图如图 8-4 所示。

表 8-2　特殊标志位存储器字节 SMB0 (SM0.0 ~ SM0.7)

SM 位	描　　述
SM0.0	该位始终为 1
SM0.1	该位在首次扫描时为 1, 用途之一是调用初始化子程序
SM0.2	若保持数据丢失, 则该位在一个扫描周期中为 1, 该位可用作错误存储器位, 或用来调用特殊启动顺序功能
SM0.3	开机进入运行 (RUN) 方式, 该位将被置一个扫描周期, 该位可用做在启动操作之前给设备一个预热时间
SM0.4	该位提供一个时钟脉冲, 30s 为 1, 30s 为 0, 周期为 1min, 它提供了一个简单易用的延时或 1min 的时钟脉冲
SM0.5	该位提供一个时钟脉冲, 0.5s 为 1, 0.5s 为 0, 周期为 1s, 它提供了一个简单易用的延时或 1s 的时钟脉冲
SM0.6	该位为扫描时钟, 本次扫描时置 1, 下次扫描时置 0, 可用做扫描计数器的输入
SM0.7	该位指示 CPU 工作方式开关的位置 (0 为 TERM 位置, 1 为 RUN 位置), 当开关在 RUN 位置时, 用该位可使自由端口通信方式有效, 当切换至 TERM 位置时, 与编程设备的正常通信也会有效

6. 局部存储器 (L) S7 - 200 PLC 有 64B 的局部存储器, 其中 60B 可以用做临时存储器或者给子程序传递参数。如果用梯形图或功能块图编程, STEP7 - Micro/WIN 保留这些局部存储器的最后 4B。局部存储器和变量存储器 V 很相似, 只有一个区别: 变量存储器是全局有效的, 而局部存储器只在局部有效。全局是指同一个存储器可以被任何程序存取 (包括主程序、子程序和中断服务程序), 局部是指存储器和特定的程序相关联。S7 - 200 PLC

给主程序分配 64B 的局部存储器，给每一级子程序嵌套分配 64B 的局部存储器，同样给中断服务程序分配 64B 的局部存储器。

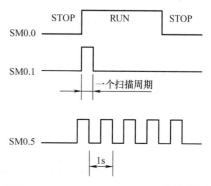

图 8-4　SM0.0，SM0.1，SM0.5 的波形图

子程序不能访问分配给主程序、中断服务程序或者其他子程序的局部存储器。同样，中断服务程序也不能访问分配给主程序或子程序的局部存储器。S7 - 200 PLC 根据需要分配局部存储器。也就是说当主程序执行时，分配给子程序或中断服务程序的局部存储器是不存在的。当发生中断或调用子程序时，需要分配局部存储器。新的局部存储器地址可能会覆盖另一个子程序或中断服务程序的局部存储器地址。

7. 模拟量输入映像寄存器（AI）　S7 - 200 PLC 将模拟量值（如温度或电压）转换成一个字长（16 位）的数字量。可以用区域标志符（AI）、数据长度（W）及字节的起始地址来存取这些值。因为模拟输入量为一个字长，并且从偶数位字节（如 0、2、4）开始，所以必须用偶数字节地址（如 AIW0、AIW2、AIW4）来存取这些值。并且，模拟量输入值为只读数据。

格式：AIW[起始字节地址]，如 AIW0。以下为通道 0 模拟量输入程序：

LD SM0.0

MOVW AIW0，MW10//将通道 0 模拟量输入转换为数字量后存入 MW10 中；

8. 模拟量输出映像寄存器（AQ）　S7 - 200 PLC 把一个字长的数值按比例转换为电流或电压。可以用区域标志符（AQ）、数据长度（W）及字节的起始地址来改变这些值。因为模拟量为一个字长，且从偶数字节（如 0，2，4）开始，所以必须用偶数字节地址（如 AQW0、AQW2、AQW4）来改变这些值。模拟量输出值为只写数据。

格式：AQW[起始字节地址]，如 AQW0。以下为通道 0 模拟量输出的程序：

LD SM0.0

MOVW 123，AQW0

9. 定时器（T）　S7 - 200 PLC 的定时器为增量型定时器，用于时间控制，可以按照工作方式和时间基准（简称时基）分类。

按照工作方式，定时器可分为通电延时型（TON）、有记忆的通电延时型或保持型（TONR）、断电延时型（TOF）三种类型。

按照时基，定时器可分为 1ms、10ms、100ms 三种类型，时间基准不同，定时精度、定时范围和定时器的刷新方式也不同。

定时器的工作原理：使能输入有效后，当前值 PT 对 PLC 内部的时基脉冲增 1 计数，当计数值大于或等于定时器的预置值后，状态位置 1。其中，最小计时单位为时基脉冲的宽度，又为定时精度；从定时器输入有效，到状态位输出有效，经过的时间为定时时间，即：定时时间 = 预置值 × 时基。可见时基越大，定时时间越长，但精度越差。定时器所累计的时间，用 16 位符号整数表示，最大计数值为 32767。定时器的工作方式及类型如表 8-3 所示。

10. 计数器存储区（C）　计数器利用输入脉冲上升沿累计脉冲个数，S7 - 200 PLC 有递增计数（CTU）、增/减计数（CTUD）、递减计数（CTU）共三类计数指令。主要由预置值寄存器、当前值寄存器和状态位等组成。

表 8-3　定时器的工作方式及类型

工作方式	时基/ms	最大定时范围/s	定时器号
TONR	1	32.767	T0，T64
	10	327.67	T1 ~ T4，T65 ~ T68
	100	3276.7	T5 ~ T31，T69 ~ T95
TON/TOF	1	32.767	T32，T96
	10	327.67	T33 ~ T36，T97 ~ T100
	100	3276.7	T37 ~ T63，T101 ~ T255

在梯形图指令符号中，CU 表示增 1 计数脉冲输入端，CD 表示减 1 计数脉冲输入端，R 表示复位脉冲输入端，LD 表示减计数器复位脉冲输入端，PV 表示预置输入端，数据类型为 INT，最大计数值为 32767，计数器的范围为 C0 ~ C255。

11. 高速计数器（HC）　高速计数器用于对高速事件计数，它独立于 CPU 的扫描周期。高速计数器有一个 32 位的有符号整数值（或当前值）。若要存取高速计数器中的值，则应给出高速计数器的地址，即存储器类型（HC）加上计数器号（如 HC0）。高速计数器的当前值是只读数据，仅可以作为双字（32 位）来寻址。

12. 累加器（AC）　累加器是可以像存储器一样使用的读写设备。例如，可以用它来向子程序传递参数，也可以从子程序返回参数，以及用来存储计算的中间结果。S7 - 200 PLC 提供 4 个 32 位累加器（AC0、AC1、AC2 和 AC3），并且可以按字节、字或双字的形式来存取累加器中的数值。

被访问的数据长度取决于存取累加器时所使用的指令。当以字节或字的形式存取累加器时，使用数值的低 8 位或低 16 位。当以双字的形式存取累加器时，使用全部 32 位。

位格式：AC[累加器号]，如 AC0。以下为将常数 18 移入 AC0 中的程序：

LD　SM0.0

MOVB　18，AC0

13. 顺控继电器（S）　顺控继电器又称状态继电器，通常和顺控（步进）指令一起使用以实现顺序控制功能。S7 - 200 PLC 提供 256 个顺控继电器，可以对程序逻辑分段；可将程序分成单个流程的顺序步骤，也可同时激活多个程序。数据可以按位、字节、字或双字的形式存取。

位格式：S[字节地址]. [位地址]，如 S3.1。

字节、字或双字格式：S[长度]. [起始字节地址]。

西门子 S7 - 200 系列 PLC 内部元器件综合表如表 8-4 所示。

表 8-4　西门子 S7 - 200 系列 PLC 内部元器件综合表

描　述	CPU212	CPU216
用户程序大小	512 字	4K 字
用户数据大小	512 字	2.5K 字
输入映像寄存器	I0.0 ~ I7.7	I0.0 ~ I7.7
输出映像寄存器	Q0.0 ~ Q7.7	Q0.0 ~ Q7.7
模拟量输入映像寄存器(AI)	AIW0 ~ AIW30	AIW0 ~ AIW30

（续）

描　述	CPU212	CPU216
模拟量输出映像寄存器（AQ）	AQW0 ~ AQW30	AQW0 ~ AQW30
变量存储器（V） 永久区（最大）	V0. 0 ~ V1023. 7 V0. 0 ~ V199. 7	V0. 0 ~ V5119. 7 V0. 0 ~ V5119. 7
位寄存器（M） 永久区（最大）	M0. 0 ~ M15. 7 MB0 ~ MB13	M0. 0 ~ M31. 7 MB0 ~ MB13
特殊标志位存储器（SM） 只读	SM0. 0 ~ SM45. 7 SM0. 0 ~ SM29. 7	SM0. 0 ~ SM194. 7 SM0. 0 ~ SM29. 7
计数器存储区	C0 ~ C63	C0 ~ C255
高速计数器	HC0	HC0 ~ HC2
顺控继电器	S0. 0 ~ S7. 7	S0. 0 ~ S31. 7
累加器	AC0 ~ AC3	AC0 ~ AC3
跳转、标号	0 ~ 63	0 ~ 255
子程序	0 ~ 63	0 ~ 63
中断程序	0 ~ 31	0 ~ 127
PID 回路	不支持	0 ~ 7
端口	0	0 和 1

第九章　西门子 S7－200 系列 PLC 指令系统

第一节　西门子 S7－200 系列 PLC 基本指令及编程方法

一、LD、LDN、OUT 指令

LD（Load）：装载指令，对应梯形图从左侧母线或线路分支点处连接一个常开接点。

LDN（Load Not）：装载非指令，对应梯形图从左侧母线或线路分支点处连接一个常闭接点。

＝(OUT)：线圈输出指令，可用于输出继电器、辅助继电器、定时器及计数器等，但不能用于输入继电器。LD、LDN、OUT 指令的用法如图 9-1 所示。

a)

```
LD      I0.0
=       Q0.0
LDN     I0.0
=       M0.0
```

b)

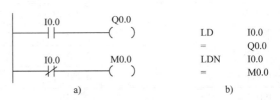

图 9-1　LD、LDN、OUT 指令的用法

a）梯形图　b）指令程序

LD、LDN 的操作数：I，Q，M，SM，T，C，S。

＝(OUT) 的操作数：Q，M，SM，T，C，S。

二、A、AN 指令

A（And）：与操作指令，在梯形图中表示单个常开接点串联。

AN（And Not）：与非操作指令，在梯形图中表示单个常闭接点串联。

A、AN 的操作数（使用器件）：I，Q，M，SM，T，C，S。

A、AN 指令的用法如图 9-2 所示。

a)

```
LD      I0.0
A       M0.0
=       Q0.0
LD      Q0.0
AN      I0.1
=       M0.0
A       T37
=       Q0.1
```

b)

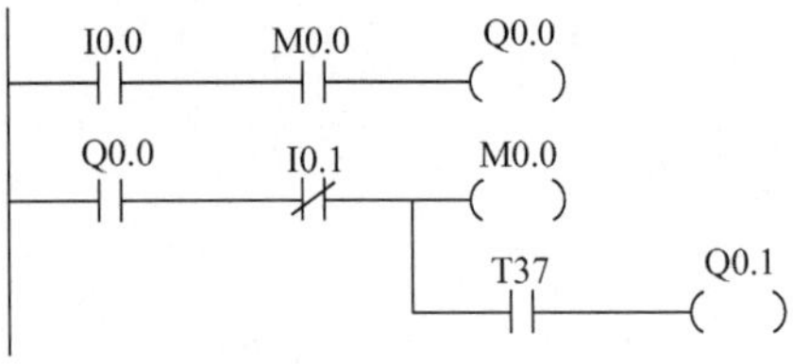

图 9-2　A、AN 指令的用法

a）梯形图　b）指令程序

三、O、ON 指令

O（Or）：或操作指令，在梯形图中表示单个常开接点并联。

ON（Or Not）：或非操作指令，在梯形图中表示单个常闭接点并联。

O、ON 的操作数（目标元素）：I，Q，M，SM，T，C，S。

O、ON 指令的用法如图 9-3 所示。

四、ALD 指令

ALD（And Load）：电路块“与”操作指令，用于串联连接多个并联的电路块。ALD 指令的用法如图 9-4 所示。

a)

LD	I0.0
O	I0.1
ON	M0.0
=	Q0.0
LDN	Q0.0
A	I0.2
O	M0.1
AN	I0.3
O	M0.2
=	M0.1

b)

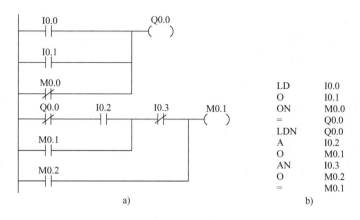

图 9-3　O、ON 指令的用法

a）梯形图　b）指令程序

a)

LD	I1.0
O	I1.1
LD	I1.2
O	I1.3
ALD	
=	Q0.0

b)

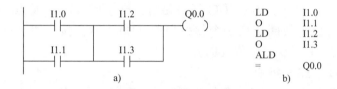

图 9-4　ALD 指令的用法

a）梯形图　b）指令程序

五、OLD 指令

OLD（Or Load）：电路块“或”操作指令，用于并联连接多个串联的电路块。OLD 指令的用法如图 9-5 所示。

a)

LD	I0.0
A	I0.1
LD	I0.2
A	I0.3
OLD	
LDN	I0.4
A	I0.5
OLD	
=	Q0.0

b)

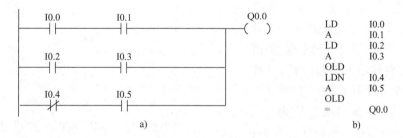

图 9-5　OLD 指令的用法

a）梯形图　b）指令程序

六、S、R 指令

S：置位指令，使能输入有效后从起始位（S－bit）开始的 N 个元件置 1 并保持。

R：复位指令，使能输入有效后从起始位（R－bit）开始的 N 个元件清 0 并保持。

S、R 指令的用法如图 9-6 所示。

a)

LD	SM0.1
S	Q0.0, 1
⋮	⋮
LD	I0.1
R	Q0.0, 1

b)

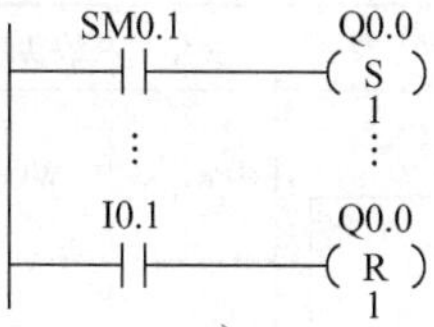

图 9-6　S、R 指令的用法

a）梯形图　b）指令程序

七、EU、ED 指令

EU：正跳变触发（上升沿检测）指令，指输入脉冲的上升沿使接点闭合（ON）一个扫描周期。

ED：负跳变触发（下降沿检测）指令，指输入脉冲的下降沿使接点闭合（ON）一个扫描周期。

EU 与 ED 指令的用法如图 9-7 所示。在 I0.0 从 OFF→ON 上升沿执行 EU 指令，接点 P 产生一个扫描周期宽度的脉冲，使 M0.0 线圈接通一个扫描周期，M0.0 常开接点闭合一个扫描周期，使 Q0.0 线圈接通并在置位指令 S 作

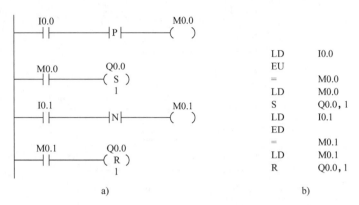

图 9-7　EU、ED 指令的用法
a）梯形图　b）指令程序

用下保持接通状态。在 I0.1 由 ON→OFF 下降沿时，执行 ED 指令，接点 N 产生一个扫描周期宽度的脉冲，使 M0.1 线圈接通一个扫描周期，M0.1 常开接点闭合一个扫描周期，使 Q0.0 线圈在 R 指令作用下保持复位（断开）状态。

八、LPS、LRD、LPP 指令

LPS：逻辑堆进栈指令，即把栈顶值复制后压入堆栈，栈底值丢失。

LRD：逻辑读栈指令，即把逻辑堆栈第二级的值复制到栈顶，堆栈没有压入和弹出。

LPP：逻辑弹出栈指令，即把堆栈弹出一级，原来第二级的值变为新的栈顶值。

LPS、LRD、LPP 指令的用法如图 9-8 所示。

九、TON、TONR、TOF 指令

通电延时型定时器（TON）指令工作原理：使能端（IN）输入有效时，定时器开始计时，当前值从 0 开始递增，大于或等于延时预置值（PT）时，定时器输出状态位置 1。使能端输入无效（断开）时，定时器复位（当前值清 0，输出状态位置 0）。通电延时型定时器指令和参数如表 9-1 所示。

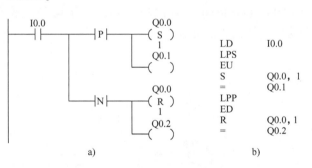

图 9-8　LPS、LRD、LPP 指令的用法
a）梯形图　b）指令程序

表 9-1　通电延时型定时器指令和参数

指令名称	梯形图/语句表	参数	数据类型	说　明	操　作　数
通电延时型定时器（TON）	T××× —IN　　TON PT—PT　???ms TON T×××,PT	T×××	WORD	要启动的定时器号	T32，T96，T33～T36，T97～T100，T37～T63，T101～T255
		PT	INT	定时器时间值	I，Q，M，D，L，T，S，SM，AI，T，C，AC，常数，*VD，*AC，*LD
		IN	BOOL	使能	I，Q，M，SM，L，T，C，V，S

说明：*VD、*AC、*LD 表示该操作数为指针，这是一种寻址方式，下同；梯形图中???ms 是选定定时器后自动生成的时基时间（1ms 或 10ms 或 100ms），下同。

通电延时型定时器（TON）指令的应用如图 9-9 所示。当 I0.0 接通时即使能端（IN）输入有效时，驱动 T37 开始计时，当前值从 0 开始递增，当计时达到设定值 PT 时（本例 PT 为 100，延时时间为 $100 \times 100ms = 10s$；其中 100ms 是 T37 的时基），T37 状态位置 1，其常开接点 T37 接通，使 Q0.0 接通输出，其后当前值仍增加，但不影响状态位。当前值的最大值为 32 767。当 I0.0 分断，使能端无效时，T37 复位，当前值清 0，状态位也清 0，即回复原始状态。若 I0.0 接通时间未到设定值就断开，T37 则立即复位，Q0.0 不会有输出。

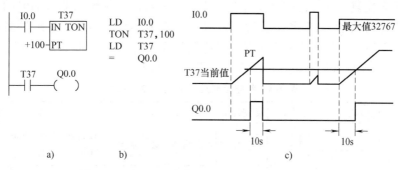

图 9-9　通电延时型定时器（TON）指令的应用

a）梯形图　b）指令程序　c）时序波形图

记忆型通电延时型定时器（TONR）指令工作原理：使能端（IN）输入有效（接通）时，定时器开始计时，当前值递增，当前值大于或等于预置值（PT）时，输出状态位置 1。使能端输入无效（断开）时，当前值保持（记忆），使能端（IN）再次接通有效时，在原记忆值的基础上递增计时。记忆型通电延时型定时器指令和参数如表 9-2 所示。

表 9-2　记忆型通电延时型定时器指令和参数

指令名称	梯形图/语句表	参数	数据类型	说　明	操　作　数
记忆型通电延时型定时器(TONR)	T××× —| IN　　TONR PT—| PT　　???ms TONR T×××,PT	T×××	WORD	要启动的定时器号	T0,T64,T1～T4,T65～T68,T5～T31,T69～T95
		PT	INT	定时器时间值	I,Q,M,D,L,T,S,SM,AI,T,C,AC,常数,＊VD,＊AC,＊LD
		IN	BOOL	使能	I,Q,M,SM,L,T,C,V,S

记忆型通电延时型定时器工作原理分析如图 9-10 所示。如 T3，当输入 IN 为 1 时，定时器计时；当 IN 为 0 时，其当前值保持并不复位；下次 IN 再为 1 时，T3 当前值从原保持值

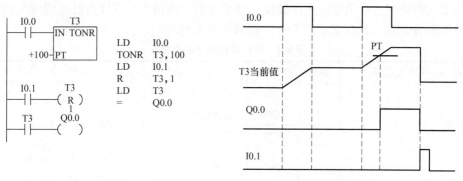

图 9-10　记忆型通电延时型定时器工作原理分析

开始往上加，将当前值与设定值 PT（本例 PT 为 100，延时时间为 $100 \times 10ms = 1s$；其中 10ms 为 T3 时基）比较，当前值大于等于设定值时，T3 状态位置 1，驱动 Q0.0 有输出，以后即使 IN 再为 0，也不会使 T3 复位，要使 T3 复位，必须使用复位指令。

断电延时型定时器（TOF）指令工作原理：断电延时型定时器用来在输入断开，延时一段时间后，才断开输出。使能端（IN）输入有效时，定时器输出状态位立即置 1，当前值复位为 0。使能端（IN）断开时，定时器开始计时，当前值从 0 递增，当前值达到预置值时，定时器状态位复位为 0，并停止计时，当前值保持。如果输入断开的时间小于预定时间，定时器仍保持接通。IN 再接通时，定时器当前值仍设为 0。断电延时型定时器指令和参数如表 9-3 所示。断电延时型定时器的应用程序及时序分析如图 9-11 所示，当 T37 输入 IN 端断开时，延时 $30 \times 100ms = 3s$ 后 T37 才断开输出。

表 9-3　断电延时型定时器指令和参数

指令名称	梯形图/语句表	参数	数据类型	说　明	操　作　数
断电延时型定时器（TOF）	T××× / IN TOF / PT PT ???ms / TOF T×××, PT	T×××	WORD	要启动的定时器号	T32, T96, T33 ~ T36, T97 ~ T100, T37 ~ T63, T101 ~ T255
		PT	INT	定时器时间值	I, Q, M, D, L, T, S, SM, AI, T, C, AC, 常数, *VD, *AC, *LD
		IN	BOOL	使能	I, Q, M, SM, L, T, C, V, S

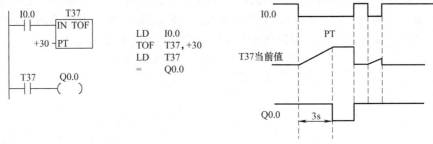

```
I0.0      T37
 | |     IN TOF        LD   I0.0
+30     PT              TOF  T37, +30
                        LD   T37
T37      Q0.0           =    Q0.0
 | |     ( )
```

图 9-11　断电延时型定时器的应用程序及时序分析

十、CTU、CTUD、CTD 指令

下面分别叙述 CTU、CTUD、CTD 三种类型计数器的使用方法。

CTU：增（加）计数器指令，当 CU 端输入上升沿脉冲时，计数器的当前值增 1，当前值保存在 C×××（如 C0）中。当前值大于或等于预置值（PV）时，计数器状态位置 1。复位输入（R）有效时，计数器状态位复位，当前计数器值清 0。当计数值达到最大 (32 767) 时，计数器停止计数。增计数器指令和参数如表 9-4 所示。

表 9-4　增计数器指令和参数

指令名称	梯形图/语句表	参数	数据类型	说　明	操　作　数
增计数器（CTU）	C××× / CTU / CU / R / PV / CTU C×××, PV	C×××	常数	要启动的计数器号	C0 ~ C255
		CU	BOOL	加计数器输入	I, Q, M, SM, T, C, V, S, L
		R	BOOL	复位	
		PV	INT	预置值	V, I, Q, M, SM, L, AI, AC, T, C, 常数, *VD, *AC, *LD, S

CTU 增计数器指令应用如图 9-12 所示，当 I0.0 常开接点闭合两次，即计数器 C0 计数两次达到设定值时，则计数器 C0 置位，常开接点 C0 闭合，Q0.0 输出为高电平"1"。当 I0.1 闭合时，计数器 C0 复位，Q0.0 输出为低电平"0"。

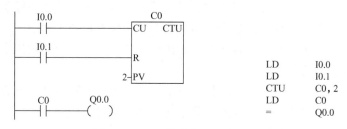

图 9-12　CTU 增计数器指令应用

CTUD：增/减计数器指令，增/减计数器有两个脉冲输入端，CU 用于递增计数，CD 用于递减计数，执行增/减计数指令时，CU/CD 端的计数脉冲上升沿进行增 1/减 1 计数。当前值大于或等于计数器的预置值时，计数器状态位置位为"1"态。复位输入（R）有效时，计数器状态位复位，当前值清 0，增/减计数器指令和参数如表 9-5 所示。

表 9-5　增/减计数器指令和参数

指令名称	梯形图语句表	参数	数据类型	说　　明	操　作　数
增/减 计 数 器（CTUD）	C××× CTUD CU CD R PV CTUD C×××,PV	C×××	常数	要启动的计数器号	C0 ~ C255
		CU	BOOL	加计数器输入	I,Q,M,SM,T,C,V,S,L
		CD	BOOL	减计数器输入	
		R	BOOL	复位	
		PV	INT	预置值	V,I,Q,M,SM,LW,AI,AC,T,C,常数,* VD,* AC,* LD,S

CTD：减计数指令，当复位输入（LD）有效时，计数器把预置值（PV）装入当前值存储器，计数器状态位复位。在 CD 端的每个输入脉冲上升沿，减计数器的当前值从预置值开始递减计数，当前值等于 0 时，计数器状态位置位为"1"态，并停止计数。减计数器指令和参数如表 9-6 所示。

表 9-6　减计数器指令和参数

指令名称	梯形图/语句表	参数	数据类型	说　　明	操　作　数
减计数器（CTD）	C××× CD CTD LD PV-PV CTD C×××,PV	C×××	常数	要启动的计数器号	C0 ~ C255
		CD	BOOL	减计数器输入	I,Q,M,SM,T,C,V,S,L
		LD	BOOL	预置值（PV）载入当前值	
		PV	INT	预置值	V,I,Q,M,SM,LW,AI,AC,T,C,常数,* VD,* AC,* LD,S

第二节　西门子 S7 - 200 系列 PLC 功能指令及编程方法

一、比较指令

比较指令是将两个操作数按指定的条件作比较，比较条件成立时，接点就闭合，否则断开。在梯形图中，比较指令可以作为起始指令装入，也可以串、并联。

等于比较指令：等于比较指令有字节等于比较指令、整数等于比较指令、双整数等于比较指令、符号等于比较指令和实数等于比较指令5种。

不等于比较指令：不等于比较指令有字节不等于比较指令、整数不等于比较指令、双整数不等于比较指令、符号不等于比较指令和实数不等于比较指令5种。

小于比较指令：小于比较指令有字节小于比较指令、整数小于比较指令、双整数小于比较指令和实数小于比较指令4种。

大于等于比较指令：大于等于比较指令有字节大于等于比较指令、整数大于等于比较指令、双整数大于等于比较指令和实数大于等于比较指令4种。

比较指令和参数如表9-7所示。

表9-7 比较指令和参数

指令名称	梯形图	比较参数	数据类型	说明	操作数
整数等于 （LDW＝）	IN1 ==I IN2	IN1，IN2	INT	当IN1＝IN2时，" ==I"，接点闭合	I，Q，M，S，SM，T，C，V，L，AI，AC，常数，*VD，*AC，*LD
整数不等于 （LDW＜＞）	IN1 ＜＞I IN2	IN1，IN2	INT	当IN1≠IN2时，"＜＞I"，接点闭合	I，Q，M，S，SM，T，C，V，L，AI，AC，常数，*VD，*AC，*LD
双整数小于 （LDD＜）	IN1 ＜D IN2	IN1，IN2	DINT	当IN1＜IN2时，"＜D"，接点闭合	I，Q，M，S，SM，V，L，HC，AC，常数，*VD，*AC，*LD
实数大于等于 （LDR＞＝）	IN1 ＞=R IN2	IN1，IN2	REAL	当IN1≥IN2时，"＞=R"，接点闭合	I，Q，M，S，SM，V，L，AC，常数，*VD，*AC，*LD

用一个例子来说明整数等于比较指令的用法，如图9-13所示。当I0.0闭合时，激活比较指令，MW0中的整数和MW2中的整数比较，若两者相等，则Q0.0输出为"1"，若两者不相等，则Q0.0输出为"0"。在I0.0不闭合时，Q0.0的输出为"0"。IN1和IN2两个比较数据可认为是常数。

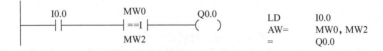

图9-13 整数等于比较指令的用法

图9-13中，若无常开接点I0.0，则每次扫描时都要进行整数比较运算。

双整数等于比较指令和实数等于比较指令的使用方法与整数等于比较指令类似，只不过IN1和IN2的参数类型分别为双整数和实数。

二、ADD_I、SUB_I、ADD_D、SUB_D

整数算术运算指令：

S7－200的整数算术运算分为加法运算、减法运算、乘法运算和除法运算，其中每种运算方式又有整数型和双整数型两种。

ADD_I：整数加法指令，使能输入有效时，将两个16位符号整数相加，并产生一个16位的整数结果输出到OUT端指定单元中。

SUB_I：整数减法指令，使能输入有效时，将两个16位符号整数相减，并产生一个16

位的整数结果输出到 OUT 端指定单元中。

ADD_D：双整数加法指令，使能输入有效时，将两个 32 位符号整数相加，并产生一个 32 位的整数结果输出到 OUT 端指定单元中。

SUB_D：双整数减法指令，使能输入有效时，将两个 32 位符号整数相减，并产生一个 32 位的整数结果输出到 OUT 端指定单元中。

整数算术运算指令和参数如表 9-8 所示。

表 9-8　整数算术运算指令和参数

指令名称	梯形图/语句表	参数	数据类型	说　明	操　作　数
整数加	ADD_I EN　ENO IN1　OUT IN2 + I　IN1,IN2	EN	BOOL	允许输入	V,I,Q,M,S,SM,L
		ENO	BOOL	允许输出	
		IN1	INT	相加的第 1 个值	V,I,Q,M,S,SM,T,C,AC,L,AI,常数,* VD,* AC,* LD
		IN2	INT	相加的第 2 个值	
		OUT	INT	和	V,I,Q,M,S,SM,T,C,AC,L,* VD,* AC,* LD
整数减	SUB_I EN　ENO IN1　OUT IN2 - I　IN1,IN2	EN	BOOL	允许输入	V,I,Q,M,S,SM,L
		ENO	BOOL	允许输出	
		IN1	INT	被减数	V,I,Q,M,S,SM,T,C,AC,L,AI,常数,* VD,* AC,* LD
		IN2	INT	减数	
		OUT	INT	差	V,I,Q,M,S,SM,T,C,AC,L,* VD,* AC,* LD
双整数加	ADD_DI EN　ENO IN1　OUT IN2 + D　IN1,IN2	EN	BOOL	允许输入	V,I,Q,M,S,SM,L
		ENO	BOOL	允许输出	
		IN1	DINT	相加的第 1 个值	V,I,Q,M,S,SM,HC,AC,L,常数,* VD,* AC,* LD
		IN2	DINT	相加的第 2 个值	
		OUT	DINT	和	V,I,Q,M,S,SM,AC,L,* VD,* AC,* LD
双整数减	SUB_DI EN　ENO IN1　OUT IN2 - D　IN1,IN2	EN	BOOL	允许输入	V,I,Q,M,S,SM,L
		ENO	BOOL	允许输出	
		IN1	DINT	被减数	V,I,Q,M,S,SM,HC,AC,L,常数,* VD,* AC,* LD
		IN2	DINT	减数	
		OUT	DINT	差	V,I,Q,M,S,SM,AC,L,* VD,* AC,* LD

用一个例子来说明整数加（ADD_I）指令的用法，如图 9-14 所示。当 I0.0 闭合时，激活整数加指令。IN1 中的整数存储在 MW0 中，这个数为 11，IN2 中的整数存储在 MW2 中，这个数为 21，两整数相加的结果 32 存储在 OUT 端的 MW4 中。由于没有超出计算范围允许输出，所以 Q0.0 输出为 "1"。假设 IN1 中的整数为 9999，IN2 中的整数为 30000，则超过整数相加的范围。由于超出计算范围，不允许输出，所以 Q0.0 输出为 "0"。

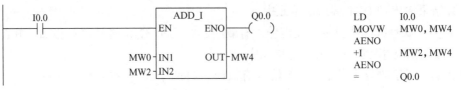

图 9-14　整数加（ADD_I）指令的用法

三、MUL_I、DIV_I、MUL_DI、DIV_DI、MUL、DIV 指令

整数与双整数乘除法指令格式如表 9-9 所示。

表 9-9　整数与双整数乘除法指令格式

指令名称	梯形图/语句表	功　能	描　述
整数乘	MUL_I EN　ENO IN1　OUT IN2 *I　IN1,IN2	IN1 × IN2 = OUT	使能输入有效时，将两个 16 位符号整数相乘，并产生一个 16 位乘积，从 OUT 指定的存储单元输出
整数除	DIV_I EN　ENO IN1　OUT IN2 /I　IN1,IN2	IN1/IN2 = OUT	使能输入有效时，将两个 16 位符号整数相除，并产生一个 16 位商，从 OUT 指定的存储单元输出，不保留余数。如果输出结果大于一个字，则溢出位标志 SM1.1 置位为 1
双整数乘	MUL_DI EN　ENO IN1　OUT IN2 *D　IN1,IN2	IN1 × IN2 = OUT	使能输入有效时，将两个 32 位符号整数相乘，并产生一个 32 位乘积，从 OUT 指定的存储单元输出
双整数除	DIV_DI EN　ENO IN1　OUT IN2 /D　IN1,IN2	IN1/IN2 = OUT	使能输入有效时，将两个 32 位符号整数相除，并产生一个 32 位商，从 OUT 指定的存储单元输出，不保留余数
整数乘得 双整数	MUL EN　ENO IN1　OUT IN2 MUL IN1,IN2	IN1 × IN2 = OUT	使能输入有效时，将两个 16 位符号整数相乘，得出一个 32 位乘积，从 OUT 指定的存储单元输出
整数除得 双整数	DIV EN　ENO IN1　OUT IN2 DIV IN1,IN2	IN1/IN2 = OUT	使能输入有效时，将两个 16 位符号整数相除，得出一个 32 位结果，从 OUT 指定的存储单元输出。其中高 16 位放余数，低 16 位放商

用一个例子来说明整数乘（MUL_I）指令的用法，如图 9-15 所示。IN1 中的整数存储在 MW0 中，设数值为 11，IN2 中的整数存储在 MW2 中，设数值为 11，当 I0.0 闭合时，这两个整数相乘的结果存储在 OUT 端指定的 MW4 中，其结果为 121。

```
      I0.0        MUL_I        Q0.0          LD      I0.0
      ─┤├─      EN    ENO      ─( )─         MOVW    MW0, MW4
                                             AENO
      MW0─IN1      OUT─MW4                   *I      MW2, MW4
      MW2─IN2                                AENO
                                             =       Q0.0
```

图 9-15 整数乘（MUL_I）指令的用法

四、ADD_R、SUB_R、MUL_R、DIV_R 指令

实数加减乘除指令格式如表 9-10 所示。

表 9-10 实数加减乘除指令格式

指令名称	梯形图/语句表	功　能	描　述
实数加法	ADD_R ─EN　ENO─ ─IN1　OUT─ ─IN2 +R　IN1,IN2	IN1 + IN2 = OUT	将两个 32 位实数相加,并产生一个 32 位实数结果,从 OUT 指定的存储单元输出
实数减法	SUB_R ─EN　ENO─ ─IN1　OUT─ ─IN2 -R　IN1,IN2	IN1 - IN2 = OUT	将两个 32 位实数相减,并产生一个 32 位实数结果,从 OUT 指定的存储单元输出
实数乘法	MUL_R ─EN　ENO─ ─IN1　OUT─ ─IN2 *R　IN1,IN2	IN1 × IN2 = OUT	使能输入有效时,将两个 32 位实数相乘,并产生一个 32 位积,从 OUT 指定的存储单元输出
实数除法	DIV_R ─EN　ENO─ ─IN1　OUT─ ─IN2 /R　IN1,IN2	IN1/IN2 = OUT	使能输入有效时,将两个 32 位实数相除,并产生一个 32 位商,从 OUT 指定的存储单元输出

用一个例子来说明实数加（ADD_R）指令的用法，如图 9-16 所示。当 I0.0 闭合时，激活实数加指令，IN1 中的实数存储在 MD0 中，假设这个数为 10.1，IN2 中的实数存储在 MD4 中，假设这个数为 21.1，这两个实数相加的结果存储在 OUT 端指定的 MD8 中的数是 31.2。

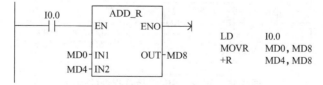

```
      I0.0        ADD_R
      ─┤├─      EN    ENO─→          LD      I0.0
                                     MOVR    MD0, MD8
      MD0─IN1      OUT─MD8           +R      MD4, MD8
      MD4─IN2
```

图 9-16 实数加（ADD_R）指令的用法

五、SQRT、LN、EXP、SIN、COS、TAN 指令

函数变换指令格式如表 9-11 所示。

表 9-11 函数变换指令格式

指令名称	梯形图/语句表	功 能	描 述
二次方根 （SQRT）	SQRT EN ENO IN OUT SQRTIN,OUT	SQRT(IN) = OUT	对 32 位实数（IN）取二次方根，并产生一个 32 位实数结果，从 OUT 指定的存储单元输出
自然对数 （LN）	LN EN ENO IN OUT LN IN,OUT	LN(IN) = OUT	对 IN 中的数值进行自然对数计算，并将结果置于 OUT 指定的存储单元中
自然指数 （EXP）	EXP EN ENO IN OUT EXP IN,OUT	EXP(IN) = OUT	将 IN 取以 e 为底的指数，并将结果置于 OUT 指定的存储单元中
正弦 （SIN）	SIN EN ENO IN OUT SIN IN,OUT	SIN(IN) = OUT	将一个实数的弧度值 IN 求 SIN 得到实数运算结果，从 OUT 指定的存储单元输出
余弦 （COS）	COS EN ENO IN OUT COS IN,OUT	COS(IN) = OUT	将一个实数的弧度值 IN 求 COS，得到实数运算结果，从 OUT 指定的存储单元输出
正切 （TAN）	TAN EN ENO IN OUT TAN IN,OUT	TAN(IN) = OUT	将一个实数的弧度值 IN 求 TAN，得到实数运算结果，从 OUT 指定的存储单元输出

用一个例子来说明正弦（SIN）运算指令的用法，如图 9-17 所示。当 I0.0 闭合时，激活求正弦值指令，IN 中的实数（假设这个数为 0.5 弧度）存储在 VD0 中，实数求正弦的结果（0.479）存储在 OUT 端的 VD8 中，即 SIN(0.5) = 0.479。

图 9-17 正弦（SIN）运算指令的用法

六、逻辑运算指令

逻辑运算是对无符号数按位进行与、或、异或和取反等操作。操作数的长度有 B、W、DW。表 9-12 列出了字节的与、或、异或和取反操作，字和双字的相应操作和字节的类似。

表9-12　逻辑运算指令格式

指令名称	梯形图/语句表	功　能	描　述
取反 （INVB）	INV_B EN　ENO IN　OUT INVB　OUT	对 IN 取反	将字节 IN 的各位全部取反,结果存入 OUT 端指定的单元中
按位相与 （ANDB）	WAND_B EN　ENO IN1　OUT IN2 ANDB　IN1,OUT	IN1,IN2 按位相与	将字节 IN1 和 IN2 按位作逻辑与运算,结果存入 OUT 端指定的单元中
按位相或 （ORB）	WOR_B EN　ENO IN1　OUT IN2 ORB　IN1,OUT	IN1,IN2 按位相或	将字节 IN1 和 IN2 按位作逻辑或运算,结果存入 OUT 端指定的单元中
按位异或 （XORB）	WXOR_B EN　ENO IN1　OUT IN2 XORB IN1,OUT	IN1,IN2 按位异或	将字节 IN1 和 IN2 按位作逻辑异或运算,结果存入 OUT 端指定的单元中

七、递增、递减指令

递增、递减指令用于对输入无符号数字节、符号数字、符号数双字进行加 1 或减 1 操作。

递增、递减指令格式如表9-13 所示。

表9-13　递增、递减指令格式

指令名称	梯形图/语句表	功　能	描　述
字节递增 （INCB）	INC_B EN　ENO IN　OUT INCB　OUT	字节加1	将字节 IN 加1,从 OUT 指定的存储单元输出
字节递减 （DECB）	DEC_B EN　ENO IN　OUT DECB　OUT	字节减1	将字节 IN 减1,从 OUT 指定的存储单元输出
字递增 （INCW）	INC_W EN　ENO IN　OUT INCW　OUT	字加1	将字 IN 加1,从 OUT 指定的存储单元输出

（续）

指令名称	梯形图/语句表	功 能	描 述
字递减 （DECW）	DEC_W EN　ENO IN　OUT DECW　OUT	字减1	将字 IN 减1，从 OUT 指定的存储单元输出
双字递增 （INCD）	INC_DW EN　ENO IN　OUT INCD　OUT	双字加1	将双字 IN 加1，从 OUT 指定的存储单元输出
双字递减 （DECD）	DEC_DW EN　ENO IN　OUT DECD　OUT	双字减1	将双字 IN 减1，从 OUT 指定的存储单元输出

八、数据传送指令

数据传送指令 MOV，用来传送单个的字节、字、双字、实数。数据传送指令格式如表9-14 所示。

表9-14　数据传送指令格式

指令名称	梯形图/语句表	功 能	描 述
字节传送 （MOVB）	MOV_B EN　ENO IN　OUT MOVB　IN,OUT	将 IN 的内容复制到 OUT 指定存储器中	使能输入有效时，将一个输入 IN 的字节送到 OUT 指定的存储器输出
字传送 （MOVW）	MOV_W EN　ENO IN　OUT MOVW　IN,OUT		使能输入有效时，将一个输入 IN 的字送到 OUT 指定的存储器输出
双字传送 （MOVD）	MOV_DW EN　ENO IN　OUT MOVD　IN,OUT	使能输入有效时，将一个输入 IN 的字节、字/整数、双字/双整数或实数送到 OUT 指定的存储器输出	使能输入有效时，将一个输入 IN 的双字送到 OUT 指定的存储器输出
实数传送 （MOVR）	MOV_R EN　ENO IN　OUT MOVR　IN,OUT		使能输入有效时，将一个输入 IN 的实数送到 OUT 指定的存储器输出

用一个例子来说明字节传送（MOV_B）指令的用法，如图9-18 所示。当 I0.0 闭合时，执行字节传送指令，把 VB0 中数据（设为20）传到 VB1 中，同时 Q0.0 输出高电平；当 I0.0 闭合后断开时，VB0 和 VB1 中的数据都仍为20，但 Q0.0 输出低电平。

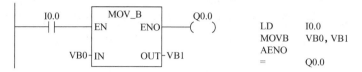

图 9-18　字节传送（MOV_B）指令的用法

数据块传送指令 BLKMOV，将从输入地址 IN 开始的 N 个数据传送到输出地址 OUT 开始的 N 个单元中，N 的范围为 1～255，N 的数据类型为字节。数据块传送指令格式如表 9-15 所示。

表 9-15　数据块传送指令格式

指令名称	梯形图/语句表	功　能	描　述
字节块传送 （BMB）	BLKMOV_B EN　ENO IN　OUT N BMB IN,OUT,N	将 IN 的内容复制到 OUT 中	将从 IN 开始的连续 N 个字节的数据块复制到从字节 OUT 开始的数据块里，N 的有效范围是 1～255
字块传送 （BMW）	BLKMOV_W EN　ENO IN　OUT N BMW IN,OUT,N		将从 IN 开始的连续 N 个字的数据块复制到从字 OUT 开始的数据块里，N 的有效范围是 1～255
双字块传送 （BMD）	BLKMOV_D EN　ENO IN　OUT N BMD IN,OUT,N		将从 IN 开始的连续 N 个双字的数据块复制到从双字 OUT 开始的数据块里，N 的有效范围是 0～255

用一个例子来说明字节块传送（BLKMOV_B）指令的用法，如图 9-19 所示。当 I0.0 闭合时，将 VB0 开始的 4 个字节的内容传送至 VB10 开始的 4 个字节存储单元中，设 VB0～VB3 的数据分别为 5、6、7、8。

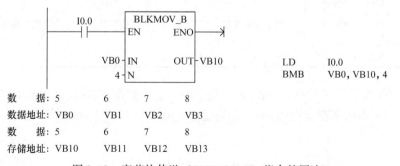

图 9-19　字节块传送（BLKMOV_B）指令的用法

九、SHL、SHR、ROL、ROR 指令

左移位指令（SHL）：字节、字或双字中的各位向左移 N 位后（右端补 0），将结果输出到 OUT 所指定的存储单元中，如果移位次数大于 0，最后一次移出位保存在"溢出"存储器位 SM1.1。如果移位结果为 0，零标志位 SM1.0 置 1。

右移位指令（SHR）：使能输入有效时，将输入 IN 的无符号数字节、字或双字中的各位向右移 N 位后，将结果输出到 OUT 所指定的存储单元中，移出位补 0，最后一次移出位保存在 SM1.1。如果移位结果为 0，零标志位 SM1.0 置 1。左、右移位指令格式如表 9-16 所示。

表 9-16　左、右移位指令格式

指令名称	梯形图/语句表	功　能	描　述
字节左移（SLB）	SHL_B EN　ENO IN　OUT N SLB　OUT,N	字节左移 N 位	将字节 IN 左移 N 位，最右边的位依次用 0 填充
字节右移（SRB）	SHR_B EN　ENO IN　OUT N SRB　OUT,N	字节右移 N 位	将字节 IN 右移 N 位，最左边的位依次用 0 填充
字左移（SLW）	SHL_W EN　ENO IN　OUT N SLW OUT,N	字左移 N 位	将字 IN 左移 N 位，最右边的位依次用 0 填充
字右移（SRW）	SHR_W EN　ENO IN　OUT N SRW OUT,N	字右移 N 位	将字 IN 右移 N 位，最左边的位依次用 0 填充
双字左移（SLD）	SHL_DW EN　ENO IN　OUT N SLD OUT,N	双字左移 N 位	将双字 IN 左移 N 位，最右边的位依次用 0 填充
双字右移（SRD）	SHR_DW EN　ENO IN　OUT N SRD OUT,N	双字右移 N 位	将双字 IN 右移 N 位，最左边的位依次用 0 填充

用一个例子来说明字左移（SHL_W）指令的用法，如图 9-20 所示。当 I0.0 闭合时，激活左移指令，IN 中的字存储在 MW0 中的数为 2#1101 1111 1011 0000。

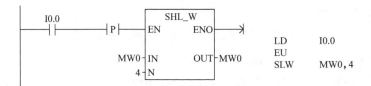

```
LD      I0.0
EU
SLW     MW0,4
```

图 9-20　字左移（SHL_W）指令的用法

循环左移位指令（ROL）：使能输入有效时，将 IN 输入无符号数（字节、字或双字）循环左移 N 位后，将结果输出到 OUT 所指定的存储单元中，移出的最后一位的数值送溢出标志位 SM1.1。当需要移位的数值是零时，零标志位 SM1.0 为 1。

循环右移位指令（ROR）：使能输入有效时，将 IN 输入无符号数（字节、字或双字）循环右移 N 位后，将结果输出到 OUT 所指定的存储单元中，移出的最后一位的数值送溢出标志位 SM1.1。当需要移位的数值是零时，零标志位 SM1.0 为 1。表 9-17 为循环左、右移位指令格式。

表 9-17　循环左、右移位指令格式

指令名称	梯形图/语句表	功　能	描　　述
字节循环左移 （RLB）	ROL_B EN　ENO IN　OUT N RLB OUT,N	字节循环左移 N 位	将字节 IN 左移 N 位，最右边的位依次用 0 填充
字节循环右移 （RRB）	ROR_B EN　ENO IN　OUT N RRB OUT,N	字节循环右移 N 位	将字节 IN 右移 N 位，最左边的位依次用 0 填充
字循环左移 （RLW）	ROL_W EN　ENO IN　OUT N RLW OUT,N	字循环左移 N 位	将字 IN 左移 N 位，最右边的位依次用 0 填充
字循环右移 （RRW）	ROR_W EN　ENO IN　OUT N RRW OUT,N	字循环右移 N 位	将字 IN 右移 N 位，最左边的位依次用 0 填充
双字循环左移 （RLD）	ROL_DW EN　ENO IN　OUT N RLD OUT,N	双字循环左移 N 位	将双字 IN 左移 N 位，最右边的位依次用 0 填充
双字循环右移 （RRD）	ROR_DW EN　ENO IN　OUT N RRD OUT,N	双字循环右移 N 位	将双字 IN 右移 N 位，最左边的位依次用 0 填充

用一个例子来说明双字循环左移（ROL_DW）指令的用法，如图 9-21 所示。当 I0.0 闭合时，激活双字循环左移指令，IN 中的双字存储在 MW0 中，除最高 4 位外，其余各位向左移 4 位后，双字的最高 4 位，循环到双字的最低 4 位，结果是 OUT 端的 MD0 中的数为 2# 1101 1111 1011 1001 1101 1111 1011 1001，如图 9-22 所示。

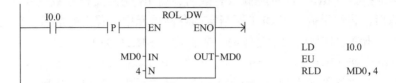

图 9-21   双字循环左移（ROL_DW）指令的用法

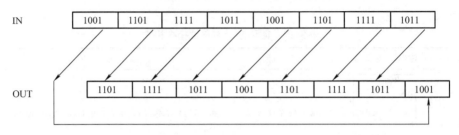

图 9-22   双字循环左移指令示意图

十、数据类型转换指令

字节型数据与字整数、字整数与双字整数之间转换的指令格式如表 9-18 所示。

表 9-18   字节型数据与字整数、字整数与双字整数之间转换的指令格式

指令名称	梯形图/语句表	功　　能	描　　　　　　述
字节至整数（BTI）	B_I EN　ENO IN　OUT BTI IN,OUT	字节数值转换成整数值	将字节数值(IN)转换成整数值,并将结果置入 OUT 指定的存储单元。因为字节不带符号,所以无符号扩展
整数至字节（ITB）	I_B EN　ENO IN　OUT ITB IN,OUT	整数值转换成字节数值	将字整数(IN)转换成字节,并将结果置入 OUT 指定的存储单元,输入的字整数 0 ~ 255 被转换。超出部分导致溢出
整数至双整数（ITD）	I_DI EN　ENO IN　OUT ITD IN,OUT	整数值转换成双整数值	将整数值(IN)转换成双整数值,并将结果置入 OUT 指定的存储单元。符号被扩展
双整数至整数（DTI）	DI_I EN　ENO IN　OUT DTI IN,OUT	双整数值转换成整数值	将双整数值(IN)转换成整数值,并将结果置入 OUT 指定的存储单元

用一个例子来说明整数转换成双整数指令的用法，如图 9-23 所示。

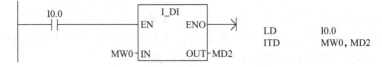

图 9-23   整数转换成双整数指令的用法

当 I0.0 闭合时，激活整数转换成双整数指令，IN 中的整数存储在 MW0 中（用十六进制表示为 16#0016），转换完成后 OUT 端的 MD2 中的双整数是 16#0000 0016。但要注意，MW2 = 16#0000，而 MW4 = 16#0016。

BCD 码与整数之间的转换、解码和编码指令格式如表 9-19 所示。

表 9-19　BCD 码与整数之间的转换、解码和编码指令格式

指令名称	梯形图/语句表	功　能	描　述
BCD 至整数 （BCDI）	BCD_I EN　ENO IN　OUT BCDI IN,OUT	BCD 转换成整数	将二进制编码的十进制数 IN 转换成整数，并将结果送入 OUT 指定的存储单元。IN 的有效范围是 BCD 码 0～9999
整数至 BCD （IBCD）	I_BCD EN　ENO IN　OUT IBCD IN,OUT	整数转换成 BCD	将输入整数 IN 转换成二进制编码的十进制数，并将结果送入 OUT 指定的存储单元。IN 的有效范围是 0～9999
解码 （DECO）	DECO EN　ENO IN　OUT DECO IN,OUT	解码	根据输入字节（IN）的低 4 位表示的输出字的位号，将输出字的相对应的位，置位为 1，输出字的其他位均置位为 0
编码 （ENCO）	ENCO EN　ENO IN　OUT ENCO IN,OUT	编码	将输入字（IN）最低有效位（其值为 1）的位号写入输出字节（OUT）的低 4 位中

用一个例子来说明编码和解码指令的用法，如图 9-24 所示。

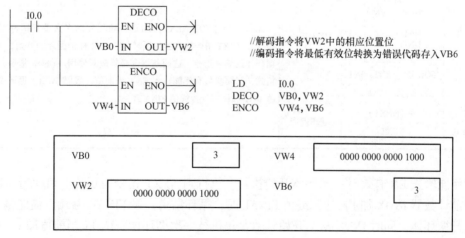

图 9-24　编码和解码指令的用法

第三节　西门子 S7－200 系列 PLC 程序控制指令及编程方法

一、跳转指令

跳转指令格式如表 9-20 所示。

表 9-20　跳转指令格式

指令名称	梯形图/语句表	功能	描　述
跳转 （JMP）	n —（ JMP ） JMP n	跳转指令	跳转指令（JMP）和跳转地址标号（LBL）配合实现程序的跳转。使能端输入有效时，程序跳转到指定标号（跳转目标）n 处（同一程序内），跳转标号 n = 0 ~ 255；使能端输入无效时，程序按顺序执行
标号 （LBL）	n ─ LBL LBL n	跳转地址标号	

跳转指令程序示例如图 9-25 所示。

```
        SM0.2      4
      ──┤/├──────(JMP)
                        //如果掉电保持数据没有丢失，跳转到LBL4
           4            LDN    SM0.2
         │ LBL │        JMP    4
                        LBL    4
```

图 9-25　跳转指令程序示例

二、循环指令

循环指令格式如表 9-21 所示。

表 9-21　循环指令格式

指令名称	梯形图/语句表	功能	描　述
循环开始 （FOR）	FOR EN　ENO INDX INIT FINAL FOR IN1, IN2, IN3	循环开始	循环指令（FOR-NEXT）用于一段程序的多次重复执行，由 FOR 指令和 NEXT 指令构成程序循环体，FOR 标记循环的开始，NEXT 为循环体的结束指令，这两条指令必须成对使用。（FOR 指令为指令盒格式，只要参数有使能输入 EN、当前值计数器 INDX、循环次数初始值 INIT 和循环计数终值 FINAL）
循环结束 （NEXT）	—（NEXT） NEXT	循环返回	

当使能输入 EN 有效时，循环体开始执行，执行到 NEXT 指令时返回。每执行一次循环体，当前计数器 INDX 加 1，达到终值 FINAL 时，循环结束。设 FINAL 为 10，使能输入有效时，执行循环体，同时 INDX 从 1 开始计数，每执行一次循环体，INDX 当前值加 1，执行到 10 次，当前值也变为 10，循环结束。

三、子程序调用指令

通常将具有特定功能并且将能多次使用的程序段作为子程序。子程序可以多次被调用，也可以嵌套（最多 8 层）。子程序调用指令格式如表 9-22 所示。子程序调用和返回指令程序示例如图 9-26 所示，当首次扫描时，调用子程序，若条件满足（M0.0 = 1）则返回，否则执行 FILL 指令。

表 9-22　子程序调用指令格式

指令名称	梯形图/语句表	功能	描　述
调用子程序	SBR_0 ─EN CALL SBR0	子程序调用	子程序调用指令（SBR）用在主程序或其他调用子程序的程序中，子程序的无条件返回指令在子程序的最后网络段。子程序结束时，程序执行应返回原调用指令（CALL）的下一条指令处
	─(RET) CRET	子程序条件 返回	

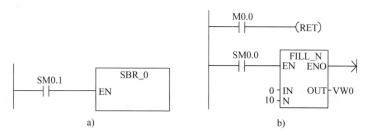

图 9-26　子程序调用和返回指令程序示例

a) 主程序　b) 子程序

四、中断指令

中断是计算机特有的工作方式，即在主程序的执行过程中中断主程序，而执行中断子程序。中断子程序是为某些特定的控制功能而设定的。与子程序不同，中断是为随机发生的且必须立即响应的时间安排的，响应时间应小于机器周期。中断指令共 6 条，包括连接中断、分离中断、清除中断事件、禁止中断、开放中断和从中断程序有条件返回，如表 9-23 所示。

表 9-23　中断指令格式

指令名称	梯形图/语句表	功能	描　述
连接中断 （ATCH）	ATCH ─EN　ENO─ ─INT ─EVNT ATCH, INT, EVNT	中断连接	把一个中断事件 EVNT 和一个中断程序 INT 联系起来并允许这个中断事件，可以将多个中断事件连接在一个中断例行程序上，但一个事件不能同时连接在多个中断例行程序上
分离中断 （DTCH）	DTCH ─EN　ENO─ ─EVNT DTCH, EVNT	中断分离	截断一个中断事件 EVNT 和所有的中断程序的联系并禁止了该中断事件
清除中断事件 （CEVNT）	CLR_EVNT ─EN　ENO─ ─EVNT CEVNT, EVNT	清除中断事件	删除中断队列中所有类型为 EVNT 的中断事件。此指令用于清除不必要的中断，不必要的中断可能由假传感器输出暂态造成

（续）

指令名称	梯形图/语句表	功能	描　述
禁止中断 （DISI）	—(DISI) DISI	中断禁止	全局地禁止处理所有中断事件。执行 DISI 后，出现的中断事件就进入中断队列排队等候，直到全局中断允许指令重新允许中断
开放中断 （ENI）	—(ENI) ENI	中断允许	全局地允许所有被连接的中断事件。当进入 RUN 模式时，就禁止了所有中断。在 RUN 模式中执行全局中断允许指令 ENI 后，允许所有中断
从中断程序有条件返回（CRETI）	—(RETI) CRETI	中断条件返回	可以用来根据逻辑操作的条件从中断程序中返回

五、暂停指令和结束指令

暂停和结束指令格式如表 9-24 所示。结束指令只能在主程序中使用，不能在子程序和中断服务程序中使用。

表 9-24　暂停和结束指令格式

指令名称	梯形图/语句表	功能	描　述
暂停 （STOP）	—(STOP) STOP	暂停程序执行	使能端输入有效时，立即停止程序执行。指令执行的结果是，CPU 的工作方式由 RUN 切换到 STOP
程序有条件结束 （END）	—(END) END	条件结束指令	在使能端输入有效时，终止用户程序执行，返回主程序的第一条指令行（循环扫描方式）
程序无条件结束 （MEND）	├(END) MEND	无条件结束指令	指令直接连接在左母线，无使能端。MEND 执行时，立即终止用户程序的执行，返回主程序的第一条指令行

六、顺控继电器指令

顺控继电器指令又称 SCR，S7 - 200 系列 PLC 有三条顺控继电器指令，其指令格式如表 9-25 所示。

表 9-25　顺控继电器指令格式

指令名称	梯形图/语句表	功能	描　述
步进开始	n ┤SCR├ LSCR, n	顺控程序段程序开始	装载顺控继电器指令，将 S 位的值装载到顺序控制继电器 SCR 和逻辑堆栈中，实际是步进指令的开始
状态转换	n —(SCRT) SCRT, n	顺控程序段程序转换	在使能端输入有效时，顺序控制继电器 SCR 转换
步进结束	—(SCRE) SCRE	顺控程序段程序结束	退出一个激活的程序段，实际上是步进的结束指令

第四节　西门子 S7 - 200 系列 PLC 指令系统应用举例

一、剪板机的 PLC 控制

图 9-27 是某剪板机的示意图，图 9-28 为剪板机顺序功能图，图 9-29 为剪板机控制系统梯形图。开始时压钳和剪刀在上限位置，限位开关 I0.0 和 I0.1 为 ON。按下起动按钮 I1.0，工作过程如下：首先板料右行（Q0.0 为 ON）至限位开关 I0.3 动作，然后压钳下行（Q0.1 为 ON 并保持），压紧板料后，压力继电器 I0.4 为 ON，压钳保持压紧，剪刀开始下行（Q0.2 为 ON）；剪断板料后，I0.2 变为 ON，压钳和剪刀同时上行（Q0.3 和 Q0.4 为 ON，Q0.1 和 Q0.2 为 OFF），它们分别碰到限位开关 I0.0 和 I0.1 后，分别停止上行，都停止后，又开始下一周期的工作。剪完 10 块板料后停止工作并停止在初始状态。

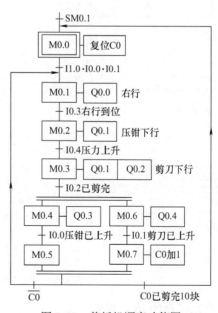

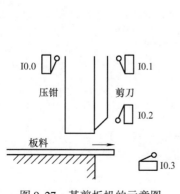

图 9-27　某剪板机的示意图　　　　　　图 9-28　剪板机顺序功能图

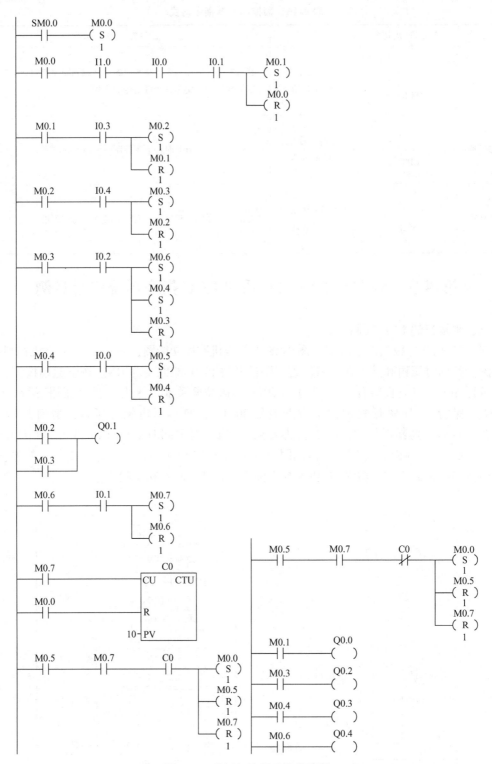

图 9-29　剪板机控制系统梯形图

二、小车运动的 PLC 控制

图 9-30 是某小车运动的示意图。图 9-31 是小车运动顺序功能图。图 9-32 是小车控制系

统的梯形图。设小车在初始位置时停在左边，限位开关 I0.2 为 1 状态。按下起动按钮 I0.0 后，小车向右运动（简称右行），碰到限位开关 I0.1 后，停在该处，3s 后开始左行，碰到 I0.2 后返回初始步，停止运动。根据 Q0.0 和 Q0.1 状态的变化，显然一个工作周期可以分为左行、暂停和右行 3 步，另外还应设置等待起动的初始步，分别用 S0.0 ~ S0.3 来代表这 4 步。起动按钮 I0.0 和限位开关的常开接点、T37 延时按通的常开接点是各步之间的转换条件。

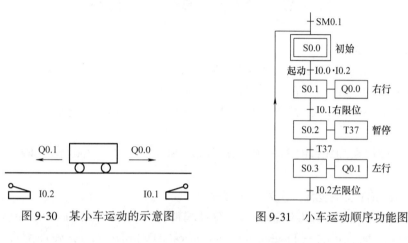

图 9-30 某小车运动的示意图　　　　图 9-31 小车运动顺序功能图

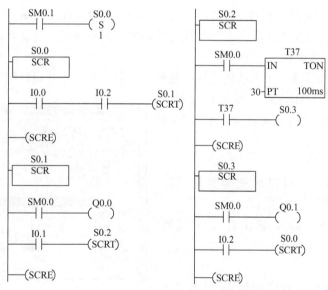

图 9-32 小车控制系统的梯形图

第十章　STEP 7 开发环境与组态软件

第一节　STEP 7 编程软件系统

一、STEP 7 概述

STEP 7 是一种用于对 SIMATIC 可编程逻辑控制器进行组态和编程的标准软件包。它是 SIMATIC 工业软件的一部分。STEP 7 标准软件包有下列各种版本：

1）STEP 7 Micro/DOS 和 STEP 7 Micro/Win，用于 SIMATIC S7 - 200 上的简化单机应用程序。

2）STEP 7 应用在 SIMATIC S7 - 300/S7 - 400、SIMATIC M7 - 300/M7 - 400 以及 SIMAT-IC C7 上。

STEP 7 标准软件包中包含一系列应用程序（工具）：

SIMATIC 管理器（SIMATIC Manager），符号编辑器（Symbol Editor），硬件诊断（Hardware Diagnostics），编程语言（ProgrammingLanguagesLAD/FBD/STL），硬件配置（Hardware Configuration），NetPro 网络配置（NETPRO Communication Configuration）。

没有必要单独打开这些工具，在选择相应功能或打开对象时，将会自动启动这些工具。

（一）SIMATIC 管理器

SIMATIC 管理器管理一个自动化项目中的所有数据，而无论其设计用于何种类型的可编程逻辑控制系统（S7/M7/C7）。编辑数据所需的工具由 SIMATIC 管理器自动启动，如图 10-1 所示。

（二）符号编辑器

通过符号编辑器，可以管理所有共享符号。符号编辑器提供下列功能：

1）给过程信号（输入/输出）、位存储器以及块设置符号名称和注释。

2）排序功能。

3）从其他 Windows 程序中导入/导出到其他 Windows 程序。

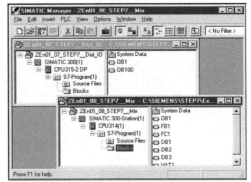

图 10-1　SIMATIC 管理器

所有其他工具都可使用该工具创建的符号表。因此，符号属性的任何变化都可被所有工具自动识别。

（三）硬件诊断

这些功能可以概览可编程控制器的状态。概览可显示符号来指示各个模块是否发生故障。双击故障模块可显示关于故障的详细信息。该信息范围取决于下面每个模块：

1）显示模块的常规信息（如订货号、版本、名称）以及模块状态（如故障状态）。

2）I/O 和 DP 从站的模块故障（如通道故障）。

3) 显示来自诊断缓冲区的消息。

对于 CPU，则显示下列附加信息：

1) 处理用户程序期间发生故障的原因。

2) 显示周期持续时间（最长、最短以及最后一个周期）。

3) MPI 通信概率和负载。

4) 显示性能数据（输入/输出、位存储器、计数器、计时器和块的可能数目）。

（四）编程语言

S7 - 300 和 S7 - 400 的编程语言梯形图、语句表和功能块图是标准软件包的一个重要组成部分。

1) 梯形图（或 LAD）是 STEP 7 编程语言的图形表示。其指令语法与梯形图相似：梯形图允许在能流过各种接点、复杂元件和输出线圈时，跟踪母线之间的能流量。

2) 语句表（或 STL）是 STEP 7 编程语言的文本表示，与机器代码相似。如果用语句表书写程序，则每条指令都与 CPU 执行程序的步骤相对应。为便于编程，语句表已经扩展包括一些高级语言结构（如结构化数据访问和块参数）。

3) 功能块图（FBD）是 STEP 7 编程语言的图形表示，使用布尔代数惯用的逻辑框表示逻辑功能。复杂功能（如算术功能）可直接结合逻辑框表示。

（五）硬件配置

使用工具可对自动化项目的硬件进行配置并分配参数。符号编辑器提供下列功能：

1) 要组态可编程控制器，可从电子目录中选择机架，然后在机架所要求的插槽中排列所选模块。

2) 组态分布式 I/O 与组态集中式 I/O 相同，也支持具有通道式 I/O。

3) 分配 CPU 参数期间，可以设置属性，如启动特性和通过菜单导航的扫描周期监控。支持多值计算。输入数据存储在系统数据块中。

4) 分配模块参数期间，通过对话框设置所有可设定的参数。不需要通过 DIP 开关进行设置。在启动 CPU 期间，自动将参数分配给模块。这表示，如可以不分配新参数就交换模块。

5) 此外，在硬件配置工具中可将参数分配给功能模块（FM）和通信处理器（CP），其分配方式与其他模块完全相同。每个 FM 和 CP（包含在 FM/CP 功能包中）都有与模块有关的对话框和规则。系统在对话框中只提供有效选项，以防止错误输入。

（六）NetPro 网络配置

可以使用 NetPro 通过 MPI 进行时间驱动的循环数据传送，操作如下：

1) 选择通信节点。

2) 在表中输入数据源和数据目标；自动产生要下载的所有块（SDB），并自动完全下载到所有 CPU 中也可以执行事件驱动的数据传送，操作如下：

① 设置通信连接。

② 从集成的块库中选择通信或功能块。

③ 以选定的编程语言将参数分配给选中的通信或功能块。

二、使用 STEP 7 的基本步骤

当使用 STEP 7 创建一个自动化解决方案时，将面对一系列的基本任务。下面给出了大多数项目都需要执行的任务，并将其分配给一个基本步骤。

1. 装 STEP 7 和许可证密钥 在第一次使用 STEP 7 时，对其进行安装，并将许可证密钥从软盘传送到硬盘。

2. 规划控制器 在使用 STEP 7 进行工作之前，对自动化解决方案进行规划，将过程分解为单个的任务，并为其创建一个组态图。

3. 设计程序结构 使用 STEP 7 中可供利用的用户程序块，将控制器设计草图中所描述的任务转化为一个程序结构。

4. 创建项目结构 项目类似一个文件夹，所有的数据均可按照一种体系化的结构存储在其中，并随时可供使用。在项目创建完毕之后，所有其他的任务均将在该项目中执行。

5. 组态一个站 在对站进行组态时，可指定你希望使用的可编程控制器，例如，SIMATIC 300 、SIMATIC 400 、SIMATIC S5。

6. 组态硬件 在对硬件进行组态时，可在组态表中指定自动化解决方案要使用的模块以及用户程序用来对模块进行访问的地址。使用参数也可对模块的属性进行设置。

7. 组态网络和通信连接 通信的基础是预先组态的网络。为此，需要创建自动化网络所需要的子网、设置子网属性以及设置已联网工作站的网络连接属性和某些通信连接。

8. 定义符号 可在符号表中定义局部符号或具有更多描述性名称的共享符号，以便代替用户程序中的绝对地址进行使用。

9. 创建程序 使用一种可选编程语言创建一个与模块相链接或与模块无关的程序，并将其存储为块、源文件或图表。

10. 将程序下载到可编程控制器 在完成所有的组态、参数分配以及编程任务之后，可将整个用户程序或其中的单个块下载给可编程控制器（硬件解决方案的可编程模块）。

11. 测试程序 为了进行测试，可显示用户程序或 CPU 中的变量值为变量分配数值，以及为想要显示或修改的变量创建一个变量表。

12. 监视操作、诊断硬件 通过显示关于模块的在线信息，确定模块故障的原因。借助于诊断缓冲区和堆栈内容，确定用户程序处理中的错误原因。也可检查用户程序是否可在特定的 CPU 上运行。

13. 归档设备 在创建项目/设备之后，一件很有意义的事，就是为项目数据制作清楚的文档，从而使项目的编辑以及某些维修活动更容易。

DOC PRO 是用于创建和管理设备文档的一种可选工具，能够对项目数据进行结构化，将其转化为接线手册的形式，以及使用常见的格式进行打印。

三、设计程序结构的基本原理

（一）CPU 中的程序

CPU 原则上运行两个不同的程序：操作系统和用户程序。

每个 CPU 都带有集成的操作系统，组织与特定控制任务无关的所有 CPU 功能和顺序。操作系统任务包括下列各项：

1）处理重启（热启动）和热重启。

2）更新输入的过程映像表，并输出过程映像表。

3）调用用户程序。

4）采集中断信息，调用中断 OB。

5）识别错误并进行错误处理。

6）管理存储区域。

7）与编程设备和其他通信伙伴进行通信。

通过修改操作系统参数（操作系统默认设置），可以在某些区域影响 CPU 响应。程序设计人员创建用户程序，并将其下载到 CPU 中。它包含处理特定自动化任务所要求的所有功能。用户程序任务包括：

1）确定 CPU 的重启（热启动）和热重启条件（例如，用特定值初始化信号）。

2）处理过程数据（例如，产生二进制信号的逻辑链接，获取并评估模拟量信号，指定用于输出的二进制信号，输出模拟值）。

3）响应中断。

4）处理正常程序周期中的干扰。

（二）用户程序中的块

STEP 7 编程软件允许构造用户程序，即将程序分成单个、独立的程序段，这使得大程序更易于理解；可以标准化单个程序段；简化程序组织；更易于修改程序；可测试单个程序段，因而简化调试，系统调试变得更简单。STEP 7 用户程序块的类型如表 10-1 所示。

表 10-1　STEP 7 用户程序块的类型

块	功　能　简　介
组织块（OB） 系统功能块（SFB）和系统功能（SFC）	OB 确定用户程序的结构，SFB 和 SFC 集成在 S7CPU 中，使你可以访问一些重要的系统功能
功能块（FB）	FB 是带有用户可自行编程的"存储器"的块
功能（FC）	FC 包含频繁使用的功能的例行程序
背景数据块（instance DB）	调用 FB/SFB 时，背景数据块与块关联。它们在编译期间自动创建
数据块（DB）	DB 是用于存储用户数据的数据区。除分配给功能块的数据外，共享数据块也可由任何一个块来定义和使用

OB、FB、SFB、FC 和 SFC 包含程序段，因此也称为逻辑块。每种块类型许可的块的数目和块的长度由 CPU 决定。

组织块（OB）表示操作系统和用户程序之间的接口。组织块由操作系统调用，控制循环中断驱动的程序执行、PLC 启动特性和错误处理。可以对组织块进行编程来确定 CPU 的特性。

（三）线性编程与结构化编程

可以在 OB1 中写入整个用户程序（线性编程）。只有在给 S7 – 300 CPU 编写简单程序并要求极少存储器时才可行。

将复杂自动化任务分割成反映过程技术功能或可多次处理的小任务，可以更易于控制复杂任务。这些任务以相应的程序段表示，称为块（结构化编程）。

要使用户程序正常运行，必须调用构成用户程序的块。这通过特殊的 STEP 7 指令、块调用来完成，而这些指令、块调用只能在逻辑块中编程和启动。

块调用的次序和嵌套称为体系。可嵌套的块数目（嵌套深度）取决于特定的 CPU。图 10-2 阐述了一个扫描周期内块调用的次序和嵌套深度。

四、建立和编辑项目

（一）创建项目

要使用项目管理框架构造自动化任务的解决方案，需要创建一个新的项目。新项目的创

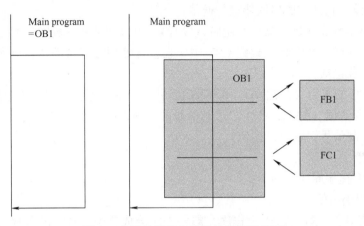

图 10-2　线性编程和结构化编程示意图

建目录是通过菜单命令选项 > 自定义在"常规"标签中为项目设定的目录。

　　创建新项目的最简单方法就是使用"新项目"向导。使用菜单命令文件→"新项目"向导来打开向导。向导提示在对话框中输入所要求的详细资料，然后创建项目。除了站、CPU、程序文件夹、源文件夹、块文件夹以及 OB1 之外，还可以选择已存在的 OB1，进行错误和报警处理。可在 SIMATIC 管理器中使用菜单命令文件→"新建"，来创建一个新项目。它已经包含"MPI 子网"对象。

　　（二）插入站

　　在项目中，站代表了可编程控制器的硬件结构，并包含有用于组态和给各个模块进行参数分配的数据。

　　使用"新项目"向导创建的新项目已经包含有一个站。或者，可以使用菜单命令插入 > 站来创建新站。可选择一个下列站点：

　　1）SIMATIC 300 站。

　　2）SIMATIC 400 站。

　　3）SIMATIC H 站。

　　4）SIMATIC PC 站。

　　5）PC/可编程设备。

　　6）SIMATIC S5。

　　7）其他站，即非 SIMATIC S7/M7 和 SIMATIC S5 的站。

　　可使用预先设置的名称插入站（例如，SIMATIC 300 站（1）、SIMATIC 300 站（2）等），也可以用相关的名称替换站的名称。

　　（三）组态硬件

　　当组态硬件时，可指定 CPU，并可借助于模块目录，指定可编程控制器中的所有模块。双击站点，即可启动硬件配置应用程序。

　　对于在组态中创建的每个可编程模块，一旦保存完毕并退出硬件配置，将自动创建一个 S7 或 M7 程序以及连接表（"连接"对象）。使用"新项目"向导创建的项目已经包含有这些对象。

　　创建连接表将为每个可编程模块自动创建一个（空白）连接表（"连接"对象）。连接表用于定义网络中的可编程模块之间的通信连接。打开时，将显示一个包含有表格的窗口，可在该表格中定义可编程模块之间的连接。

（四）插入 S7 程序

用于可编程模块的软件存储在对象文件夹中。对于 SIMATIC S7 模块，该对象文件夹被称为"S7 程序"，对于 SIMATIC M7，对象文件夹被称为"M7 程序"。

每个可编程模块都有一个自动创建的 S7/M7 程序，用作软件容器。下列对象已经位于新创建的 S7 程序中：

1）符号表（"符号"对象）。

2）包含第一个块的"块"文件夹。

3）用于源文件的"源文件"文件夹。

希望创建语句表、梯形图或功能块图程序。为此，选择已存在的"块"对象，然后选择菜单命令插入 S7 块。在子菜单中，可选择要创建的块类型（例如数据块、用户自定义的数据，类型（UDT）、功能、功能块、组织块或变量表）。现在可打开（空）块，开始输入语句表、梯形图或功能块图程序。

还可以使用与软件同时购买的标准库中的块来创建用户程序。使用菜单命令文件→打开来访问库。可在使用库进行工作以及在线帮助中获得关于使用标准库以及创建个人库的更多信息。

（五）创建符号表

创建 S7/M7 程序时，会自动创建一个（空）符号表（"符号"对象）。打开符号表时，"符号编辑器"窗口会打开，显示一个符号表，可在其中定义符号。可在符号表中输入多个共享符号。

（六）编辑项目

打开项目：要打开现有项目，使用菜单命令文件→打开。然后在紧接着出现的对话框中选择一个项目，于是项目窗口打开。

注意：如果需要的项目没有显示在项目列表中，则单击"浏览"按钮。然后在浏览器中，可以搜索其他项目（包括在项目列表中所找到的所有项目）。可以使用菜单命令文件→管理更改项目列表中的条目。

复制项目：可使用菜单命令文件→另存为，通过用另一个名称保存项目来复制项目。可使用菜单命令编辑→复制来复制部分项目，如站、程序、块等。有关逐步复制项目的介绍，请参见复制项目和复制部分项目。

删除项目：可使用菜单命令文件→删除来删除项目。可使用菜单命令编辑→删除来删除部分项目，如站、程序、块等。

第二节　组态软件简介

"组态"的概念是伴随着集散型控制系统（Distributed Control System，DCS）的出现才开始被广大的生产过程自动化技术人员所熟知的。组态软件是指一些数据采集与过程控制的专用软件，它们是自动控制系统监控层一级的软件平台和开发环境，使用灵活的组态方式，为用户提供快速构建工业自动控制系统监控功能的、通用层次的软件工具。组态软件应该能支持各种工控设备和常见的通信协议，并且通常应提供分布式数据管理和网络功能。对应于原有的 HMI（Human Machine Interface，人机接口软件）的概念，组态软件应该是一个使用户能快速建立自己的 HMI 的软件工具，或开发环境。在组态软件出现之前，工控领域的用户通过手工或委托第三方编写 HMI 应用，开发时间长，效率低，可靠性差；或者购买专用的工控系统，通常是封闭的系统，选择余地小，往往不能满足需求，很难与外界进行数据交互，升级和增加功能都受到严重的限制。组态软件的出现，把用户从这些困境中解脱出来，可以利用组态软件的功能，构建一套最适合自己的应用系统。随着它的快速发展，实时数据库、实时控制、SCADA、通信及联网、开放数据接口、对 I/O 设备的广泛支持已经成为它的主要内容，随着技术的发展，监控组态软件将会不断被赋予新的内容。目前国内外使用的组态软件有很多种，本节主要介绍 Siemens 的 WinCC 和 MCGS。

一、WinCC

SIMATIC WinCC（Windows Control Center，视窗控制中心）是 HMI/ SCADA 软件中的后起之秀，1996 年进入世界工控组态软件市场，当年就被美国《Control Engineering》杂志评为最佳 HMI 软件，以最短的时间发展成第三个在世界范围内成功的 SCADA 系统；而在欧洲，它无可争议地成为第一。

作为 SIMATIC 全集成自动化系统的重要组成部分，WinCC 确保与 SIMATIC S5 、S7 和 505 系列的 PLC 连接的方便和通信的高效；WinCC 与 STEP7 编程软件的紧密结合缩短了项目开发的周期。此外，WinCC 还有对 SIMATIC PLC 进行系统诊断的选项，给硬件维护提供了方便。

（一）WinCC 的性能特点

1）创新软件技术的使用。WinCC 基于最新发展的软件技术，西门子与 Microsoft 的密切合作保证了用户获得不断创新的技术。

2）包括所有 SCADA 功能在内的客户机/服务器系统。

3）可灵活裁剪，由简单任务扩展到复杂任务。WinCC 是一个模块化的自动化组件，即可灵活地进行扩展，又可应用到工业和机械制造工艺的多服务器分布式系统中。

4）众多的选件和附加件扩展了基本功能。

5）使用 Microsoft SQL Server 2000 作为其组态数据和归档数据的存储数据库，可以使用 ODBC、DAO、OLE-DB、WinCC OLE-DB 和 ADO 方便地访问归档数据。

6）强大的标准接口（如 OLE、ActiveX 和 OPC）。WinCC 提供了 OLE、DDE、Ac-tiveX、OPC 服务器和客户机等接口或控件，可以很方便地与其他应用程序交换数据。

7）使用方便的脚本语言。可编写 ANSI-C 和 Visual Basic 脚本程序。

8）开放 API 编程接口可以访问 WinCC 的模块。所有的 WinCC 模块都有一个开放的 C 编程接口（C—API）。这意味着可以在用户程序中集成 WinCC 的部分功能。

9）具有向导的简易（在线）组态。

10）可选择语言的组态软件和在线语言切换。

11）提供所有主要 PLC 系统的通信通道。作为标准，WinCC 支持所有连接 SIMATIC S5/S7/505 控制器 SIMATIC WinAC 紧密接口，软/插槽式 PLC 和操作、监控系统在一台 PC 上结合无疑是一个面向未来的概念。在此前提下，WinCC 和 WinAC 实现了西门子基于 PC 的、强大的自动化解决方案。

12）TIA（Totally Integrated Automation，全集成自动化）的部件。WinCC 是工程控制的窗口，是 TIA 的中心部件。

13）SIMATIC PCS7 过程控制系统中的 SCADA 部件，如 SIMATIC PCS7 是 TIA 中的过程

控制系统；PCS7 是结合了基于控制器的制造业自动化优点和基于 PC 的过程工业自动化优点的过程处理系统（PCS）。基于控制器的 PCS7 对过程可视化使用标准的 SIMATIC 部件。WinCC 作为 PCS7 的操作员站。

14）符合 FDA 21 CFR Part 11 的要求。

15）集成到 MES 和 ERP 中。标准接口使 SIMATIC WinCC 成为在全公司范围 IT 环境下的一个完整部件。这超越了自动控制过程，将范围扩展到工厂监控级，为公司管理 MES（制造执行系统）和 ERP（企业资源管理）提供管理数据。

（二）WinCC 产品分类

WinCC 产品包括基本系统、WinCC 选件和 WinCC 附加件。

1. WinCC 系统构成　WinCC 基本系统是很多应用程序的核心，它包含以下 9 大部件：

（1）变量管理器　变量管理器（Tag Management）管理 WinCC 所使用的外部变量、内部变量和通信驱动程序。

（2）图形编辑器　图形编辑器（Graphics Designer）用于设计各种图形画面。

（3）报警记录　报警记录（Alarm Logging）负责采集和归档报警消息。

（4）变量归档　变量归档（Tag Logging）负责处理测量值，并长期存储所记录的过程值。

（5）报表编辑器　报表编辑器（Report Designer）提供许多标准的报表，也可以设计各种格式的报表，并可按照预定的时间进行打印。

（6）全局脚本　全局脚本（Global Script）是系统设计人员用 ANSI - C 及 Visual Basic 编写的代码，以满足项目的需要。

（7）文本库　文本库（Text Library）编辑不同语言版本下的文本消息。

（8）用户管理器　用户管理器（User Administrator）用来分配、管理和监控用户对组态和运行系统的访问权限。

（9）交叉引用表　交叉引用表（Cross-Reference）负责搜索在画面、函数、归档和消息中所使用的变量、函数、OLE 对象和 ActiveX 控件。

2. WinCC 选件　WinCC 以开放式的组态接口为基础，迄今已经开发了大量的 WinCC 选件（Options）（来自 Siemens A&D）和 WinCC 附加件（Add-Ons）（来自 Siemen、内部和外部伙伴）。WinCC 选件能满足用户的特殊需求，主要包括以下部件：

（1）服务器系统　服务器系统（Server）用来组态客户机/服务器系统。服务器与过程控制建立连接并存储过程数据；客户机显示过程画面。

（2）冗余系统　冗余系统（Redundancy）即两台 WinCC 系统同时并行运行，并互相监视对方状态，当一台机器出现故障时，另一台机器可接管整个系统的控制。

（3）Web 浏览器　Web 浏览器（Web Navigator）可通过 Internet/Intranet 使用 Inter-net 浏览器监控生成过程状况。

（4）用户归档　用户归档（User Archive）给过程控制提供一整批数据，并将过程控制的技术数据连续存储在系统中。

（5）开放式工具包　开放式工具包（ODK）提供了一套 API 函数，使应用程序可与 WinCC 系统的各部件进行通信。

（6）WinCC Dat@ Monitor　WinCC Dat@ Monitor 是通过网络显示和分析 WinCC 数据的一套工具。

（7）WinCC ProAgent　WinCC ProAgent 能准确、快速地诊断由 SIMATIC S7 和 SI-MATIC WinCC 控制和监控的工厂和机器中的错误。

（8）WinCC Connectivity Pack　WinCC Connectivity Pack 包括 OPC HAD 和 OPC A&E 服务器，用来访问 WinCC 归档系统中的历史数据。采用 WinCC OLE—DB 能直接访问 WinCC 存储在 Mincrosoft SQL Server 数据库内的归档数据。

（9）WinCC IndusrtialDataBridge　WinCC IndusrtialDataBridge 工具软件利用标准接口将自动化连接到 IT 世界，并保证了双向的信息流。

（10）WinCC InudstrialX　WinCC InudstrialX 可以开发和组态用户自定义的 ActiveX 对象。

（三）WinCC 的安装

1. 安装前的准备　WinCC V6.0 是运行在 IBM—PC 兼容机上，基于 Microsoft Window 2000/XP 的组态软件。在安装 WinCC 之前，必须配置适当的硬件和软件，并保证它们能正常运转。在安装过程中，WinCC 将逐一检查以下各项是否满足要求：

- 使用的操作系统；
- 用户的登录权限；
- 显示器的分辨率；
- Internet Explorer（IE6.0 或以上版本）；
- Microsoft 消息队列服务（Microsoft message queuing services）；
- Microsoft SQL Server（安装 WinCC V6.0 前，必须安装 Microsoft SQL Server 2000 SP3）；
- 是否已重启系统。

如果其中一项没有满足要求，WinCC 将停止安装，并在屏幕上显示相应的错误消息，直至用户将以上条件达到要求后才能安装。

2. 消息队列服务的安装　在 WinCC 中使用了 Microsoft 消息队列服务，在安装 WinCC 之前，就先安装消息队列服务组件。安装此组件需要相应的 Windows 安装盘。

1）单击"开始" > "设置" > "控制面板" > "添加/删除程序"。

2）在"添加/删除程序"对话框中，单击左边菜单条中的"添加/删除 Windows 组件"按钮，打开"Windows 组件向导"对话框，如图 10-3 所示。

3）选择"消息队列"并单击"下一步"按钮。

4）按屏幕提示进行安装操作。

3. WinCC 的安装　WinCC 的安装光盘上提供了一个自动运行程序，可自动启动安装，并出现如图 10-4 所示对话框。

图 10-3　Windows 组件向导

图 10-4　WinCC 安装界面

1）单击"安装 SIMATIC WinCC"，开始 WinCC 的安装。

2）在打开的对话框中单击"下一步"按钮。

3）按屏幕提示进行安装操作。

4）在最后一个对话框中选择"是，我想现在重新启动计算机"，完成安装。

（四）组态工程

WinCC 的基本组件是组态软件和运行软件。WinCC 项目管理器是组态软件的核心，对整个工程项目的数据组态和设置进行全面的管理。开发和组态一个项目时，使用 WinCC 项目管理器中的各个编辑器建立项目使用的不同元件。使用 WinCC 运行软件，操作人员可监控生产过程。

使用 WinCC 来开发和组态一个项目的步骤如下：

1）启动 WinCC。

2）建立一个项目。

3）选择及安装通信驱动程序。

4）定义变量。

5）建立和编辑过程画面。

6）指定 WinCC 运行系统的属性。

7）激活 WinCC 画面。

8）使用变量模拟器测试过程画面。

1. 启动 WinCC   单击"开始" > SIMATIC > WinCC > Windows Control Center 6.0 菜单项，如图 10-5 所示。

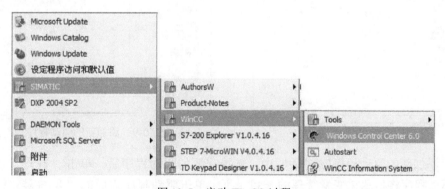

图 10-5　启动 WinCC 过程

2. 建立一个项目   第一次运行 WinCC 或者单击工具栏中的新建图标时，出现一个对话框，选择建立新项目的类型包括以下三种：单用户项目、多用户项目和客户机项目，如图 10-6 所示。

如果希望编辑和修改已有项目，可选择"打开已存在的项目"。

建立 Qckstart 项目的步骤如下：

1）选择"单用户项目"，并单击"确定"按钮。

2）在"创建新项目"对话框中输入 qcstart 作为项目名称，并为项目选择一个项目路径，如图 10-7 所示。

3）打开 WinCC 资源管理器，窗口的左边为浏览窗口，包括所有已安装的 WinCC 组件，如图 10-8 所示。

图 10-6　建立新项目

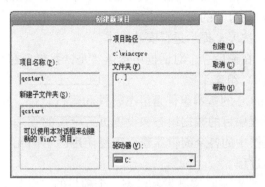

图 10-7　创建新项目

4）在导航窗口中单击"计算机"图标，在右边窗口中将显示与用户的计算机名一样的计算机服务器，鼠标右击，在快捷菜单中选择"属性"菜单项，在随后打开的对话框中可设置 WinCC 运行时的属性，如设置 WinCC 运行系统的启动组件和使用的语言等。

3. 选择及安装通信驱动程序　新建好项目后，即可对项目文件进行编辑，若要使用 WinCC 来访问自动化系统（PLC）的当前值，则在 WinCC 与自动化的系统间必须组态一个通信连接。右击浏览窗口中的"变量管理"，在快捷菜单中选择"添加新的驱动程序"菜单项，如图 10-9 所示。

图 10-8　资源管理器

图 10-9　添加新的驱动程序

在"添加新的驱动程序"对话框中，选择需要的驱动程序后，单击"打开"按钮，所选择的驱动程序将显示在变量管理的子目录下。单击驱动程序前面的"＋"号，将显示当前驱动程序所有通道单元。通道单元可用于建立多个自动化系统的逻辑连接。在展开的 MPI 通道单元上右击，快捷菜单中选择"新驱动程序的连接"菜单项。在"连接属性"对话框中输入 PLC 作为逻辑连接名，单击"确定"按钮，如图 10-10 所示。

4. 定义变量

（1）建立内部变量　在 WinCC 资源管理器中右击"变量管理"，选择"新建变量"，在弹出的对话框中，命名变量，并在数据类型列表中选择数据类型，单击"确定"按钮，建立变量，如图 10-11 所示。

（2）建立过程变量　在前面已经建立的"PLC"逻辑连接节点上右击，选择"新建变量"菜单项，如图 10-12 所示。

在"变量属性"对话框中命名变量，选择数据类型，对于过程变量必须分配一个在

PLC 中的对应地址，单击地址旁边的"选择"按钮，打开"地址属性"对话框，选择详细的地址信息后单击"确定"按钮，再单击新建变量的"变量属性"对话框中的"确定"按钮，完成创建新的外部变量，如图 10-13 所示。

图 10-10　添加新的驱动程序

图 10-11　变量管理

图 10-12　新建变量

图 10-13　变量属性

5. 建立和编辑过程画面　在 WinCC 的资源管理器中右击"图形编辑器"，选择"新建画面"菜单项，将创建一个名为 NewPd10. pdl 的画面，在资源管理器右边窗口中右击此画面文件，可对其进行重命名、删除、设为启动画面、查看属性等操作，双击画面名称，打开图形编辑器可编辑此画面，如图 10-14 所示。

在打开的图形编辑器中，从右侧对象选项板上单击需要的对象，如窗口对象中的"按钮"，将鼠标移动到画图区放置按钮的位置，拖动至需要的大小后释放，在弹出的"按钮组态"对话框中，输入按钮名称。单击"确定"按钮关闭"按钮组态"对话框，如图 10-15 所示。

图 10-14　新建画面图

图 10-15　按钮组态

在按钮上右击"选择属性"菜单项,弹出"对象属性"对话框,在事件选项卡上,可对该按钮进行属性编辑,如图 10-16 所示。

双击"按左键"右侧的 ✍ 图标,在弹出的"直接连接"对话框中,在右侧的"目标"选项卡中选择变量,单击右侧的 ☐ 图标,打开"变量-项目"对话框,如图 10-17 所示。选择刚才建立的变量,单击"确定"按钮关闭各个对话框,将变量与画面中按钮的动作进行连接,继续在画面中添加各种对象,完成画面的绘制。

图 10-16 对象属性　　　　　　　　　　　　　　图 10-17 变量-项目

6. 指定 WinCC 运行系统的属性　改变 WinCC 运行属性值将影响项目运行时的外观,操作如下:单击 WinCC 项目管理器浏览窗口中的"计算机"图标,在右边的窗口中双击需要选定的服务器,打开"计算机属性"对话框,选择"图形运行系统"选项卡,单击右侧的"浏览"按钮,选择系统运行时的启动画面,并设置项目运行时的外观选项,如图 10-18 所示。

7. 激活 WinCC 画面　对编辑的文件进行保存后,选择画面编辑器主菜单"文件"→"激活运行系统"选项,也可以直接单击工具栏上的 ▶ 图标,激活画面,运行效果如图 10-19 所示。

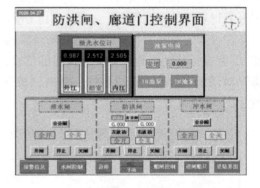

图 10-18 计算机属性　　　　　　　　　　　　　　图 10-19 运行效果图

二、MCGS

MCGS(Monitor and Control Generated System)是一套基于 Windows 平台的,用于快速构造和生成上位机监控系统的组态软件系统,可运行于 Microsoft Windows 95/98/Me/NT/2000 等操作系统。

MCGS 为用户提供了解决实际工程问题的完整方案和开发平台,能够完成现场数据采集、实时和历史数据处理、报警和安全机制、流程控制、动画显示、趋势曲线和报表输出以及企业监控网络等功能。

MCGS 具有操作简便、可视性好、可维护性强、高性能、高可靠性等突出特点，已成功应用于石油化工、钢铁行业、电力系统、水处理、环境监测、机械制造、交通运输、能源原材料、农业自动化、航空航天等领域，经过各种现场的长期实际运行，系统稳定可靠。

目前，MCGS 组态软件已经推出了 MCGS 通用版组态软件、MCGSWWW 网络版组态软件和 MCGSE 嵌入版的组态软件。三类产品风格相同，功能各异，三者完美结合，融为一体，形成了整个工业监控系统的从设备采集、工作站数据处理和控制、上位机网络管理和 Web 浏览的所有功能，很好地实现了自动控制一体化的功能。

（一）MCGS 组态软件的系统构成

MCGS 的组态环境与运行环境联系图，如图 10-20 所示。MCGS 软件系统包括组态环境和运行环境两个部分。组态环境相当于一套完整的工具软件，帮助用户设计和构造自己的应用系统。运行

图 10-20 MCGS 的组态环境与运行环境联系图

环境则按照组态环境中构造的组态工程，以用户指定的方式运行，并进行各种处理，完成用户组态设计。

MCGS 组态软件由"MCGS 组态环境"和"MCGS 运行环境"两个系统组成。两部分互相独立，又紧密相关。MCGS 的组态环境与运行环境的结构图如图 10-21 所示。

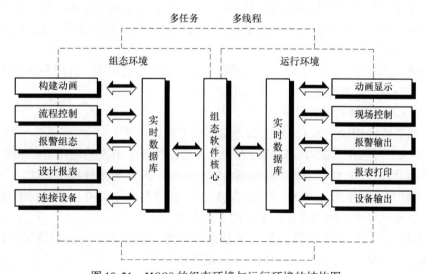

图 10-21 MCGS 的组态环境与运行环境的结构图

MCGS 组态环境是生成用户应用系统工作环境，由可执行程序 MCGSSet.exe 支持，其存放于 MCGS 目录的 Program 子目录中。用户在 MCGS 组态环境中完成动画设计、设备连接、编写控制流程、编制工程打印报表等全部组态工作后，生成扩展名为 .mcg 的工程文件，又称为组态结果数据库，其与 MCGS 运行环境一起，构成了用户应用系统，统称为"工程"。

（二）MCGS 组态软件界面简介

MCGS 组态软件所建立的工程由主控窗口、设备窗口、用户窗口、实时数据库和运行策略 5 部分构成，MCGS 组态软件的构成如图 10-22 所示。每一部分分别进行组态操作，完成

不同的工作，具有不同的特性。

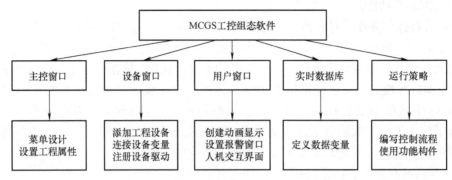

图 10-22   MCGS 组态软件的构成

主控窗口：是工程的主窗口或主框架。在主控窗口中可以放置一个设备窗口和多个用户窗口，负责调度和管理这些窗口的打开或关闭。主要的组态操作包括：定义工程的名称，编制工程菜单，设计封面图形，确定自动启动的窗口，设定动画刷新周期，指定数据库存盘文件名称及存盘时间等。

设备窗口：是连接和驱动外围设备的工作环境。在该窗口内配置数据采集与控制输出设备，注册设备驱动程序，定义连接与驱动设备用的数据变量。

用户窗口：主要用于设置工程中人机交互的界面，诸如生成各种动画显示画面、报警输出、数据图表等。

实时数据库：是工程各个部分的数据交换与处理中心，它将 MCGS 工程的各个部分连接成有机的整体。在该窗口内定义不同类型和名称的变量，作为数据采集、处理、输出控制、动画连接及设备驱动的对象。

运行策略：主要完成工程运行流程的控制，包括编写控制程序，选用各种功能构件，如数据提取、定时器、配方操作、多媒体输出等。

（三）MCGS 组态软件的功能和特点

与同类组态软件相比，MCGS 组态软件具有以下特点：

1）全中文、可视化、面向窗口的组态开发界面，符合中国人的使用习惯和要求，真正的 32 位程序，可运行于 Microsoft Windows95/98/Me/NT/2000 等多种操作系统。

2）庞大的标准图形库、完备的绘图工具以及丰富的多媒体支持，能够快速地开发出集图像、声音、动画等于一体的漂亮、生动的工程画面。

3）全新的 ActiveX 动画构件，包括存盘数据处理、条件曲线、计划曲线、相对曲线、通用棒图等，能够更方便、更灵活地处理、显示生产数据。

4）支持目前绝大多数硬件设备，同时可以方便地定制各种设备驱动；此外，独特的组态环境调试功能与灵活的设备操作命令相结合，使硬件设备与软件系统间的配合天衣无缝。

5）简单易学的类 Basic 脚本语言与丰富的 MCGS 策略构件，能够轻而易举地开发出复杂的流程控制系统。

6）强大的数据处理功能，能够对工业现场产生的数据以各种方式进行统计处理，能够在第一时间获得有关现场情况的第一手数据。

7）方便的报警设置、丰富的报警类型、报警存储与应答、实时打印报警报表以及灵活的报警处理函数，能够方便、及时、准确地捕捉到任何报警信息。

8）完善的安全机制，允许用户自由设定菜单、按钮及退出系统的操作权限。此外，MCGS 还提供了工程密码、锁定软件狗、工程运行期限等功能，以保护组态开发者的成果。

9）强大的网络功能，支持 TCP/IP、Modem、485/422/232，以及各种无线网络和无线电台等多种网络体系结构。

10）良好的可扩充性，可通过 OPC、DDE、ODBC、ActiveX 等机制，方便地扩展 MCGS 5.1 组态软件的功能，并与其他组态软件、MIS 系统或自行开发的软件进行连接。

11）提供了 WWW 浏览功能，能够方便地实现生产现场控制与企业管理的集成。在整个企业范围内，只使用 IE 浏览器就可以在任意一台计算机上方便地浏览与生产现场一致的动画画面，实时和历史的生产信息，包括历史趋势、生产报表等，并提供完善的用户权限控制。

（四）MCGS 组态软件的工作方式

MCGS 与设备通信之间的通信：MCGS 通过设备驱动程序与外围设备进行数据交换，包括数据采集和发送设备指令。设备驱动程序是由 VB、VC 程序设计语言编写的 DLL（动态链接库）文件，设备驱动程序中包含符合各种设备通信协议的处理程序，将设备运行状态的特征数据采集进来或发送出去。MCGS 负责在运行环境中调用相应的设备驱动程序，将数据传送到工程中的各个部分，完成整个系统的通信过程。每个驱动程序独占一个线程，达到互不干扰的目的。

MCGS 产生动画效果：MCGS 为每一种基本图形元素定义了不同的动画属性，如一个长方形的动画属性有可见度、大小变化、水平移动等，每一种动画属性都会产生一定的动画效果。所谓动画属性，实际上是反映图形大小、颜色、位置、可见度、闪烁性等状态的特征参数。然而，我们在组态环境中生成的画面都是静止的，如何在工程运行中产生动画效果呢？方法是：图形的每一种动画属性中都有一个"表达式"设定栏，在该栏中设定一个与图形状态相联系的数据变量，连接到实时数据库中，以此建立相应的对应关系，MCGS 称之为动画连接。

工程运行流程的有效控制：MCGS 开辟了专用的"运行策略"窗口，建立用户运行策略。MCGS 提供了丰富的功能构件，供用户选用，通过构件配置和属性设置两项组态操作，生成各种功能模块（称为"用户策略"），使系统能够按照设定的顺序和条件，操作实时数据库，实现对动画窗口的任意切换，控制系统的运行流程和设备的工作状态。所有的操作均采用面向对象的直观方式，避免了烦琐的编程工作。

（五）MCGS 组态软件的操作方式

系统工作台面：是 MCGS 组态操作的工作台面。双击 Windows 桌面上的"MCGS 组态环境"图标，或单击"开始"菜单中的"MCGS 组态环境"菜单项，弹出的窗口即为 MCGS 的工作台窗口，设有：

1）标题栏：显示"MCGS 组态环境-工作台"标题、工程文件名称和所在目录。

2）菜单条：设置 MCGS 的菜单系统。参见"MCGS 组态软件用户指南"附录所列 MCGS 菜单及快捷键列表。

3）工具条：设有对象编辑和组态用的工具按钮。不同的窗口设有不同功能的工具条按钮。

4）工作台面：进行组态操作和属性设置。上部设有 5 个窗口标签，分别对应主控窗口、用户窗口、设备窗口、实时数据库和运行策略 5 大窗口。单击"标签"按钮，即可将相应的窗口激活，进行组态操作；工作台右侧还设有创建对象和对象组态用的功能按钮。

5）组态工作窗口：是创建和配置图形对象、数据对象和各种构件的工作环境，又称为对象的编辑窗口。主要包括组成工程框架的 5 大窗口，即主控窗口、用户窗口、设备窗口、实时数据库和运行策略。分别完成工程命名和属性设置、动画设计、设备连接、编写控制流程、定义数据变量等项组态操作。

6）属性设置窗口：是设置对象各种特征参数的工作环境，又称属性设置对话框。对象不同，属性窗口的内容各异，但结构形式大体相同。主要由下列几部分组成：

① 窗口标题：位于窗口顶部，显示 "××属性设置" 字样的标题。

② 窗口标签：不同属性的窗口分页排列，窗口标签作为分页的标记。各类窗口分页排列，单击窗口标签，即可将相应的窗口页激活，进行属性设置。

③ 输入框：设置属性的输入框，左侧标有属性注释文字，框内输入属性内容。为了便于用户操作，许多输入框的右侧带有 "?" "▼" "…" 等标志符号的选项按钮，单击此按钮，弹出一列表框，双击所需要的项目，即可将其设置于输入框内。

④ 单选按钮：带有 "○" 或 "⊙" 标记的属性设定器件。同一设置栏内有多个选项按钮时，只能选择其一。

⑤ 复选框：带有 "□" 标记的属性设定器件。同一设置栏内有多个选项框时，可以设置多个。

⑥ 功能按钮：一般设有 "检查 [C]" "确认 [Y]" "取消 [N]" "帮助 [H]" 4 种按钮。

7）图形库工具箱：MCGS 为用户提供了丰富的组态资源，包括：

① 系统图形工具箱：进入用户窗口，单击工具条中的 "工具箱" 按钮，打开图形工具箱，其中设有各种图元、图符、组合图形及动画构件的位图图符。利用这些最基本的图形元素，可以制作出任何复杂的图形。参见 "MCGS 组态软件用户指南"。

② 设备构件工具箱：进入设备窗口，单击工具条中的 "工具箱" 按钮，打开设备构件工具箱窗口，其中设有与工控行业经常选用的监控设备相匹配的各种设备构件。选用所需的构件，放置到设备窗口中，经过属性设置和通道连接后，该构件即可实现对外围设备的驱动和控制。

③ 策略构件工具箱：进入运行策略组态窗口，单击工具条中的 "工具箱" 按钮，打开策略构件工具箱，工具箱内包括所有策略功能构件。选用所需的构件，生成用户策略模块，实现对系统运行流程的有效控制。

8）对象元件库：对象元件库是存放组态完好并具有通用价值动画图形的图形库便于对组态成果的重复利用。进入用户窗口的组态窗口，执行 "工具" 菜单中的 "对象元件库管理" 菜单命令，或者打开系统图形工具箱，选择 "插入元件" 图标，可打开对象元件库管理窗口，进行存放图形的操作。

9）工具按钮：工作台窗口的工具条一栏内，排列标有各种位图图标的按钮，简称为工具按钮。许多按钮的功能与菜单条中的菜单命令相同，但操作更为简便，因此在组态操作中经常使用。

（六）MCGS 组态软件安装图解

1）将光盘放入计算机光驱中，会自动弹出安装画面，如果没有弹出来，可在 "我的电脑" 中打开光盘，双击 "Autorun. exe"，也可弹出安装画面，如图 10-23 所示。

2）选择 "安装 MCGS 组态软件嵌入版" 选项，弹出选择安装程序，如图 10-24 所示。

图 10-23 安装画面

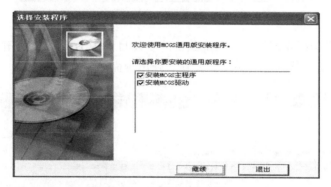

图 10-24 选择安装程序

3）在图 10-24 中单击"继续"按钮，弹出画面如图 10-25 所示。

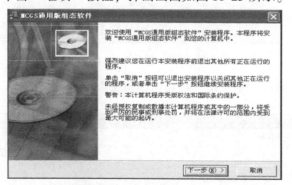

图 10-25 弹出画面（1）

4）在图 10-25 中单击"下一步"按钮，弹出画面如图 10-26 所示。

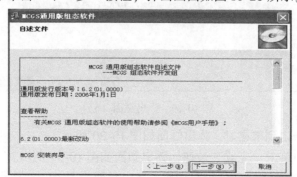

图 10-26 弹出画面（2）

5）在图10-26中单击"下一步"按钮，弹出画面如图10-27所示。

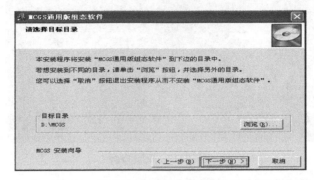

图10-27 弹出画面（3）

6）图10-27是选择安装目录，系统默认的安装目录为D:\MCGS，建议用户不要更改，保留默认的安装目录，单击"下一步"按钮，弹出画面如图10-28所示。

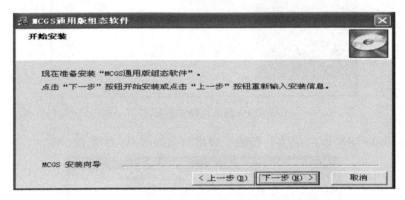

图10-28 弹出画面（4）

7）在图10-28中单击"下一步"按钮，弹出画面如图10-29所示。

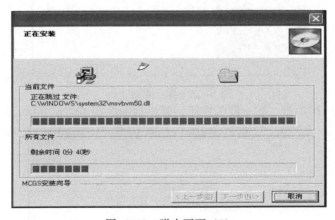

图10-29 弹出画面（5）

8）待进度指示条走到末尾时，弹出画面如图10-30所示。

9）在图10-30中单击"完成"按钮，弹出画面如图10-31所示。

10）在图10-31中单击"下一步"按钮，弹出画面如图10-32所示。

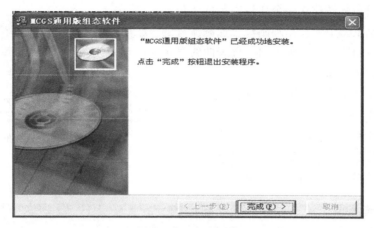

图 10-30　完成安装

图 10-31　弹出画面（6）

图 10-32　弹出画面（7）

11）在图 10-32 中勾选"所有驱动"复选框，即让灰色的对钩变成黑色的，否则仪表驱动程序安装不上；之后单击"下一步"按钮，弹出图 10-33 所示的安装进度指示框。

12）待进度指示条走到末尾时，弹出画面如图 10-34 所示。

图 10-33　弹出画面（8）

图 10-34　弹出画面（9）

13）在图 10-34 中单击"完成"按钮，弹出图 10-35 所示画面，在图 10-35 中单击"确定"按钮重新启动计算机。

（七）组态工程简介

通过一个水位控制系统的组态过程，介绍如何应用 MCGS 组态软件完成一个工程。你将会应用 MCGS 组态软件建立一个比较简单的水位控制系统。该案例工程中涉及动画制作、控制流程的编写、模拟设备的连接、报警输出、报表曲线显示与打印等多项组态操作。

水位控制需要采集两个模拟数据：

液位 1（最大值 10m）；

液位 2（最大值 6m）。

三个开关数据：水泵、调节阀、出水阀。工程组态后，最终效果图如图 10-36 所示。

图 10-35　弹出画面（10）

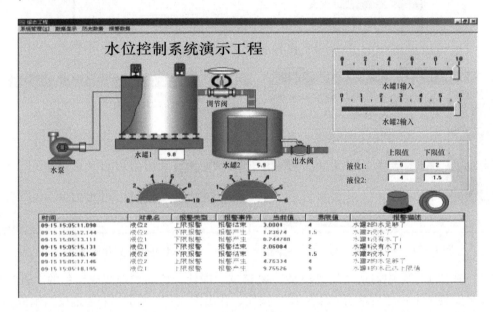

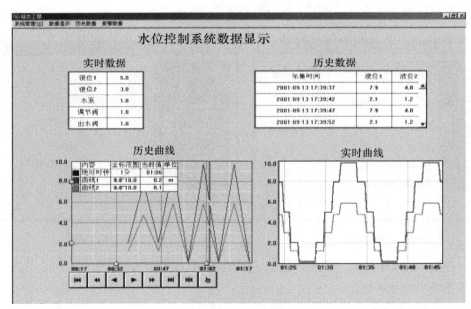

图 10-36　最终效果图

1. 建立 MCGS 新工程　在 Windows 桌面上双击"Mcgs 组态环境"图标，进入 MCGS 组态环境，如图 10-37 所示。

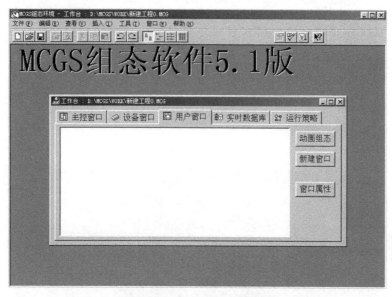

图 10-37　进入 MCGS 组态环境

在菜单"文件"中选择"新建工程"菜单项，如果 MCGS 安装在 D：根目录下，则会在 D：\ MCGS \ WORK \ 下自动生成新建工程，默认的工程名为新建工程 X. MCG（X 表示新建工程的顺序号，如 0、1、2 等）。新建工程如图 10-38 所示。

可以在菜单"文件"中选择"工程另存为"选项，把新建工程存为：D：\ MCGS \ WORK \ 水位控制系统。

（1）设计画面流程，建立新画面　在 MCGS 组态平台上，单击"用户窗口"，在"用户窗口"中单击"新建窗口"按钮，则产生新"窗口 0"，新建窗口如图 10- 39 所示。

选中"窗口 0"，单击"窗口属性"按钮，进入"用户窗口属性设置"对话框，将"窗口名称"改为：水位控制；将"窗口标题"改为：水位控制；在"窗口位置"中单击"最大化显示"单选按钮，其他不变，单击"确认"按钮。窗口属性设置如图 10-40 所示。

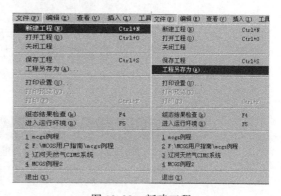

图 10-38　新建工程

选中刚创建的"水位控制"用户窗口，单击"动画组态"，进入动画制作窗口，动画制作如图 10-41 所示。

（2）工具箱使用　单击工具条中的"工具箱"按钮，则打开动画工具箱，为了快速构图和组态，MCGS 系统内部提供了常用的图元、图符、动画构件对象，称为系统图形对象。工具箱如图 10-42 所示。

（3）对象元件库管理　单击"工具"菜单，选中"对象元件库管理"选项或单击工具

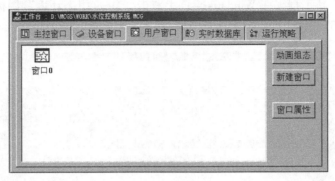

图 10-39 新建窗口

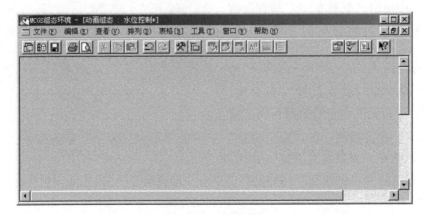

图 10-40 窗口属性设置

图 10-41 动画制作

条中的"工具箱"按钮,则打开动画工具箱,工具箱中的图标 用于从对象元件库中读取存盘的图形对象;图标 用于把当前用户窗口中选中的图形对象存入对象元件库中。对象元件库管理如图 10-43 所示。

从"对象元件库管理"中的"储藏罐"中选取中意的罐，单击"确定"按钮，则所选中的罐在桌面的左上角，可以改变其大小及位置，如罐 14、罐 20。从"对象元件库管理"中的"阀"和"泵"中分别选取两个阀（阀 6，阀 33），一个泵（泵 12）。

流动的水是由 MCGS 动画工具箱中的"流动块"构件制作成的。用工具箱中的 █ 图标，分别对阀、罐进行文字注释，方法见上面做"水位控制系统演示工程"。最后生成水位控制系统演示工程画面，如图 10-44 所示。

选择菜单项"文件"中的"保存窗口"，则可对所完成的画面进行保存。

2. 让动画动起来　下面我们将利用 MCGS 软件中提供的各种动画属性，使图形动起来。

（1）定义数据变量　定义数据变量的内容主要包括：指定数据变量的名称、类型、初始值和数值范围，确定与数据变量存盘相关的参数，如存盘的周期、存盘的时间范围和保存期限等。

图 10-42　工具箱

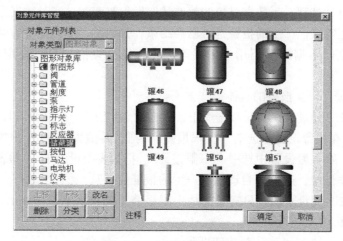

图 10-43　对象元件库管理

（2）动画连接　由图形对象搭制而成的图形界面是静止不动的，需要对这些图形对象进行动画设计，真实地描述外界对象的状态变化，达到过程实时监控的目的。MCGS 实现图形动画设计的主要方法是将用户窗口中图形对象与实时数据库中的数据对象建立相关性连接，并设置相应的动画属性。在系统运行过程中，图形对象的外观和状态特征，由数据对象的实时采集值驱动，从而实现了图形的动画效果。

（3）模拟设备　模拟设备是 MCGS 软件根据设置的参数产生一组模拟曲线的数据，以供用户调试工程使用。该构件可以产生标准的正弦波、方波、三角波、锯齿波信号，且其幅值和周期都可以任意设置。

（4）编写控制流程　对于大多数简单的应用系统，MCGS 的简单组态就可完成。只有比

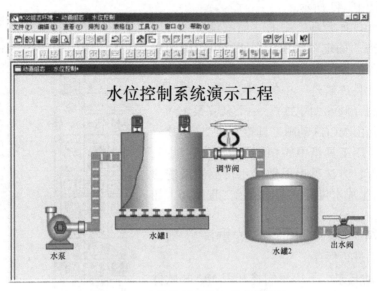

图 10-44　水位控制系统演示工程画面

较复杂的系统，才需要使用脚本程序，但正确地编写脚本程序，可简化组态过程，大大提高工作效率，优化控制过程。

3. 报警显示与报警数据　MCGS 把报警处理作为数据对象的属性，封装在数据对象内，由实时数据库来自动处理。当数据对象的值或状态发生改变时，实时数据库判断对应的数据对象是否发生了报警或已产生的报警是否已经结束，并把所产生的报警信息通知给系统的其他部分；同时，实时数据库根据用户的组态设定，把报警信息存入指定的存盘数据库文件中。

(1) 定义报警　定义报警的具体操作如下：

对于"液位 1"变量，在实时数据库中，双击"液位 1"，在报警属性中，选中"允许进行报警处理"；在报警设置中选中"上限报警"，把报警值设为 9m；报警注释为：水罐 1 的水已达上限值；在报警设置中选中"下限报警"，把报警值设为 1m；报警注释为：水罐 1 没水了。在存盘属性中，选中"自动保存产生的报警信息"。

对于"液位 2"变量来说，只需要把"上限报警"的报警值设为 4m，其他同上。数据对象属性设置如图 10-45 所示。

属性设置好后，单击"确认"按钮即可。

(2) 报警显示　实时数据库只负责关于报警的判断、通知和存储三项工作，而报警产生后所要进行的其他处理操作（即对报警动作的响应），则需要在组态时实现。

(3) 报警数据　在报警定义时，我们已经选中了"自动保存产生的报警信息"选项，这时可以通过如下操作，看看是否有报警数据存在。

(4) 修改报警限值　在"实时数据库"中，对"液位 1""液位 2"的上下限报警值都定义好了，如果用户想在运行环境下根据实际情况随时需要改变报警上下限值，又如何实现呢？在 MCGS 组态软件中，提供了大量的函数，可以根据需要，灵活地进行运用。

(5) 报警动画　当有报警产生时，可以用提示灯显示。

现在进入运行环境，可以看到整体效果图，如图 10-46 所示。

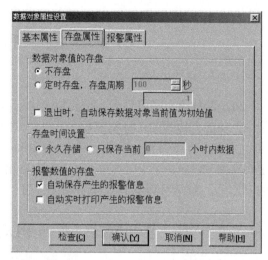

图 10-45　数据对象属性设置

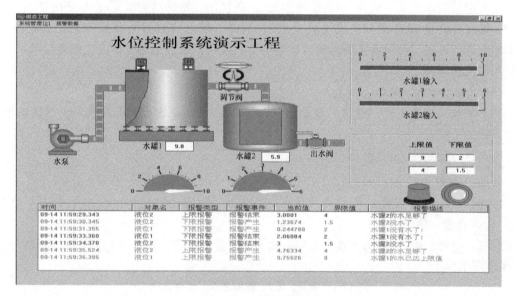

图 10-46　整体效果图

第十一章　FX3U 系列 PLC

PLC 的种类和规格很多，结构功能也不尽相同，但它们的基本结构与工作原理以及很多指令的功能大体相同。日本三菱公司生产的 PLC 是我国推广应用最早、最广的 PLC 之一，该公司 2005 年 5 月推出的第三代可编程控制器 FX3U，是 FX2N PLC 的升级换代产品。本章主要介绍 FX3U 系列 PLC 的特点、输入/输出方式及其内部器件等。读者学习掌握 FX3U 系列 PLC 后，对学习其他 PLC 则可触类旁通，举一反三。

第一节　FX3U 系列 PLC 的型号和输入/输出方式

一、FX3U 系列 PLC 的型号

主要包括基本单元、输入/输出扩展单元/扩展模块、特殊功能单元/模块等的产品型号。其中，输入/输出扩展单元与扩展模块的主要区别是，前者内置了电源且只能通过端子排与基本单元进行连接，而后者主要是输入或输出扩展模块，可通过端子排或连接器与基本单元或扩展单元相连接。

（一）基本单元（Main Unit）

基本单元又称为主机，包含了内置 CPU、存储器、输入/输出和电源模块，具体的型号表示方法如下：

型号：FX3U-□1　M　□2-□3

例如：FX3U-32　M　R‐ES

1—输入/输出总点数，有 16/32/48/64/80/128（只限于交流电源供电的 PLC）之分。（注：输入点数 = 输出点数）。

2‐3—电源、输入/输出方式：连接方式为端子排。电源、输入/输出方式、连接方式如表 11-1 所示。

表 11-1　电源、输入/输出方式、连接方式

编号	含　义	编号	含　义
R‐ES	AC 电源/DC 24V（漏型/源型）输入/继电器输出	R‐DS	DC 电源/DC 24V（漏型/源型）输入/继电器输出
T‐ES	AC 电源/DC 24V（漏型/源型）输入/晶体管（漏型）输出	T‐DS	DC 电源/DC 24V（漏型/源型）输入/晶体管（漏型）输出
T‐ESS	AC 电源/DC 24V（漏型/源型）输入/晶体管（源型）输出	T‐DSS	DC 电源/DC 24V（漏型/源型）输入/晶体管（源型）输出
S‐ES	AC 电源/DC 24V（漏型/源型）输入/晶闸管（SSR）输出	R‐UA1	AC 电源/AC 100V 输入/继电器输出

（二）输入/输出扩展单元（Input/Output Powered Extension Units）

FX3U PLC 仍旧采用 FX2N 系列输入/输出的扩展单元，它没有中央处理器，不能单独使

用，只能通过端子排与主机相连。扩展单元的外形与基本单元的大体相同。输入/输出扩展单元内置了电源回路和输入/输出，用于扩展输入/输出点数，可以给连接在其后的扩展设备供电。其具体的型号表示方法如下：

型号：FX2N -① E ②-③

例如：FX2N - 32 E R - ES

1—输入/输出总点数（注：输入点数 = 输出点数），有 32/48 之分。

2-3—电源、输入/输出方式：连接方式为端子排。电源、输入/输出方式、连接方式如表 11-2 所示。

表 11-2 电源、输入/输出方式、连接方式

编号	含 义	编号	含 义
R	AC 电源/DC 24V（漏型）输入/继电器输出	R - UA1	AC 电源/AC 100V 输入/继电器输出
S	AC 电源/DC 24V（漏型）输入/晶闸管（SSR）输出	R - DS	DC 电源/DC 24V（漏型/源型）输入/继电器输出
T	AC 电源/DC 24V（漏型）输入/晶体管（漏型）输出	T - DSS	DC 电源/DC 24V（漏型/源型）输入/晶体管（源型）输出
R - ES	AC 电源/DC 24V（漏型/源型）输入/继电器输出	R - D	DC 电源/DC 24V（漏型）输入/继电器输出
T - ESS	AC 电源/DC 24V（漏型/源型）输入/晶体管（源型）输出	T - D	DC 电源/DC 24V（漏型）输入/晶体管（漏型）输出

（三）输入/输出扩展模块（Input/Output Extension Blocks）

FX3U PLC 仍旧采用 FX2N 系列的输入/输出扩展模块。输入/输出扩展模块内置了输入或输出，以增加输入或输出点数，可以连接在基本单元或者输入/输出扩展单元上使用。其具体的型号表示方法如下：

型号：FX2N -① E ②-③

例如：FX2N - 8 E X - C

1—输入/输出总点数，有 8/16 之分。

2-3—输入/输出方式：连接方式为端子排或连接器。输入/输出方式、连接方式如表 11-3 所示。

表 11-3 输入/输出方式、连接方式

编号	含 义	编号	含 义
ER	DC 24V（漏型）输入/继电器输出/端子排	YR	继电器输出/端子排
ER - ES	DC 24V（漏型/源型）输入/继电器输出/端子排	YS	晶闸管（SSR）输出/端子排
X	DC 24V（漏型）输入/端子排	YT	晶体管（漏型）输出/端子排
X - C	DC 24V（漏型）输入/连接器	YT - H	晶体管（漏型）输出/端子排
XL - C	DC 5V 输入/连接器	YT - C	晶体管（漏型）输出/连接器
X - ES	DC 24V（漏型/源型）输入/端子排	YR - ES	继电器输出/端子排
X - UA1	AC 100V 输入/端子排	YT - ESS	晶体管（源型）输出/端子排

注：对于 ER 或 ER - ES 型，需要输入 4 点、输出 4 点作为空号被占用。

（四）扩展设备（Extension Devices）

适用于 FX3U PLC 的扩展设备主要包括：模拟量输入、模拟量输出、模拟量输入/输出

混合、温度调节、高速计数器、脉冲输出（定位）、数据链接（通信功能）、高速输入/输出、扩展电源等特殊功能单元/模块。系统上电时，基本单元从离其最近的特殊功能单元/模块开始，按照 No.0~No.7 的顺序，依次对特殊功能单元/模块分配单元编号（No. 号），而在输入/输出扩展单元/模块中则不需要进行编号。受篇幅所限，具体型号可参考 FX3U PLC 用户使用说明书，在此不再赘述。

（五）可选部件（Optional Products）

适用于 FX3U PLC 的可选部件主要包括：显示模块、终端模块、存储器盒、电池等。

二、输入输出方式

（一）输入方式

PLC 输入方式按输入回路电流来分，有直流输入和交流输入两种，有的 PLC 还有交直流输入方式。直流输入电路示意图如图 11-1 所示。直流电源由 PLC 内部提供。交流输入电路示意图如图 11-2 所示，由 PLC 外部提供交流电源。当有信号输入时，发光二极管点亮。由于输入信号经过光电耦合器的隔离，因而提高了 PLC 的抗干扰能力。

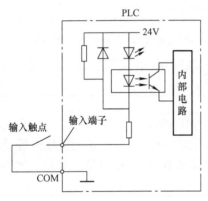

图 11-1　直流输入电路示意图

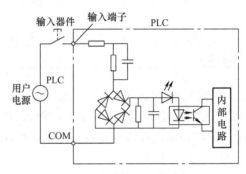

图 11-2　交流输入电路示意图

按 PLC 的输入模块与外部用户设备的接线形式来分，有汇点式输入接线和分隔式输入接线两种基本形式。汇点式输入就是各输入回路有一个公共端（汇集端）COM，可以是全部输入点为一组，共用一个公共端和一个电源，也可以将全部输入点分为 n 个组，每组有一个公共端和一个单独电源。分隔式输入就是每一个输入回路有两个接线端，由单独的一个电源供电，这一交流电源由用户提供。控制信号是通过用户输入设备（如开关、按钮、位置开关、继电器和传感器）的接点输入的。

（二）输出方式

PLC 输出方式如果按负载使用的电源（即用户电源）来分，有直流输出、交流输出和交直流输出三种方式。按输出开关器件的种类分，有晶体管、晶闸管和继电器三种输出方式。

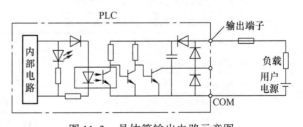

图 11-3　晶体管输出电路示意图

晶体管输出电路示意图如图 11-3 所示，图中仅画出一个输出点的电路原理图，其他输出点的输出电路与此电路图相同。晶体管输出电路只能带直流负载，属于直流输出方式。双向晶闸管输出电路示意图如图 11-4 所示，这种输出方式只能带交流负载，属于交流输出方式。继电器输出电路示意图如图 11-5 所示，它可带直流负载也可带交流负载，属于交直流输出方式。以上三种输出方式，电源由用户提供。当 PLC 有信号输出时，发光二极管点亮，均采取电的隔离措施，以提高可靠性。

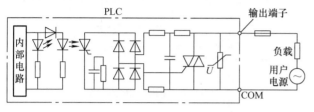

图 11-4 双向晶闸管输出电路示意图

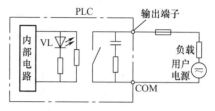

图 11-5 继电器输出电路示意图

按输出模块与外部用户输出设备的接线形式分，有汇点式输出和分隔式输出接线两种基本形式。此外，有的 PLC 可以配置具有 I/O 双重功能的 I/O 模块，这种模块含有若干个输入点和输出点，各输入回路的直流电源由 PLC 内部电源提供，各输出回路的负载电源由用户提供，可以是直流也可以是交流。

（三）FX3U 系列 PLC 输出技术指标

FX3U 系列 PLC 的输出技术指标如表 11-4 所示。

表 11-4　FX3U 系列 PLC 的输出技术指标

项　　目		晶体管输出	继电器输出	晶闸管输出
外部电源		DC 5～30V	最大 AC 240V/DC 30V	AC 85～242V
最大负载	阻性负载	0.5A/1 点,4 点/公共点:0.8A, 8 点/公共:1.6A	2A/点, 8A/公共点	0.3A/点, 0.8A/公共点
	感性负载	12W,DC 24V	80V·A,AC 120V/240V	36V·A,AC 240V
最小负载		—	2mA(<DC 5V)	2.3V·A,AC 240V
响应时间	OFF→ON	Y000～Y002<5μs(DC 5～24V,>10mA), 其余各点<0.2ms(DC 24V,>200mA)	10ms	1ms
	ON→OFF	Y000～Y002<5μs(DC 5～24V,>10mA), 其余各点<0.2ms(DC 24V,>200mA)	10ms	10ms
开路漏电流		0.1mA/DC 30V	—	2.4mA/AC 240V

第二节　FX3U 系列 PLC 的内部器件

一、输入、输出继电器 X、Y

输入继电器 X 是 PLC 接收来自外部输入设备开关信号的接口。输入继电器 X 的线圈与 PLC 的输入端相连，每个输入继电器带有一对常开和一对常闭接点，且可反复使用。输入继电器由外部信号驱动，即由外接开关控制。输入继电器电路如图 11-6 所示。

输出继电器 Y 是 PLC 向外部负载传送信号的器件，其输出接点连接到 PLC 的输出端子上。输出继电器接点的通和断是由程序执行结果来决定的，它有一对专用的外部输出常开接点，另外一对常开和一对常闭"软"接点可供在编程中反复使用。输出继电器电路如图 11-7 所示。

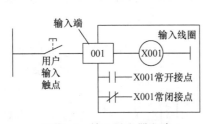

图 11-6 输入继电器电路

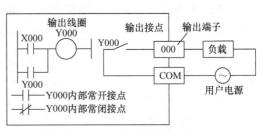

图 11-7 输出继电器电路

FX3U PLC 输入、输出继电器（X、Y）的编号采用 3 位八进制数进行编写。如果基本单元连接有输入/输出扩展单元/模块时，系统上电会自动对输入/输出编号（X、Y）进行编号分配。编号的分配方式：接着前面的输入和输出编号，分别分配各自的输入/输出编号，但是末位数必须从 0 开始分配（FX2N‑64CL‑M、FX2N‑16LNK‑M 除外，请参考相应的厂家说明书）。基于 FX3U 的控制系统构成及相应的输入/输出继电器编号的分配实例如图 11-8 所示。读者可以借助于三菱"FX 系列 PLC 选型工具软件"进行系统各部件的选型。

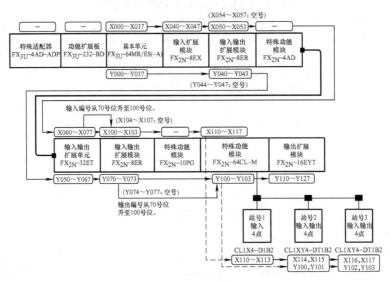

图 11-8　输入/输出继电器编号的分配实例

二、辅助继电器 M

FX3U 系列 PLC 中设有 7680 个辅助继电器 M（编号以十进制数分配），每个辅助继电器带有可反复使用的常开接点和常闭接点，它必须由 PLC 中其他器件的接点接通驱动 M 的线圈之后，接点才能动作。辅助继电器与继电接触控制电路中的中间继电器工作情形相似，不能直接接收外部的输入信号，也不能直接驱动外部负载，是一种内部的状态标志，只供中间转换环节使用，所以辅助继电器有时也叫作中间继电器。辅助继电器要驱动外部负载必须通过输出继电器才行，其接点可反复使用。FX3U 系列 PLC 的辅助继电器可分为如下 4 种类型：

（一）普通型辅助继电器（General Type Variable）

对于普通型辅助继电器，当 PLC 的电源断开后，其状态都变为 OFF，且没有后备电池支持。在 GX Developer PLC 程序开发环境下，通过参数设定，可以将其更改为停电保持型辅助继电器。

（二）停电保持型辅助继电器（Latched Type Variable）

停电保持型辅助继电器，也称保持继电器。当电源中断时，由于机内电池能保持供电，所以停电保持型辅助继电器能够保持它们断电前的状态。在 GX Developer PLC 程序开发环境下，通过参数设定，可以将其更改为普通型辅助继电器。

停电保持型辅助继电器的应用实例如图 11-9 所示。当希望系统再次起动时，工作台的前进方向与停电前的前进方向相同，并进行水平方向往复运动，其工作过程为：X000 = ON（左限位）→M600 = ON→Y000 驱动工作台向右移动→系统断电→工作台中途停止→系统再次起动（因停电保持功能 M600 = ON）→Y000 继续驱动工作台向右运动→X001 = ON（右限位）→M600 = OFF、M601 = ON→Y001 驱动工作台向左移动，由此进行水平方向的往复运动。但是，再次运行的时候，如果 X000/X001 的常闭接点开路，M601/M600 就不会动作。

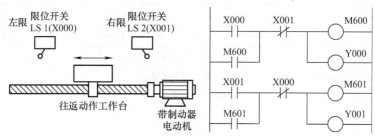

图 11-9　停电保持型辅助继电器的应用实例

（三）停电保持专用型辅助继电器（Latched Type Fixed）

停电保持专用型辅助继电器其功能与停电保持型辅助继电器的功能大致相同，所不同的是其停电保持特性不可以通过参数进行变更。如果将停电保持专用型辅助继电器作为普通型辅助继电器使用时，需在程序起始位置附近设置如图 11-10 所示的复位梯形图。

图 11-10　停电保持专用型辅助继电器设置实例

（四）特殊用途辅助继电器（Special Type）

特殊用途辅助继电器可以分为接点利用型和线圈驱动型两大类，主要用于：表示 PLC 的某些状态、提供时钟脉冲和标志、设定 PLC 的运行方式、步进顺控、禁止中断、设定计数器工作模式等。部分常用的特殊用途辅助继电器如下：

（1）接点利用型

1）M8000（运行监视）：当 PLC 运行时，M8000 自动处于接通状态，当 PLC 停止运行时，M8000 处于断开状态，因此可以利用 M8000 的接点经输出继电器 Y，在外部显示程序是否运行，达到运行监视的目的。

2）M8002（初始化脉冲）：当 PLC 一开始投入运行时，M8002 就接通，自动发出宽度为一个扫描周期的单窄脉冲。M8002 常用作计数器、寄存器和保持辅助继电器等的初始化信号，即开机复位或清零信号。

3）M8004（错误发生）：如果运算出错，例如除法指令的除数为 0，M8004 接通。

4）M8005（电池电压降低）：PLC 内锂电池电压下降至规定下限值时，M8005 接通。

5）M8011～M8014 分别是 10ms、100ms、1s 和 1min 时钟脉冲，一个周期内其接点接通和断开的时间各占 50%。

（2）线圈驱动型

1）M8030 的线圈接通后，"电池电压降低"发光二极管熄灭。

2）M8033 的线圈接通时，PLC 进入 STOP 模式后，映像寄存器和数据寄存器的值保持不变。

3）M8034 的线圈接通时，PLC 禁止所有的输出。

4）M8039 的线圈接通时，PLC 以数据寄存器 D8039 中所指定的扫描时间进入恒定扫描模式运行状态。

（五）辅助继电器的编号（编号以十进制数分配）

辅助继电器的编号如表 11-5 所示。

表 11-5　辅助继电器的编号

普通型	停电保持型	停电保持专用型	特殊用途
M0～M499[①]	M500～M1023[②]	M1024～M7679[③]	M8000～M8511

① 非停电保持区域，根据设定的参数，可以更改为停电保持区域。

② 停电保持区域，根据设定的参数，可以更改为非停电保持区域。

③ 停电保持区域，其保持特性不可以通过参数设置进行变更。

三、定时器 T

FX3U 系列 PLC 中设有定时器 T，用于延时控制。不同型号和规格的 PLC，其定时器个数和定时时间的长短也有所不同。定时器是用加法计算 PLC 中的 1ms、10ms、100ms 等的时钟脉冲，当加法计算的结果达到所指定的设定值时，输出接点就动作（断开/闭合）。作为设定值，可使用程序内存中的常数 K（十进制数）以及通过数据寄存器 D 的内容间接指定。若定时器不作为定时器使用时，其对应的定时器编号也可作为存储数值用的数据寄存器。

（一）通用定时器

定时器的使用方法如图 11-11 所示。图中 T_1 为定时器的编号，K 后面的 t 为设定时间，具体设定时间 t 由用户设定。当输入条件 X001 接通定时器线圈回路时，开始计时，定时时间到，则定时器的常开接点接通，而常闭接点断开。

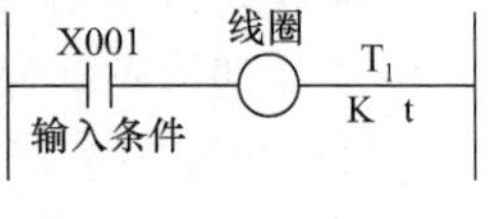

图 11-11　定时器的用法

（二）累计型定时器

如图 11-12 所示，当定时器线圈 T250 的驱动输入 X001 为 ON，T250 使用当前值，计数器就对 100ms 的时钟脉冲进行加法运算，如果这个值等于设定值 345 时，定时器的输出接点动作。在计数过程中，即使出现输入 X001 变为 OFF 或停电的情况，当再次运行时也能在原有基础上继续计数，其累计动作时间为 34.5s。复位输入 X002 为 ON 时，定时器会被复位并且输出接点也复位。

（三）断开延时型定时器

某些主设备（如大功率变频调速电动机）在运行时需要用电风扇冷却，停机后电风扇应延时一段时间才能断电。断开延时型定时器的用法如图 11-13 所示，设 X001 常开接点闭合，Y000接通，当X001常开接点断开而其常闭接点闭合时，T5开始20s定时，定时20s时间到，则T5的常闭接点动作以断开Y000的输出。

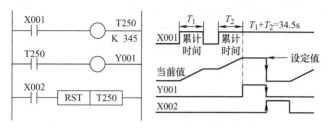

图11-12　累计型定时器的用法

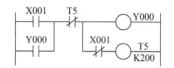

图11-13　断开延时型定时器的用法

（四）脉冲定时器

利用输入信号的上升沿，输出一个宽度等于定时器设定值的脉冲。脉冲定时器的用法如图11-14所示，在输入信号X004的上升沿，Y003线圈接通并自保持，T3开始定时。定时时间到时，T3的常闭接点断开，Y003的线圈回路断开。Y003为ON的时间等于T3的设定值。

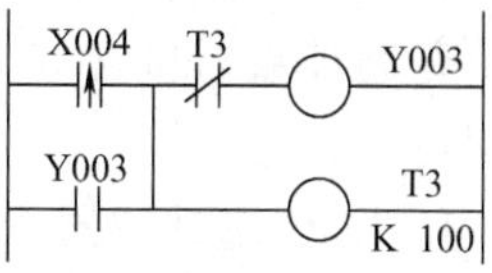

（五）使用定时器时的注意事项

1）定时器对PLC内部的1ms、10ms、100ms时钟脉冲进行"加"计数，达到设定值时，定时器的输出接点动作。

图11-14　脉冲定时器的用法

2）使用定时器时，必须设定K值，不能漏掉，否则出错。

3）同一定时器在同一个程序中一般只能使用一次，但它的常开接点与常闭接点可以反复多次使用。

4）当输入条件接通定时器线圈回路时，开始计时；当输入条件断开定时器线圈回路时，定时器立即停止计时，而且恢复到原来设定值，这时其常开接点断开，常闭接点闭合。

5）对于子程序和中断子程序，应使用T192~T199的定时器。该定时器在执行线圈指令时或在执行END指令时进行计时，如果达到设定值，则输出接点动作。由于一般的定时器仅仅在执行线圈指令时进行计时，只有在某种条件下，才执行线圈指令的子程序和中断子程序。

6）在子程序和中断子程序中，如果使用了1ms累计型定时器，当它达到设定值以后，在最初执行的线圈指令处输出接点会动作，应务必注意。

（六）定时器的精度

如果编程时，接点在定时器线圈前面的话，从驱动线圈开始到接点动作为止的定时器的最大误差情况为 $+2T_0$。若定时器的设定值为0时，在下一个循环中，线圈指令执行时，输出接点动作。此外，中断执行型的1ms定时器是在线圈指令执行后，以中断方式对1ms的时钟脉冲进行计数。

$$T_{-\alpha}^{+T_0}$$　α：根据1ms、10ms、100ms定时器分别为0.001s、0.01s、0.1s

　　　　　T：定时器设定时间（s）

　　　　　T_0：运算周期（s）

（七）定时器的编号（编号以十进制数分配）

定时器的编号如表11-6所示。

表 11-6　定时器的编号

100ms 型 0.1~3276.7s	10ms 型 0.01~327.67s	1ms 累计型[1] 0.001~32.767s	100ms 累计型[1] 0.1~3276.7s	1ms 型 0.001~32.767s
T0~T199 子程序用 T192~T199	T200~T245	T246~T249 执行中断 保持用[1]	T250~T255 保持用[1]	T256~T511

① FX3U PLC 的累计型定时器是通过电池进行停电保持的。

四、计数器 C

FX3U 系列 PLC 中设有计数器，用于计数。计数器就是在对 PLC 的内部信号 X、Y、M、S、C 等接点的动作执行循环运算的同时进行计数。例如，X011 作为计数输入时，它的 ON 和 OFF 的持续时间必须大于 PLC 的扫描时间。FX3U PLC 通过内置的电池执行计数器的停电保持功能。

（一）普通计数器

普通计数器包含 16 位和 32 位两种类型，每种类型又分为一般用途和停电保持用途（电池保持）计数器。

1. 16 位增计数器　对于一般用途的 16 位计数器，其设定值在 K1~K32767（十进制常数）范围内有效。如果 PLC 的电源断开，则计数值会被清除，但是对于停电保持（电池保持）用计数器，会记住停电之前计数器的当前值、输出接点的动作、复位状态，所以能够继续在上一次的值上进行累计计数。如图 11-15 所示，通过计数输入 X011，每驱动一次 C0 线圈，计数器的当前值就会增加，在第 10 次执行线圈指令的时候输出触点动作。此后，即使计数输入 X011 动作，但是计数器的当前值不会变化。如果输入复位 X010 为 ON，在执行 RST 指令的时候，计数器的当前值变 0，输出接点也复位。作为计数器的当前值，除了可以通过常数 K 进行设定以外，还可以通过数据寄存器 D 进行指定。例如，指定 D5 后，D5 的内容如果是 10 时，就等同于 K 10 的设定。使用 MOV 指令对当前值寄存器写入超过设定值的数据时，当有下一个计数输入的时候，OUT 线圈为 ON，当前值寄存器为设定值。

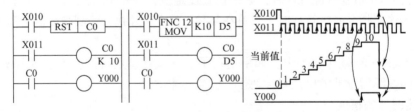

图 11-15　16 位增计数器的用法

2. 32 位增/减计数器　对于一般用途的 32 位计数器，其设定值在 -2,147,483,648~+2,147,483,647（十进制常数）的范围内有效。可以使用辅助继电器 M8200~M8234 指定增/减计数的方向，对应的辅助继电器 ON 时为减计数，OFF 时为增计数。如图 11-16 所示，使用计数输入 X014 驱动 C200 线圈的时候，可增计数也可减计数。在计数器的当前值由 "-6" 增加到 "-5" 的时候，输出接点被置位，在由 "-5" 减少到 "-6" 的时候被复位。当前值的增减与输出接点的动作无关，如果从 +2,147,483,647 开始增计数的话则变成 -2,147,483,648（称为环形计数）。如果复位输入 X013 为 ON，执行 RST 指令，此时计数器的当前值变为 0，输出接点也复位。

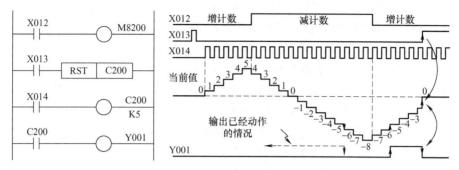

图 11-16　32 位增/减计数器的用法

作为计数器的当前值，除了可以通过常数 K 进行设定以外，还可以通过数据寄存器 D 进行指定，设定值可以使用有正负的值。使用数据寄存器的情况下，将编号连续的软元件视为一对，将 32 位数据作为设定值。使用 DMOV 指令对当前值寄存器写入超过设定值的数据的情况下，当有下一个计数输入时，计数器就会继续计数，接点也不会变化。另外，32 位的计数器也可以作为 32 位的数据寄存器使用。

3. 普通计数器的编号（编号以十进制数分配）　普通计数器的编号如表 11-7 所示。

表 11-7　普通计数器的编号

16 位增计数器 0 ~ 32767		32 位增/减计数器 −2,147,483,648 ~ +2,147,483,647	
一般用途	停电保持用（电池保持）	一般用途	停电保持用（电池保持）
C0 ~ C99 100 点①	C100 ~ C199 100 点②	C200 ~ C219 20 点①	C220 ~ C234 15 点②

① 非停电保持区域，根据设定的参数，可以更改为停电保持（电池或保持）区域。

② 停电保持区域，根据设定的参数，可以更改为非停电保持区域。不作为计数器使用的计数器编号，可以作为保存数值用的数据寄存器使用。

（二）高速计数器

FX3U 系列 PLC 基本单元中，内置了 C235 ~ C255 共 21 个 32 位增/减型高速计数器（编号以十进制数分配）。高速计数器的运行是建立在中断基础上的，即事件的触发与扫描时间无关。在对外部高速脉冲计数时，梯形图中高速计数器的线圈应一直保持接通状态，以表示与它有关的输入点（X000 ~ X007）已被使用，其他高速计数器的处理不能与其冲突，可以使用运行时一直为 ON 的 M8000 的常开接点驱动高速计数器的线圈。在高速计数器中，根据计数的方法不同可以分为硬件计数器和软件计数器两种。而且，在高速计数器中，提供了可以选择外部复位输入端子和外部启动输入端子（开始计数）的功能。有关高速计数器的详细使用说明，请参见"FX3G/3U/3UC 系列微型可编程控制器编程手册——基本/应用指令说明书"。

五、状态继电器 S

状态继电器是编制步进程序的重要软元件，通常与步进指令一起使用，对于未在步进程序中使用的状态继电器也可以当成普通辅助继电器使用。状态继电器分为初始状态、普通、停电保持、停电保持专用和信号报警等 5 种类型。

1. 普通型状态继电器　普通型状态继电器没有停电保持功能，对于未在步进程序中使

用的状态继电器可以作为普通型辅助继电器使用。在
GX Developer PLC 程序开发环境下，通过参数设定，
可以将其更改为停电保持型状态继电器。如图 11-17
所示的工序步进控制中，启动信号 X000 为 ON 后，状
态 S20 被置位（ON），下降用电磁阀 Y000 工作。其
结果是，如果下限限位开关 X001 为 ON，状态 S21 就
被置位（ON），夹紧用的电磁阀 Y001 工作。如确认
夹紧的限位开关 X002 为 ON，状态 S22 就会置位
（ON）。随着动作的转移，状态也会被自动地复位
（OFF）成移动前状态。

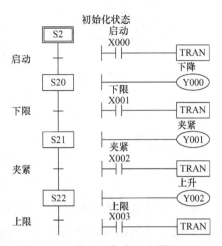

图 11-17　普通型状态继电器的用法

2. 停电保持型状态继电器　对于停电保持型状态
继电器（电池保持），即使在 PLC 的运行过程中断开
电源，也能记住停电之前的 ON/OFF 状态，并且在再
次运行的时候可以从中途的工序开始重新运行。在 GX Developer PLC 程序开发环境下，通
过参数设定，可以将其更改为普通型状态继电器。

3. 停电保持专用型状态继电器　对于停电保持专用型状态继电器其功能与停电保持型
状态继电器的功能大致相同，所不同的是其
停电保持特性不可以通过参数进行变更。如
果将停电保持专用型状态继电器作为普通型
状态继电器使用时，需要在程序起始附近设
置如图 11-18 所示的复位梯形图。

图 11-18　停电保持专用型状态继电器设置实例

4. 信号报警型状态继电器　信号报警型
状态继电器可以作为诊断外部故障用的输出
使用。如图 11-19 所示的外部故障诊断回路，
对特殊数据寄存器 D8049 的内容进行监控后，
会显示出 S900 ~ S999 中的动作状态的最小编
号。发生多个故障时，消除最小编号的故障
后即可知道下一个故障编号。其具体工作流
程如下：

驱动特殊辅助继电器 M8049 后，监控变
为有效。驱动前进输出 Y000 后，如果检测到
前进端 X000 在 1s 内不动作，则 S900 动作。
可以通过复位按键 X005，将因外部故障诊断
程序而动作的状态变成 OFF。X005 每次 ON
的时候，会从编号值较小的动作状态开始顺

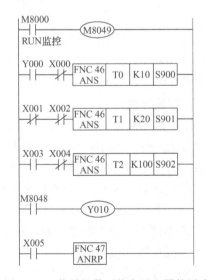

图 11-19　信号报警型状态继电器的用法

序被复位。如果上限 X001 和下限 X002 超过 2s 以上同时不工作，则 S901 动作。在节拍时
间不到 10s 的机械中，连续运行模式的输入 X003 为 ON 的时候，在机械的一个运行周期中
动作开关 X004 如果不动作，则 S902 动作。S900 ~ S999 中任何一个为 ON，则特殊辅助继电
器 M8048 动作，故障显示输出 Y010 动作。

5. 状态继电器的编号（编号以十进制数分配）　状态继电器的编号如表 11-8 所示。

表 11-8　状态继电器的编号

初始状态型	普通型	停电保持型 （电池保持）	停电保持专用型 （电池保持）	信号 报警型
S0 ~ S9 10 点①	S0 ~ S499 500 点①	S500 ~ S899 400 点②	S1000 ~ S4095 3096 点③	S900 ~ S999 100 点②

① 非停电保持区域，根据设定的参数，可以更改为停电保持区域。

② 停电保持区域，根据设定的参数，可以更改为非停电保持区域。

③ 关于停电保持的特性不可以通过参数进行变更。

六、数据/文件寄存器 D

数据寄存器是保存数值数据用的软元件，分为普通、停电保持、停电保持专用和特殊用途 4 种类型，文件寄存器用来设置具有相同软元件编号的数据寄存器的初始值。一个数据/文件寄存器可以存放 16 位二进制数，最高位为符号位（0：正数；1：负数）。两个相邻的数据/文件寄存器组合起来可以构成一个 32 位的数据/文件寄存器，最高位为符号位。

1. 普通型数据寄存器　当 PLC 从 RUN→STOP 时或系统断电时，普通型数据寄存器的所有数据都被清零。如果特殊用途辅助继电器 M8033 为 ON，则 PLC 从 RUN→STOP 时，普通型数据寄存器的值保持不变。PLC 程序中未用的定时器和计数器可以作为数据寄存器使用。在 GX Developer PLC 程序开发环境下，通过参数设定，可以将其更改为停电保持型数据寄存器。

2. 停电保持型数据寄存器　对于停电保持型数据寄存器，当 PLC 从 RUN→STOP 时，其值保持不变。在 GX Developer PLC 程序开发环境下，通过参数设定，可以将其更改为普通型数据寄存器。

3. 停电保持专用型数据寄存器　停电保持专用型数据寄存器的功能与停电保持型数据寄存器的功能大致相同，所不同的是其停电保持特性不可以通过参数进行变更。如果将停电保持专用型数据寄存器作为普通型数据寄存器使用时，需使用 RST 或 ZRST 指令在程序起始位置附近设置如图 11-20 所示的复位梯形图。

图 11-20　停电保持专用型数据寄存器的用法

4. 特殊用途数据寄存器　特殊用途数据寄存器是预先写入特定内容的数据寄存器，用来控制和监视 PLC 内部的各种工作方式。在系统上电或 PLC 由 STOP→RUN 时，该数据寄存器会被写入默认值。如图 11-21 所示，系统 ROM 对 D8000 中的看门狗时间（WDT）进行初始值设定，如果要更改，可以使用传送指令 MOV（FNC 12）向 D8000 中写入新的设定值。

5. 文件数据寄存器　文件寄存器是对相同软元件编号的数据寄存器设定初始值的软元件。在 GX Developer PLC 程序开发环境下，通过参数设定，可以将数据寄存器 D1000 以后（以块为单元，每块 500 点，最多 7000 点）的停电保持专用型数据寄存器设定为文件寄存器。

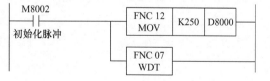

图 11-21　特殊用途数据寄存器的用法

6. 数据寄存器、文件寄存器的编号（编号以十进制数分配）　数据寄存器、文件寄存器的编号如表 11-9 所示。

表 11-9 数据寄存器、文件寄存器的编号

数据寄存器				文件寄存器 （电池保持）
普通型	停电保持型 （电池保持）	停电保持专用型 （电池保持）	特殊用途	
D0 ~ D199 200 点①	D200 ~ D511 312 点②	D512 ~ D7999 7488 点③④	D8000 ~ D8511 512 点	D1000 以后最 多 7000 点④

① 非停电保持区域，根据设定的参数，可以更改为停电保持（保持）区域。

② 停电保持区域（保持），根据设定的参数，可以更改为非停电保持区域。

③ 关于停电保持的特性不能通过参数进行变更。

④ 根据设定参数，可将 D1000 以后的数据寄存器以 500 点为单位作为文件寄存器使用。

七、变址寄存器 V、Z

FX3U 系列 PLC 有 V0 ~ V7、Z0 ~ Z7 共 16 个变址寄存器（编号以十进制数分配）。变址寄存器实际上是一种特殊的数据寄存器，其作用是改变 PLC 内部软元件的编号（变址）。仅仅指定变址寄存器 V 或 Z 时，分别作为 V0、Z0 处理。设 V0 = 5，若执行 D20V0，则实际执行的软元件是 D25（D20 + 5）；若执行 K30V0，则实际执行的指令是作为十进制的数值 K35（30 + 5）。变址寄存器可以像其他数据寄存器一样进行读写，需要进行 32 位操作时，可以将 V、Z 串联使用（Z 为低位，V 为高位）。

第十二章　FX3U 系列 PLC 指令系统

第一节　PLC 的常用编程语言

　　PLC 是以程序的形式进行工作的，所以必须把控制要求变换成 PLC 能接受并能执行的程序。按照 IEC（国际电工委员会）的 PLC 编程语言标准（IEC61131－3），有梯形图、助记符（语句表/指令表）、功能块图、结构文本和顺序功能图等 5 种编程语言。编程设备有专用手持式编程器和安装了编程软件的计算机。现在的趋势是用计算机和编程软件取代手持式编程器。

一、梯形图编程语言

　　梯形图（Ladder Diagram，LD）及用梯形图语言编程的特点，概括起来主要有：

　　1）梯形图是一种图形语言，它沿用继电器的接点、线圈、串并联等术语和图形符号，并增加了一些继电接触控制中没有的符号，因此梯形图与继电接触控制图的形式及符号有许多相同或相仿的地方。梯形图最左边的竖线称为起始母线也叫左母线，然后按一定的控制要求和规则连接各个接点，最后一般以继电器线圈（线圈可以用圆圈、椭圆形、括号来表示）结束，称为一逻辑行或叫一"梯级"，一般在最右边还加上一竖线，这一竖线称为右母线，也可省去右母线。通常一个梯形图中有若干逻辑行（梯级），形似梯子，如图 12-1 所示，梯形图由此而得名。梯形图形象直观，容易掌握，用得很多，堪称用户第一编程语言。

　　2）梯形图中的每个继电器和继电器接点不是通常物理意义上的继电器和接点，而是存储器中的一位。即在梯形图中，均为"软线圈""软接点""软继电器""软接线"。

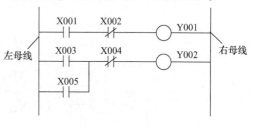

图 12-1　梯形图

　　3）梯形图中没有真正意义上的物理电流流动，只有假想的"概念电流"（或称"能流"）从梯形图的左母线（假想为"相线"）向右母线（假想为"中性线"）"流动"，而不能"逆向流动"。

　　4）梯形图中的继电器线圈包括输出继电器、辅助继电器线圈等，其逻辑动作只有线圈接通之后，才能使对应的常开接点或常闭接点动作。

　　5）梯形图中接点可以多次串联或并联，但继电器线圈只能并联而不能串联。

　　6）PLC 是按循环扫描方式沿梯形图的梯级从上到下、从左到右的先后顺序执行程序的，在同一扫描周期中的结果保留在输出状态暂存器中。

　　7）一般完整的程序结束时要有结束标志 END。

二、助记符编程语言

　　助记符语言也称为指令表（Instruction List，IL），就是用表示 PLC 各种功能的助记功能缩写符号和相应的器件编号组成的程序表达方式，如 LD X001。像这样的每句助记符编程语言就是一条指令或程序。助记符语言类似微机中使用的汇编语言，但比汇编语言直观易懂，编程简单。不同厂家制造的 PLC 所使用的助记符不尽相同, 这给用户带来不便。

三、功能块图编程语言

功能块图 (Function Block Diagram, FBD) 是一种类似于数字逻辑电路的编程语言。该编程语言用类似与门、或门的方框来表示逻辑运算关系, 方框的左侧为逻辑运算的输入变量, 右侧为输出变量, 输入、输出端的小圆圈表示"非"运算, 方框被"导线"连接在一起, 信号自左向右流动。

四、结构文本编程语言

结构文本 (Structured Text, ST) 是为 IEC61131 – 3 标准创建的一种专用的高级编程语言。与梯形图相比, 能实现复杂的数学运算, 编写的程序简洁、紧凑。

五、顺序功能图编程语言

顺序功能图 (Sequential Function Chart, SFC) 是一种位于其他编程语言之上, 用来描述控制系统的控制过程、功能和特性的图形化编程语言。SFC 并不涉及所描述的控制功能的具体实现技术, 是一种通用的编程语言, 1993 年 5 月被 IEC61131 确定为 PLC 的首选编程语言。

第二节　FX3U 系列 PLC 基本指令及编程方法

FX3U 系列 PLC 提供 29 条基本指令, 部分指令对三菱公司其他系列 PLC 具有兼容性, 仅用基本逻辑指令就可以编制出开关量控制系统的用户程序。下面介绍这些基本指令。

一、LD、LDI、OUT 指令

LD (Load): LD 指令 (叫作取指令) 适用于梯形图中与左母线相连的第一个常开接点, 表示一个逻辑行的开始, 如图 12-2a 梯形图中的 X000 的常开接点。

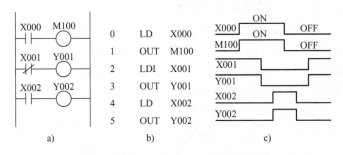

图 12-2　LD、LDI、OUT 指令的用法

a) 梯形图　b) 指令程序　c) 波形图

LDI (Load Inverse): LDI 指令 (叫作取反指令) 适用于梯形图中与左母线相连的第一个常闭接点, 如图 12-2a 中的 X001 常闭接点。

LD、LDI 指令使用的器件 (目标元素): X、Y、M、T、C、S 和 D 的某一位 (也可用 D□.b 表示数据寄存器 D 的某一位, 下同)。

LD 和 LDI 这两种指令在梯形图电路块分支起点处, 应与后述的 AND 指令一起使用。

OUT (Out): 线圈驱动指令 (又叫输出指令), 适用于将运算结果驱动输出继电器、辅助继电器、定时器、计数器、状态继电器和功能指令的线圈, 但不能用于输入继电器。OUT 指令可以连续使用若干次, 相当于线圈的并联。OUT 指令用于计数器和定时器时必须有常数 K 值紧跟，K 分别表示定时器的定时时间或计数器的计数次数，它也作为一个步序。

书写指令程序时，每条指令写一行，左边为步序号，中间为助记符或常数 K，右边为器件的编号或是定时器和计数器的设定常数 K 的值，器件的编号和 K 值合称为数据，如图 12-2b 中指令程序所示。为了简便，本书中所有指令程序上方不再加上步序、指令、数据字样。LD、LDI、OUT 指令使用方法如图 12-2 所示。

二、AND、ANI 指令

AND（And）：AND 指令（叫作与指令）适用于和接点串联的常开接点，如图 12-3a 中 X002 的常开接点。

ANI（And Inverse）：ANI 指令（叫作与反指令）适用于和接点串联的常闭接点，如图 12-3a 中 X004 常闭接点。

这两条指令使用的器件：X、Y、M、T、C、S 和 D 的某一位（D□.b），用于串联一个接点的指令，串联的接点数量理论上不限。以上两条指令使用方法如图 12-3 所示。

三、OR、ORI 指令

OR（Or）：这条指令（叫作或指令）适用于和接点并联的常开接点，如图 12-4a 中的常开接点 X002。

ORI（Or Inverse）：这条指令（叫作或反指令）适用于和接点并联的常闭接点，如图 12-4a 中的常闭接点 X004。

这两条指令使用的器件：X、Y、M、T、C、S 和 D 的某一位（D□.b）。

0	LD	X001
1	AND	X002
2	OUT	Y001
3	LD	X003
4	ANI	X004
5	OUT	Y002

图 12-3　AND、ANI 指令的用法
a) 梯形图　b) 指令程序

这两条指令是用于并联连接仅含有一个接点支路的指令，这种支路并联的数量理论上不受限制。但是，如果要把含有两个以上的接点串联电路进行并联连接时，就要用到后面介绍的 ORB 指令。OR、ORI 指令的用法如图 12-4 所示。

四、ORB、ANB 指令

ORB（Or Block）：块或指令，或者称为接点串联电路块（组）的并联连接指令，适用于两个或两个以上接点串联连接电路块（组）的并联。这时并联支路块都是以 LD 或者 LDI 指令开始，而在该支路的终点要用 ORB 指令。

ANB（And Block）：块与指令，或者称为并联电路块（组）的串联连接指令。适用于两个或两个以上并联电路块（组）的串联连接。使用该指令时，并联电路块都是从 LD 或 LDI 指令开始。每完成两个并联电路块串联连接后要用 ANB 指令。但 ORB 和 ANB 指令后面均不带数据，即为独立指令。在使用 ANB 指令将并联电路与前面电路串联连接前，应先完成并联电路块的程序编制。并联电路块和串联电路块的个数理论上不受限制，即可以多次使用 ORB、ANB 指令。ORB、ANB 指令的用法如图 12-5 所示。

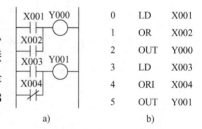

0	LD	X001
1	OR	X002
2	OUT	Y000
3	LD	X003
4	ORI	X004
5	OUT	Y001

图 12-4　OR、ORI 指令的用法
a) 梯形图　b) 指令程序

五、SET、RST 指令

SET（Set）：置位指令。适用于对指定的器件 Y、M、S 和 D 的某一位（D□.b）进行置位，且具有保持功能。

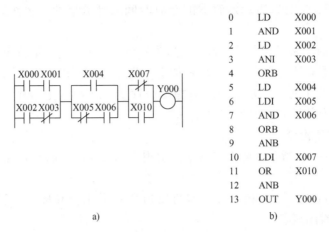

0	LD	X000
1	AND	X001
2	LD	X002
3	ANI	X003
4	ORB	
5	LD	X004
6	LDI	X005
7	AND	X006
8	ORB	
9	ANB	
10	LDI	X007
11	OR	X010
12	ANB	
13	OUT	Y000

a)   b)

图 12-5 ORB、ANB 指令的用法

a) 梯形图 b) 指令程序

RST（Reset）：复位指令。适用于对指定的器件 Y、M、S、T、C 和 D 的某一位（D
□. b）进行复位。对用 SET 指令置 ON 的软元件可以使用 RST 指令进行复位处理。RST 指
令也可以用于清除 T、C、D、R 和 V、Z 的当前值数据，以及对累计定时器 T246 ~ T255 的
当前值和接点进行复位。

如图 12-6a、b 所示，当 X000 为 ON 时，对 Y000 进行置位（ON），此时即使 X000 为
OFF，通过 SET 指令置 ON 的 Y000 也可以保持为 ON 状态。当 X001 为 ON 时，对 Y000 进行
复位（OFF）；如图 12-6c 所示，由 C0 对 X011 的 OFF→ON 的次数进行增计数，计数结果达
到设定值 K10 的时候，C0 的输出接点动作，Y000 为 ON。此后，即使 X011 从 OFF 变为
ON，计数器的当前值也不改变，输出接点 C0 也保持为 ON。只有使 X010 为 ON，才能对 C0
进行复位。

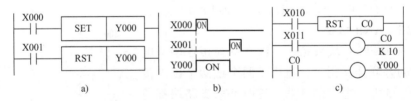

图 12-6 SET、RST 指令的用法

a) 梯形图 b) 时序图 c) 梯形图

注意：对于同一个器件，可以多次使用 SET、RST 指令，最后一次执行的指令将决定其
当前的状态。在同一个运算周期内，对 Y 执行 SET 和 RST 指令时，会输出距离 END 指令最
近的那条指令的结果。

六、PLS、PLF 指令

PLS（Pulse）：上升沿微分输出宽度为一个扫描周期的脉冲指令。

PLF（Pulse Falling）：下降沿微分输出宽度为一个扫描周期的脉冲指令。

PLS 和 PLF 指令只能用于 Y 和 M（特殊用途 M 除外）。使用 PLS、PLF 指令后，仅在驱
动输入为 ON/OFF 以后的一个运算周期内，目标软元件才动作。如图 12-7 所示，M0 仅在
X000 的常开接点由 OFF→ON 时（即 X000 的上升沿）的一个扫描周期内为 ON，M1 仅在
X000 的常开接点由 ON→OFF 时（即 X000 的下降沿）的一个扫描周期为 ON。当 PLC 从

RUN→STOP→RUN 的过程中，若驱动输入保持为 ON 时，“PLS M0”指令将会输出一个脉冲。但是，若用保持型辅助继电器如 M600 代替 M0，则“PLS M600”指令不会输出一个脉冲，这是因为在此过程中 M600 仍然保持了原来的状态。

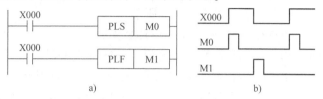

图 12-7　PLS、PLF 指令的用法

a）梯形图　b）波形图

七、MC、MCR 指令

MC（Master Control）：主控开始指令，用于在相同控制条件下多路（每条支路一般都含有串联接点）输出。MC 指令可以使用的软元件为 Y 和 M（特殊用途 M 除外）。

MCR（Master Control Reset）：主控返回指令，用于 MC 指令的复位指令，即主控结束时返回母线。

图 12-8a 有多个继电器（Y000、Y001、Y002）同时受一个接点或一组接点（图中 X000、X001）控制，这种控制称为主控。可以把多个继电器分别编在独立的逻辑行（梯级）中，而每个继电器都由相同的条件控制，如图 12-8b 所示。但这样编程较长和占用了较多的用户存储区，不理想。如果用主控指令来解决图 12-8a 的编程问题，则简洁明了，如图 12-8c、d 所示。其中，图 12-8c 是在 GX Developer 开发环境下写入模式的主控电路（M10 的主控接点不可见），只有在读取模式和监视模式下才能看到 M10 的主控接点（见图 12-8d）。在 MC 指令区内使用 MC 指令称为主控指令的嵌套应用。MC 和 MCR 指令中包含嵌套的层数为 N0 ~ N7，N0 为最高层，N7 为最低层。在没有嵌套时，通常用 N0 编程（如图 c、d 所示），N0 的使用次数没有限制；在有嵌套时，MCR 指令将同时复位低层次的嵌套层，如指令“MCR N2”将复位 N2 ~ N7 层。

0	LD	X000
1	AND	X001
2	MC N0	M10
3	LD	X002
4	OUT	Y000
5	LD	X003
6	OUT	Y001
7	LD	X004
8	OUT	Y002
9	MCR	N0
10	LD	X005
11	OUT	Y003

e)

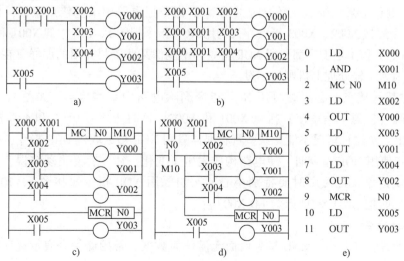

图 12-8　多路输出和 MC、MCR 电路

a）多路输出电路　b）转换后的多路输出电路　c）写入模式的 MC、MCR 电路

d）监控模式的 MC、MCR 电路　e）图 c、d 的指令程序

这样 MC 指令与原来的母线相连，即将原来的母线移到新的母线上，再用 MCR 指令使各支路起点回到原来的母线上。

需注意，MC 和 MCR 是一对指令，必须成对使用。在主控指令 MC 后面均由 LD 或 LDI 指令开始。图 12-8c、d 的指令程序如图 12-8e 所示。

八、LDP、LDF、ANDP、ANDF、ORP、ORF 指令

LDP、ANDP、ORP 指令分别是取脉冲上升沿、与脉冲上升沿、或脉冲上升沿的接点指令，仅在指定位软元件的上升沿（OFF→ON）时，接通一个运算周期。

LDF、ANDF、ORF 指令分别是取脉冲下降沿、与脉冲下降沿、或脉冲下降沿的接点指令，仅在指定位软元件的下降沿（ON→OFF）时，接通一个运算周期。

这些指令使用的器件：X、Y、M、T、C、S 和 D 的某一位（D□. b）。边沿脉冲指令的用法如图 12-9 所示。

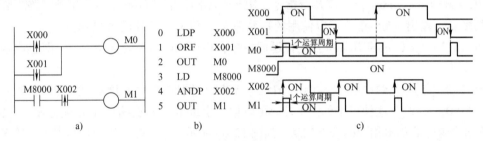

图 12-9　边沿脉冲指令的用法

九、NOP 指令

NOP（Nop）：无操作（空操作）指令。NOP 后面无需任何数据。执行该指令时，不完成任何操作，只是占用一步的时间，该指令通常可用于以下几个方面：

1）指定某些步序编号（地址）内容为空，相当于指定存储器中某些单元内容为空，留作以后插入或修改程序用。

2）短接电路中某些接点。必要时可用 NOP 指令把电路中某些接点短接，如图 12-10a 中用 NOP 指令短接 X002、X003 接点。又如用 NOP 指令把图 12-10b 中的 X001 和 X002 接点短接，这时 0、1 和 4 号步序都要用 NOP 指令，不能像某些资料介绍的那样仅在 4 号步序用 NOP 指令，因为这样处理上机则通不过。

3）删除某些接点。必要时可用 NOP 指令删除电路中某些接点。如图 12-10c 中，用 NOP 指令删除（注意不是短接）接点 X001 和 X002，这时步序号 0、1 和 4 都要用 NOP 指令。强调指出，对这种情况不能像某些资料那样只用 NOP 指令取代 ORB 指令，否则出错。

需注意，使用 NOP 指令时，使电路构成发生了变化，往往容易出现错误，因此尽可能少用或不用该指令，且使用时要特别小心。比如要用 NOP 指令短接图 12-10c 中的接点 X001，必须同时把 AND X002 改为 LD X002。

十、END 指令

END 为程序结束指令。END 指令后面无需任何数据。常用此指令表示程序的结束，或用于分段调试程序，把程序分成为若干个程序段，将 END 指令插入每个程序段之末尾，当该段程序调试完毕后则可删去 END。

注意：程序中间请勿写入 END 指令。通过编程工具传送时，END 指令以后都成为 NOP

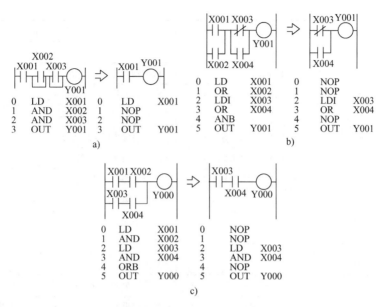

图 12-10　NOP 指令的用法

a) 短接接点 X002、X003　b) 短接接点 X001、X002　c) 删除接点 X001、X002

指令 (空操作)。

以上介绍了 FX3U 系列 PLC 的基本指令系统，为了便于查找，把这些指令列于表 12-1 中。掌握了 FX3U 系列 PLC 基本指令的功能与用法之后，学习和掌握其他型号 PLC 的功能与用法也就不难了。

表 12-1　FX3U 系列 PLC 基本指令符号与功能

指令名称	指令符号	使用器件	功　能	
			接点类型	用　法
取指令	LD	X,Y,M,S,D□. b,T,C	常开	接左母线或在电路块(组)起始处用
取反指令	LDI	X,Y,M,S,D□. b,T,C	常闭	
与指令	AND	X,Y,M,S,D□. b,T,C	常开	接点串联
与反指令	ANI	X,Y,M,S,D□. b,T,C	常闭	
或指令	OR	X,Y,M,S,D□. b,T,C	常开	接点并联
或反指令	ORI	X,Y,M,S,D□. b,T,C	常闭	
块与指令	ANB	—	电路块(组)的串联	
块或指令	ORB	—	电路块(组)的并联	
输出指令	OUT	Y,M,S,D□. b,T,C	线圈驱动	
置位指令	SET	Y,M,S,D□. b	置位与保持	
复位指令	RST	Y,M,S,D□. b,T,C,D,R,V,Z	解除器件保持的动作,清除其当前值	
上升沿脉冲	PLS	Y,M	上升沿微分输出	
下降沿脉冲	PLF	Y,M	下降沿微分输出	
主控开始指令	MC	Y,M	连接到公共接点	
主控返回指令	MCR	—	解除连接的公共接点	

（续）

指令名称	指令符号	使用器件	功能	
			接点类型	用法
取脉冲上升沿	LDP	X,Y,M,S,D□.b,T,C	检测到上升沿时运算开始	
取脉冲下降沿	LDF	X,Y,M,S,D□.b,T,C	检测到下降沿时运算开始	
与脉冲上升沿	ANDP	X,Y,M,S,D□.b,T,C	上升沿检出的串联连接	
与脉冲下降沿	ANDF	X,Y,M,S,D□.b,T,C	下降沿检出的串联连接	
或脉冲上升沿	ORP	X,Y,M,S,D□.b,T,C	上升沿检出的并联连接	
或脉冲下降沿	ORF	X,Y,M,S,D□.b,T,C	下降沿检出的并联连接	
反转指令	INV	—	运算结果取反	
存储器进栈	MPS	—	压入堆栈	
存储器读栈	MRD	—	读取堆栈	
存储器出栈	MPP	—	弹出堆栈	
上升沿时导通	MEP	—	运算结果的上升沿时为 ON(一个扫描周期)	
下降沿时导通	MEF	—	运算结果的下降沿时为 ON(一个扫描周期)	
空操作	NOP	—	空操作(留空、短接或删除部分接点或电路)	
程序结束	END	—	程序结束(也可用于程序分段调试)	

第三节　FX3U 系列 PLC 步进与应用指令及编程方法

FX3U 系列 PLC 的指令可分为基本指令、步进指令和应用指令（又称功能指令）三大类。基本指令和步进指令的操作对象主要是继电器、定时器和计数器的软元件，用于替代继电器控制电路进行顺序逻辑控制。而应用指令则使 PLC 具有强大的程序流程控制、数学运算、数据传送与处理、外围设备控制和特殊处理等功能，大大扩展了 PLC 的应用范围。

一、步进指令 STL/RET 及编程方法

（一）步进指令及步进梯形图

STL（Step Ladder）：步进接点指令，其功能是将步进接点接到左母线，该指令的操作器件为状态继电器 S。

RET（Return）：步进返回指令，其功能是将子母线返回到左母线位置，该指令无需操作器件。

使用步进指令时，用状态转换（移）图设计步进梯形图，如图 12-11a、b 所示。状态转换图中的每个状态表示顺序工作的一个操作，因此步进指令常用于控制时间和位移等顺序的操作过程。使用步进指令不但可以直观地表示顺序操作的流程，而且可以减少指令程序的条数并容易被人们理解。

步进接点只有常开接点，而没有常闭接点，用─┤├─表示，指令用 STL 表示，连接步进接点的其他继电器接点用 LD 或 LDI 指令表示，如图 12-11c 所示（**注意：步进接点在 FXGP_WIN-C 编程环境中可以显现出来，但在 GX-Developer 编程环境中并不显现出来**）。

从状态转换图中可见，每一状态提供三个功能：驱动负载、指定转换条件、置位新状态

（同时转移源自动复位）。当步进接点 S600 闭合时，输出继电器 Y000 线圈接通。当 X001 闭合时，新状态置位（接通），步进接点 S601 也闭合。这时原步进接点 S600 自动复位（断开），这就相当于把 S600 的状态转到 S601，这就是步进转换作用。其他状态继电器之间的状态转移过程，依此类推。

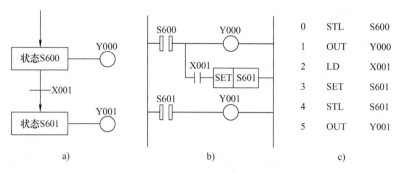

图 12-11　步进指令的用法

a）状态转换图　b）步进梯形图　c）指令程序

（二）使用步进指令的说明

1）步进接点须与梯形图左母线连接。使用 STL 指令后，凡是以步进接点为主体的程序，最后必须用 RET 指令返回母线。步进返回指令的用法如图 12-12 所示。由此可见，步进指令具有主控功能。

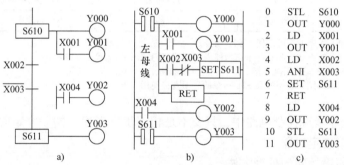

图 12-12　步进返回指令的用法

a）状态转换图　b）梯形图　c）指令程序

2）使用 SET 指令后的状态继电器（有时亦称步进继电器），才具有步进控制功能。这时除了提供步进常开接点外，还可提供普通的常开接点与常闭接点，如图 12-13 所示，但 STL 指令只适用于步进接点。

3）只有步进接点闭合时，它后面的电路才能动作。如果步进接点断开，则其后面的电路将全部断开。当需保持输出结果时，可用 SET 和 RST 指令来实现，如图 12-14 所示。图中，只有 S620 接通时，Y000 才断开，即从 S610 接通开始到 S620 接通为止，这段时间为 Y000 持续接通时间。

4）如果不用 STL 步进接点时，状态继电器 S 可作为普通辅助（中间）继电器 M 使用，这时其功能与 M 相同。

5）步进指令 STL 和 RET 之间可以使用的顺控指令如表 12-2 所示。

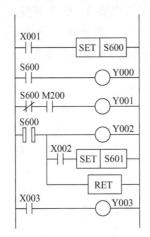

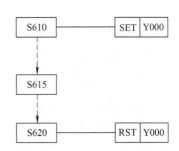

图 12-13　步进继电器提供步进接点和普通接点　　　图 12-14　用 SET、RST 指令保持输出

表 12-2　步进指令 STL 和 RET 之间可以使用的顺控指令表

状　态		指　令		
		LD/LDI/LDP/LDF，AND/ANI/ANDP/ANDF，OR/ORI/ORP/ORF，INV，MEP/MEF，OUT，SET/RST，PLS/PLF	ANB/ORB/MPS/MRD/MPP	MC/MCR
初始状态／一般状态		可以使用	可以使用①	不可以使用
分支、汇合状态	驱动处理	可以使用	可以使用①	不可以使用
	转移处理	可以使用	不可以使用	不可以使用

注：1. 中断程序和子程序中不可以使用 STL 指令。
　　2. 使用 STL 指令时，在中断程序中请勿使用 SET 或 OUT 指令驱动状态继电器 S。
　　3. 在 STL 和 RET 之间使用跳转指令，会产生复杂的动作，建议尽量不使用。
① 即使是驱动处理梯形图，也不能在 STL 指令的后面直接使用 MPS 指令。

　　6）在时间顺序步进控制电路中，只要不是相邻步进工序，同一个定时器可在这些步进工序中使用，可节省定时器。

　　二、多流程步进控制的处理方法

　　（一）多流程步进结构方式

　　在顺序步进控制过程中，有时需要将同一控制条件转向多条支路，或把不同的条件转向不同的支路，或跳过某些工序或重复某些操作。以上这些称之为多流程步进控制。常用的多流程步进结构方式如图 12-15 所示。

　　（二）多流程步进控制的处理方法

　　1. 条件分支与连接步进流程的编程　条件分支与连接，用于多流程的分支选择，每个分支的动作由转换条件决定，但每次只能选择一个支路转换条件，即状态不能同时转移，如图 12-16 所示。图中 X001 和 X004 为选择转换条件。当 X001 闭合时，S600 状态转向 S601；X004 闭合时，状态转向 S603，但 X001 和 X004 不能同时闭合。当 S601 或 S603 置位（接通）时，S600 自动复位（断开）。当 S601 置位时，执行 S601 起始的步进过程，当 S603 置位时，执行 S603 起始的步进过程。状态 S605 由状态 S602、X003 或由状态 S604、X006 置位（接通）。

　　2. 并联分支与连接步进流程的编程　并联分支与连接步进流程的状态转换图、步进梯

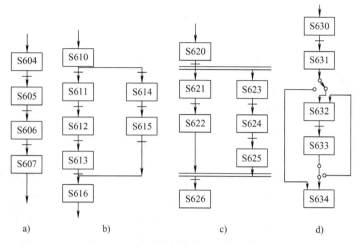

图 12-15　多流程步进结构方式

a) 单流程　b) 条件分支与连接　c) 并联分支与连接　d) 跳步与循环

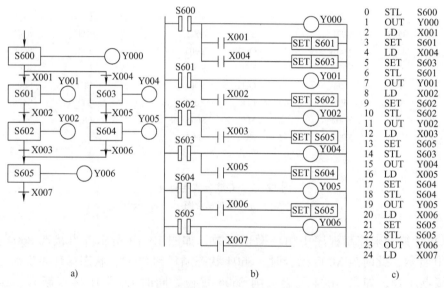

图 12-16　条件分支与连接

a) 状态转换图　b) 步进梯形图　c) 指令程序

形图和指令程序如图 12-17 所示。当转换条件 X001 闭合时，状态同时转换，S602 和 S604 同时置位，这两个分支同时执行各自步进流程，S601 自动复位。X002 闭合时，状态从 S602 转向 S603，S602 自动复位。当 X003 闭合时，状态从 S604 转向 S605，S604 自动复位。在 S603 和 S605 置位（接通）后，若 X004 闭合，则 S606 置位，而 S603 和 S605 自动复位（断开）。连续使用 STL 指令次数不能超过 8 次，即并联分支支路数最多不能超过 8 条。

3. 跳步与循环流程的编程　跳步与循环的状态转换图如图 12-18a 所示。相应指令程序如图 12-18b 所示。当 X010 闭合时，状态循环返回到 S601，否则按顺序执行。当 X011 闭合时，状态从 S604 跳步到 S607，否则按顺序执行。当 X012 闭合时，状态从 S607 循环返回到 S601，否则返回到状态 S600。

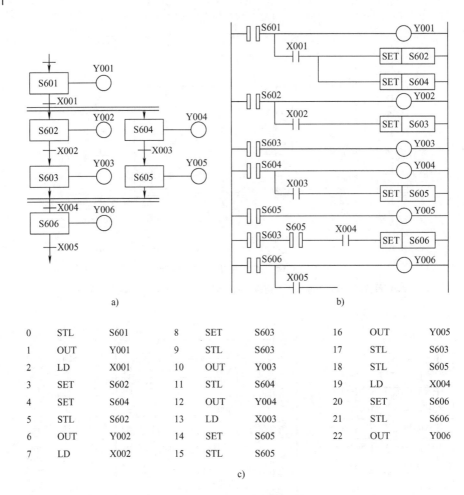

0	STL	S601	8	SET	S603	16	OUT	Y005
1	OUT	Y001	9	STL	S603	17	STL	S603
2	LD	X001	10	OUT	Y003	18	STL	S605
3	SET	S602	11	STL	S604	19	LD	X004
4	SET	S604	12	OUT	Y004	20	SET	S606
5	STL	S602	13	LD	X003	21	STL	S606
6	OUT	Y002	14	SET	S605	22	OUT	Y006
7	LD	X002	15	STL	S605			

c)

图 12-17　并联分支与连接

a）状态转换图　b）步进梯形图　c）指令程序

可以用计数器来控制程序中循环操作次数，如图 12-19 所示。当状态 S604 置位后，计数器 C0 计数，此时当 X005 闭合时，S604 状态循环到 S602，状态循环 4 次后 C0 动作，C0 常开接点闭合，如果 X004 闭合，则 S605 置位。同时 C0 常闭接点断开，状态停止循环。

三、FX3U 系列 PLC 应用指令及其编程方法

FX3U 系列 PLC 提供了 200 多条（18 个大类）的应用指令（也称为功能指令），本节只是对较常用的应用指令进行介绍，且大部分指令用表格形式综述，读者可举一反三，也可查阅 FX3U 系列 PLC 应用指令使用说明书。对于应用指令，应重点学习指令的分类、基本功能和相关的基本概念，带着问题和编程任务进行学习，在实践中提高阅读程序和设计程序的能力。

（一）应用指令的格式与规则

1. 应用指令概述　应用指令的表达方式如图 12-20 和表 12-3 所示，由功能助记符、功能号和操作数等组成。

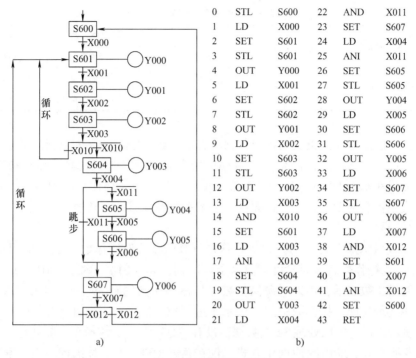

0	STL	S600	22	AND	X011
1	LD	X000	23	SET	S607
2	SET	S601	24	LD	X004
3	STL	S601	25	ANI	X011
4	OUT	Y000	26	SET	S605
5	LD	X001	27	STL	S605
6	SET	S602	28	OUT	Y004
7	STL	S602	29	LD	X005
8	OUT	Y001	30	SET	S606
9	LD	X002	31	STL	S606
10	SET	S603	32	OUT	Y005
11	STL	S603	33	LD	X006
12	OUT	Y002	34	SET	S607
13	LD	X003	35	STL	S607
14	AND	X010	36	OUT	Y006
15	SET	S601	37	LD	X007
16	LD	X003	38	AND	X012
17	ANI	X010	39	SET	S601
18	SET	S604	40	LD	X007
19	STL	S604	41	ANI	X012
20	OUT	Y003	42	SET	S600
21	LD	X004	43	RET	

a)　　　　　　　　　　　　　　b)

图 12-18　跳步与循环

a）状态转换图　b）指令程序

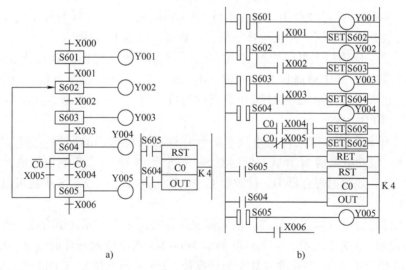

a)　　　　　　　　　　　　　　b)

图 12-19　用计数器控制循环操作次数

a）状态转换图　b）梯形图

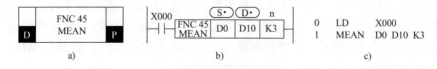

a)　　　　　　b)　　　　　　c)

图 12-20　应用指令的格式

a）应用指令图示　b）应用指令梯形图　c）指令程序

表 12-3 应用指令 MEAN 的格式

指令名称	助记符	功能号（FNC）	操 作 数		
			源操作数 S	目标操作数 D	其他操作数 n
平均值	MEAN	45	KnX,KnY,KnS,KnM, T,C,D	KnX,KnY,KnS,KnM, T,C,D,V,Z	Kn,Hn n = 1 ~ 64

助记符：一般用指令的英文名称或其缩写表示，如 MEAN 表示对其操作数求平均值。

功能号：即应用指令的代码号，如 MEAN 指令的功能号为 FNC45。编写和输入应用指令的操作：如果在基于 PC 的开发环境下编写梯形图程序时，要使用应用指令，需按照规定的格式输入应用指令的助记符和操作数；若采用手持编程器编写和输入应用指令，则应输入应用指令的功能号。

操作数：包括源操作数（S）、目标操作数（D）和其他操作数（n）。应用指令的操作数为 0 ~ 4 个，当操作数较多时，可加数字予以区别，如（S1）（S2）（D1）（D2）等。其他操作数通常用常数表示，用以对源操作数和目标操作数的补充说明。S 和 D 右边的 "." 表示可以使用变址功能。操作数中的 K 表示十进制数，H 表示十六进制数，n 为常数。

"D"：表示该指令可以处理 32 位数据，没有 "D" 则表示该指令只能处理 16 位数据。

"P"：表示该指令采用脉冲操作方式，仅在信号 OFF→ON 时执行一次，没有 "P" 则表示该指令的工作方式为连续执行方式，即每个扫描周期都重复执行一次。

应用指令的助记符占一个程序步，每个 16 位/32 位操作数分别占 2 个/4 个程序步。

如图 12-20 所示，当 X000 闭合时，执行 MEAN 应用指令，计算 D0、D1、D2 共 3 个数据寄存器中的数据的平均值，并把运算结果存在数据寄存器 D10 中。

2. 数据长度 应用指令可以处理 16 位和 32 位数据。数据寄存器 D 和计数器 C0 ~ C199 存储的是 16 位数据，其中最高位为符号位（0：表示正数，1：表示负数）。相邻的两个数据寄存器组合起来可以存储 32 位数据（最高位为符号位）。在应用指令前加 D 表示处理的是 32 位数据（如 DMOV）。

3. 位元件和字元件 位元件是指只有断开和接通两种状态的元件，如输入继电器 X、输出继电器 Y、辅助继电器 M 和状态继电器 S；一个字由 16 位二进制位组成，字元件是指处理数据的元件，如数据寄存器 D、计数器 C。位软元件 X、Y、M、S 等也可以组成字元件进行数据处理。

多个位元件组合可以构成字元件，位元件在组合时由 4 个软元件组合成一个单元，并用 Kn 加首元件表示，n 为单元数，如 K1M0 表示 M0 ~ M3 四个位软元件的组合，K4M0 表示位元件 M0 ~ M16 组合成 16 位字元件（M15 为最高位，M0 为最低位），K8M0 表示位元件 M0 ~ M31 组合成 32 位字元件。

在进行 16 位数据操作时，n 为 1 ~ 3，参与操作的位元件只有 4 ~ 12 位，不足的部分用 0 补足，由于最高位只能为 0，所以只能处理正数；在进行 32 位数据操作时，n 为 1 ~ 7，参与操作的位元件只有 4 ~ 28 位，不足的部分用 0 补足。在采用 "Kn + 首元件编号" 方式组合成字元件时，为了避免混乱，通常选尾数为 0 的元件作为首元件，如 M0、M10、M20 等。

不同长度的字元件在进行数据传递时的原则如下：

1) 长字元件→短字元件传递数据，长字元件低位数据传送给短字元件。

2) 短字元件→长字元件传递数据，短字元件数据传送给长字元件低位，高位则补 0。

（二）程序流程控制应用指令

程序流程控制应用指令如表 12-4 所示，其功能是改变程序执行的顺序，主要包括条件跳转、中断、子程序调用与返回、主程序结束、循环等应用指令。现介绍条件跳转、子程序调用等相关应用指令的具体用法。

表 12-4　程序流程控制应用指令

指令名称	助记符功能号	操 作 数		梯 形 图
		源(S)	目标(D)	
条件跳转	FNC 00 CJ P	—	P0 ~ P4095	⊣⊢──[CJ | Pn]
子程序调用	FNC 01 CALL P	—	P0 ~ P4095 最多嵌套 5 层	⊣⊢──[CALL | Pn]
子程序返回	FNC 02 SRET	—	—	──[SRET]
中断返回	FNC 03 IRET	—	—	──[IRET]
允许中断	FNC 04 EI	—	—	──[EI]
禁止中断	FNC 05 DI	—	—	──[DI]
主程序结束	FNC 06 FEND	—	—	──[FEND]
看门狗定时器刷新	FNC 07 WDT P	—	—	⊣⊢──[WDT]
循环开始	FNC 08 FOR	K,H,KnX,KnY, KnS,KnM, T,C,D,V,Z	—	──[FOR | S]
循环结束	FNC 09 NEXT	—	—	──[NEXT]

1. 条件跳转指令　CJ 应用指令的用法如图 12-21 所示，该指令可以使从 CJ 指令处开始到指针标记 Pn 处为止的顺控程序不被执行，以此可以缩短循环时间（运算周期）。另外，通过 CJ 指令也可以通过跳转执行使用双线圈的程序。

注意：指针 Pn 用于 CJ 和 CALL 指令调用，放在梯形图左侧母线的左边。指针可以出现在相应的跳转指令之前（即往回跳），但是如果反复跳转的时间超过监控定时器（看门狗定时器）的设定时间，会报错。一个指针如果出现两次或两次以上，也会报错。

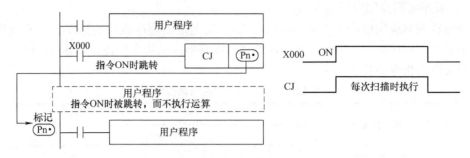

图 12-21　CJ 应用指令的用法

2. 子程序调用、返回和主程序结束指令　有关子程序调用应用指令的用法如图 12-22a 所示，用于对需要共同处理的程序（子程序）进行调用。该指令可以减少程序的执行步数，更加有效地设计程序。

注意：

1）一些常用或多次使用的程序建议写成子程序，子程序必须放置在主程序结束指令 FEND 和 END 指令之间。子程序的嵌套使用如图 12-22b 所示，最多可以嵌套 5 层。

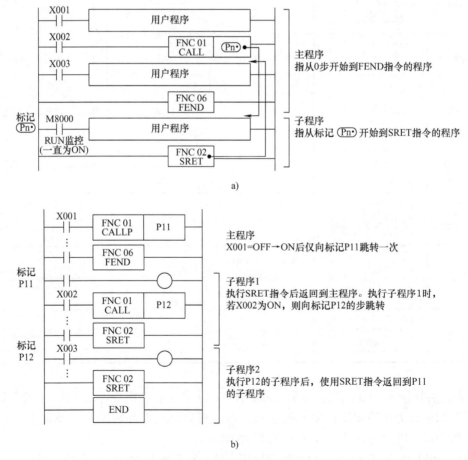

图 12-22　子程序调用应用指令的用法

a）子程序调用　b）子程序的嵌套使用

2）执行 FEND 指令后，会执行与 END 指令相同的输出处理、输入处理、看门狗定时器的刷新，然后返回到 0 步的程序。

3）CALL 和 CJ 指令的目标操作数不能为同一标记，但不同嵌套的 CALL 指令可以调用同一标记处的程序。

4）END 指令所在的步序对应的标记是 P63，在 CJ 和 CALL 调用的程序中不需要设置，否则会报错。

3. 中断指令　在处理主程序过程中如果产生中断，则跳转到中断程序，然后使用 IRET 指令返回到主程序。FX3U 系列 PLC 的中断分为输入中断、定时器中断和计数器中断三种类型，其用法如图 12-23a 所示，三种类型中断指针的定义规则如图 12-23b 所示。

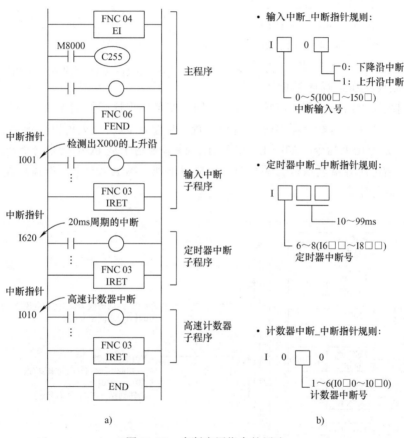

图 12-23　中断应用指令的用法

a）中断程序　b）中断指针规则

注意：

1）中断允许：指令 EI 至 DI（FEND）之间为中断允许范围。当程序运行在此范围时，如果有中断输入，程序马上跳转并开始执行相应的中断程序。

2）中断禁止：指令 DI 和 EI 之间为中断禁止范围。当程序运行在此范围时，如果有中断输入，不会马上跳转去执行中断程序，而是保存中断输入，等到程序执行完 EI 指令后才跳转去执行中断程序。

3）中断指针：如图 12-23b 所示，对于中断输入型，共有六种中断指针（分别对应着外部输入端子 X000 ～ X005），分别通过辅助继电器 M8050 ～ M8055 对中断输入是否有效进行设置；对于定时器中断型，共有三种中断指针，分别通过辅助继电器 M8056～M8058（ON 为禁止，OFF 为允许）对定时器中断进行设置；对于计数器中断型，共有六种中断指针，通过辅助继电器 M8059（ON 为禁止，OFF 为允许）对计数器中断进行设置。

4. 看门狗定时器刷新指令 该指令可以通过顺控程序对看门狗定时器进行刷新，看门狗定时器默认的初始刷新时间是 200ms。如果 PLC 的运算周期（0 步～END 步或 FEND 步的执行时间）超出 200ms，会出现看门狗定时器错误，PLC CPU 在出错指示灯点亮后停止工作，为解决该问题可以使用 WDT 指令对看门狗定时器进行刷新。如图 12-24 所示，如果一个程序的运行时间比较长，假设为 240ms，则可以在 120ms 程序处插入 WDT

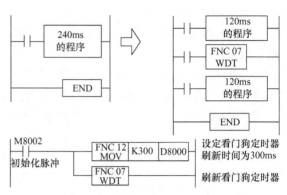

图 12-24 WDT 应用指令的用法

指令，对看门狗定时器进行刷新以重新计时，即可避免出现这样的错误。看门狗定时器的刷新时间可以通过特殊数据寄存器 D8000 进行设置，单位是 ms，最大可以设定为 32 767ms。

5. 循环开始与结束指令 如图 12-25 所示，该指令用于从 FOR 指令开始到 NEXT 指令之间的程序按指定次数重复执行，两个指令要成对出现。图 12-25 中每条弧形虚线标出了每层嵌套的一对循环指令。

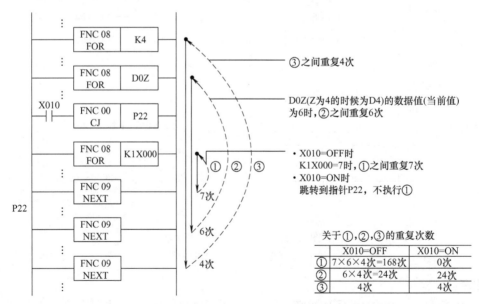

图 12-25 FOR 与 NEXT 应用指令及其嵌套的用法

注意：

1）FOR 与 NEXT 之间的程序可重复执行 n 次，n 由编程设定，n = 1～32 767。多层嵌套循环重复次数等于循环的每层次数的乘积。

2）循环程序执行完设定的次数后，紧接着执行 NEXT 指令后面的程序步。

3）FOR 与 NEXT 之间最多可嵌套 5 层 FOR－NEXT 程序。图 12-25 所示为 3 层嵌套。

4）NEXT 指令必须写在 FEND 或 END 指令之后。

（三）比较与传送应用指令

比较与传送应用指令如表 12-5 所示。其中，数据比较应用指令用来比较存放在两个比较源中的两个数值的大小。执行比较指令后，比较源中存放的数据不变；数据传送应用指令主要用于对指定器件赋值，以及把运算结果传送到指定器件中；数据交换应用指令则是将源操作数和目标操作数中的数据进行互换。下面介绍比较类和传送类应用指令的具体用法。

表 12-5　比较与传送应用指令

指令名称	助记符功能号	操作数		梯 形 图
		源(S)	目标(D)	
比较	FNC 10 CMP	K,H,KnX,KnY, KnS,KnM,T,C,D,V,Z	Y,M,S	⊢⊢──[CMP S1 S2 D]
区间比较	FNC 11 ZCP	K,H,KnX,KnY, KnS,KnM,T,C,D,V,Z	Y,M,S	⊢⊢──[ZCP S1 S2 S D]
传送	FNC 12 MOV	K,H,KnX,KnY, KnS,KnM,T,C,D,V,Z	KnX,KnY,KnS, KnM,T,C,D,V,Z	⊢⊢──[MOV S D]
移位传送	FNC 13 SMOV	KnX,KnY,KnS, KnM,T,C,D,V,Z	KnY,KnS,KnM, T,C,D,V,Z	⊢⊢─[SMOV S m1 m2 D n] m1, m2, n: K,H
取反传送	FNC 14 CML	K,H,KnX,KnY, KnS,KnM,T,C,D,V,Z	KnY,KnS,KnM, T,C,D,V,Z	⊢⊢──[CML S D]
成批传送	FNC 15 BMOV	KnX,KnY,KnS, KnM,T,C,D	KnY,KnS,KnM, T,C,D	⊢⊢──[BMOV S D n] n: K,H
多点传送	FNC 16 FMOV	K,H,KnX,KnY, KnS,KnM,T,C,D,V,Z	KnY,KnS,KnM, T,C,D	⊢⊢──[FMOV S D n] n: K,H
交换	FNC 17 XCH	KnY,KnS,KnM, T,C,D,V,Z	KnY,KnS,KnM, T,C,D,V,Z	⊢⊢──[XCH D1 D2]
BIN→BCD	FNC 18 BCD	KnX,KnY,KnS, KnM,T,C,D,V,Z	KnY,KnS,KnM, T,C,D,V,Z	⊢⊢──[BCD S D]
BCD→BIN	FNC 19 BIN	KnX,KnY,KnS, KnM,T,C,D,V,Z	KnY,KnS,KnM, T,C,D,V,Z	⊢⊢──[BIN S D]

1. 比较指令　比较指令 CMP 是对源操作数 ⑤1·、⑤2· 进行比较，区间比较指令 ZCP 是做区间比较，将比较的结果，小于、等于（在区域内）或大于输出到目标软元件（共 3 个连续点）中。CMP 应用指令的用法如图 12-26 所示，其中 Ⓓ· 处的 M0 为比较结果起始位软元件的编号，共占用 3 个点（M0～M2）。图中 X000 接通时执行比较指令，比较结果影响目标软元件 M0、M1、M2 的状态。当 X000 断开时不进行比较，M0～M2 状态保持不变。

2. 传送指令　传送指令共有 MOV、SMOV、CML、BMOV 和 FMOV 5 条，当指令输入 X004 接通时，可以实现将软元件的内容传送（复制）到其他的软元件中。以 MOV 传送指令为例，其用法如图 12-27 和图 12-28 所示。其中，图 12-27 传送的是位软元件中的内容，最多可传送 16 个（4 的倍数）位软元件；图 12-28 传送的是字软元件中的内容，当指令输入

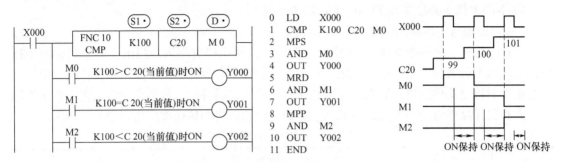

图 12-26　CMP 应用指令的用法

为 OFF 时，传送目标中的内容不变化。若传送源中指定了常数（K）时，会自动执行 BIN 转换。

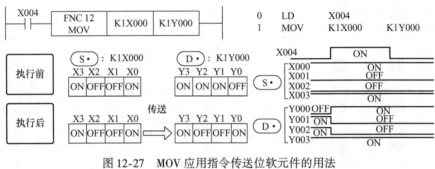

图 12-27　MOV 应用指令传送位软元件的用法

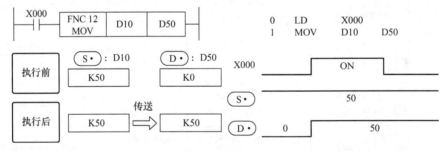

图 12-28　MOV 应用指令传送字软元件的用法

3. 交换指令　交换指令用于实现在两个软元件之间进行数据交换。以 XCH 为例，其应用指令的用法如图 12-29 所示，当指令输入接点接通时，D1 中的内容与 D2 中的内容互换。

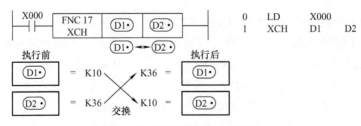

图 12-29　XCH 应用指令的用法

（四）算术与逻辑运算应用指令

算术与逻辑运算应用指令如表 12-6 所示，适用于整数的算术运算和逻辑运算。在进行算

术运算时，若运算结果为 0，M8020（零标志）为 ON；若运算结果超出上、下限时，M8022（进位标志）和 M8021（借位标志）分别为 ON；若除法中的除数为 0，则 M8067（运算错误标志）为 ON，指令不被执行。现以算术运算和逻辑运算类等应用指令为例讲述其具体用法。

表 12-6　算术与逻辑运算应用指令

指令名称	助记符功能号	操作数		梯形图
		源(S)	目标(D)	
BIN 加法	D FNC 20 ADD P	K,H,KnX,KnY,KnS,KnM,T,C,D,V,Z	KnY,KnS,KnM,T,C,D,V,Z	┤├─ ADD S1 S2 D
BIN 减法	D FNC 21 SUB P	K,H,KnX,KnY,KnS,KnM,T,C,D,V,Z	KnY,KnS,KnM,T,C,D,V,Z	┤├─ SUB S1 S2 D
BIN 乘法	D FNC 22 MUL P	K,H,KnX,KnY,KnS,KnM,T,C,D,V,Z	KnY,KnS,KnM,T,C,D;V/Z(不能用于 32 位)	┤├─ MUL S1 S2 D
BIN 除法	D FNC 23 DIV P	K,H,KnX,KnY,KnS,KnM,T,C,D,V,Z	KnY,KnS,KnM,T,C,D;V/Z(不能用于 32 位)	┤├─ DIV S1 S2 D
BIN 加一	D FNC 24 INC P	—	KnY,KnS,KnM,T,C,D,V,Z	┤├─ INC D
BIN 减一	D FNC 25 DEC P	—	KnY,KnS,KnM,T,C,D,V,Z	┤├─ DEC D
逻辑与	W D FNC 26 AND P	K,H,KnX,KnY,KnS,KnM,T,C,D,V,Z	KnY,KnS,KnM,T,C,D,V,Z	┤├─ WAND S1 S2 D
逻辑或	W D FNC 27 OR P	K,H,KnX,KnY,KnS,KnM,T,C,D,V,Z	KnY,KnS,KnM,T,C,D,V,Z	┤├─ WOR S1 S2 D
逻辑异或	W D FNC 28 XOR P	K,H,KnX,KnY,KnS,KnM,T,C,D,V,Z	KnY,KnS,KnM,T,C,D,V,Z	┤├─ WXOR S1 S2 D
补码	W D FNC 29 NEG P	—	KnY,KnS,KnM,T,C,D,V,Z	┤├─ NEG D

1. **算术运算指令**　二进制加、减、乘、除、自加 1 和自减 1 的算术运算应用指令的用法，如图 12-30 所示。对于自加 1 和自减 1 应用指令，其源操作数和目标操作数是同一数据寄存器，应采用脉冲执行指令方式，若采用连续型执行指令运算结果会出现不确定的情况。图中当 X 常开接点接通时则将 S1 和 S2 中的数据进行相应的四则运算，并把运算结果送到目标⟨D·⟩软元件中。

注意：三菱 FX3U 系列 PLC 内部在做四则运算和自加 1、自减 1 运算时，都是以二进制数据格式进行的。

2. **逻辑运算指令**　逻辑运算应用指令的用法如图 12-31 所示。对于补码应用指令，其源操作数和目标操作数是同一数据寄存器，应采用脉冲执行指令方式，若采用连续型执行指令运算结果会出现不确定的情况。

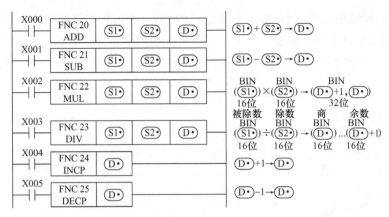

图 12-30　算术运算应用指令的用法

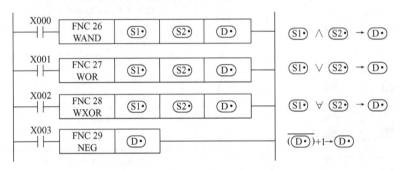

图 12-31　逻辑运算应用指令的用法

（五）循环、移位应用指令

用于使位数据和字数据按指定方向循环和移位。循环、移位应用指令如表 12-7 所示。现以 ROR 和 SFTR 应用指令为例讲述其具体用法。

表 12-7　循环、移位应用指令

指令名称	助记符功能号	操 作 数		梯 形 图
		源(S)	目标(D)	
循环右移	FNC 30 D ROR P	—	K,H,KnY,KnS,KnM,T,C,D,V,Z	⊢⊢──[ROR D n] n: K, H(≤16: 16位; ≤32:32位)
循环左移	FNC 31 D ROL P	—	K,H,KnY,KnS,KnM,T,C,D,V,Z	⊢⊢──[ROL D n] n: K, H(≤16: 16位; ≤32:32位)
带进位循环右移	FNC 32 D RCR P	—	K,H,KnY,KnS,KnM,T,C,D,V,Z	⊢⊢──[RCR D n] n: K, H(≤16: 16位; ≤32:32位)
带进位循环左移	FNC 33 D RCL P	—	K,H,KnY,KnS,KnM,T,C,D,V,Z	⊢⊢──[RCL D n] n: K, H(≤16: 16位; ≤32:32位)
位右移	FNC 34 SFTR P	X,Y,M,S	Y,M,S	⊢⊢──[SFTR S D n1 n2] n1, n2: K, H(n2≤n1≤1024)

（续）

指令名称	助记符功能号	操 作 数		梯 形 图
		源(S)	目标(D)	
位左移	FNC 35 SFTL **P**	X,Y,M,S	Y,M,S	⊣⊢—[SFTL|S|D|n1|n2] n1,n2:K,H(n2≤n1≤1024)
字右移	FNC 36 WSFR **P**	KnX,KnY,KnS, KnM,T,C,D	KnY,KnS, KnM,T,C,D	⊣⊢—[WSFR|S|D|n1|n2] n1,n2:K,H(n2≤n1≤1024)
字左移	FNC 37 WSFL **P**	KnX,KnY,KnS, KnM,T,C,D	KnY,KnS, KnM,T,C,D	⊣⊢—[WSFL|S|D|n1|n2] n1,n2:K,H(n2≤n1≤1024)
移位写入 [FIFO/FOFI]	FNC 38 SFWR **P**	K,H,KnX,KnY, KnS,KnM,T,C,D,V,Z	KnY,KnS,KnM, T,C,D	⊣⊢—[SFWR|S|D|n] n:K,H(2≤n≤512)
移位读出 [FIFO]	FNC 39 SFRD **P**	K,H,KnX,KnY, KnS,KnM,T,C,D,V,Z	KnY,KnS, T,C,D	⊣⊢—[SFRD|S|D|n] n:K,H(2≤n≤512)

1. 循环应用指令 包含不带进位的循环右/左移、带进位的循环右/左移指令。ROR 循环右移应用指令的用法如图 12-32 所示，图中为连续执行型 16 位循环右移，当 X000 接通后每个扫描周期执行一次循环右移，即把执行前 D20 里的原数据（1111111100000000）向右依次移动 4 位，右移后，D20 里的数据变为（0000111111110000），最后的进位保存在进位标志位 M8022 中，即将 b3 的数据保存在 M8022 中，从而使不包括进位标志在内的指定位数的位信息进行右移并循环。

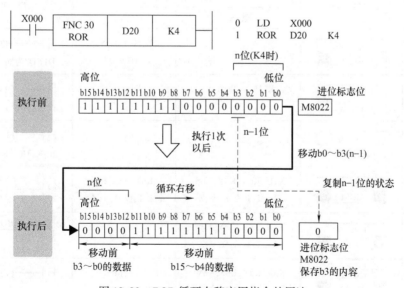

图 12-32 ROR 循环右移应用指令的用法

2. 移位应用指令 包含位和字的右/左移、移位写入和移位读出。SFTR 位右移应用指令的用法如图 12-33 所示，把 n2 个（本例设 n2 = 3）（S·）位软元件中的数据向 n1 个

（本例设 n1 = 9）⑤·软元件中的高 3 位传送，9 个 ⑩·位软元件中的数据依次从高位到低位右移 n2（3）个位，⑩·中最低 3 位数据被删除。移位后，从最高位开始传送 n2 点长度的 ⑤·位软元件。

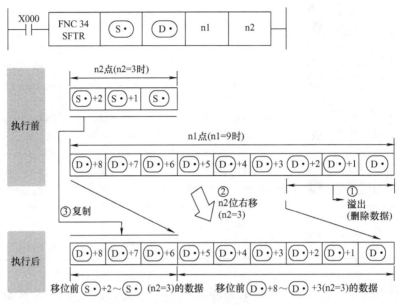

图 12-33　SFTR 位右移应用指令的用法

（六）数据处理应用指令

数据处理应用指令如表 12-8 所示，下面介绍 ZRST 和 MEAN 的用法。

表 12-8　数据处理应用指令

指令名称	助记符功能号	操作数 源(S)	目标(D)	梯形图
批量复位（区间复位）	FNC 40 ZRST P	—	Y,M,T,C,S,D(D1≤D2)	⊢⊢—[ZRST D1 D2] D1,D2为同一系列元件
译码（解码）	FNC 41 DECO P	K,H,X,Y,M,S,T,C,D,V,Z	Y,M,S,T,C,D	⊢⊢—[DECO S D n] n:K,H(n=1~8)
编码	FNC 42 ENCO P	X,Y,M,S,T,C,D,V,Z	T,C,D,V,Z	⊢⊢—[ENCO S D n] n:K,H(n=1~8)
ON 的位数	D FNC 43 SUM P	K,H,KnX,KnY,KnS,KnM,T,C,D,V,Z	KnY,KnS,KnM,T,C,D,V,Z	⊢⊢—[SUM S D]
ON 位的判定	D FNC 44 BON P	K,H,KnX,KnY,KnS,KnM,T,C,D,V,Z	Y,M,S	⊢⊢—[BON S D n] n:K,H(0~15:16位;0~32:32位)
平均值	D FNC 45 MEAN P	KnX,KnY,KnS,KnM,T,C,D	KnY,KnS,KnM,T,C,D	⊢⊢—[MEAN S D n] n:K,H(1~64)
信号报警器置位	FNC 46 ANS	T0~T199	S900~S999	⊢⊢—[ANS S m D] m:K(1~32767)

（续）

指令名称	助记符功能号	操 作 数		梯 形 图
		源(S)	目标(D)	
信号报警器复位	FNC 47 ANR P	—	—	⊣├─────[ANR]
BIN 开二次方	D FNC 48 SQR P	K,H,D	D	⊣├───[SQR│S│D]
BIN 整数→ BIN 浮点数	D FNC 49 FLT P	D	D	⊣├───[FLT│S│D]

1. ZRST 应用指令　ZRST 指令是在两个指定的软元件（位或字）之间执行成批软元件复位的指令，其具体用法如图 12-34 所示，当 M8002 接通时执行成批复位。其中 D1≤D2，且必须为同一系列软元件。

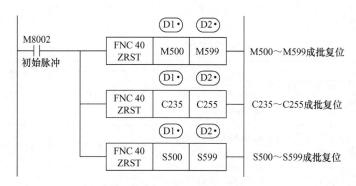

图 12-34　ZRST 批量复位应用指令的用法

2. MEAN 应用指令　MEAN 是求数据的平均值的应用指令，其具体用法如图 12-35 所示，将从 $\overline{S\cdot}$ 开始的 n 个 16 位数据的平均值保存到 $\overline{D\cdot}$ 中，余数舍去。如果 n 的值不在 1 ~ 64 之间时，则会发生运算错误（错误标志 M8067 为 ON）。

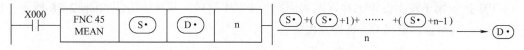

图 12-35　MEAN 平均值应用指令的用法

（七）高速处理应用指令

高速处理应用指令如表 12-9 所示，主要包括用最新的输入/输出信息进行顺控，以及利用 PLC 高速处理能力的中断处理型的高速处理指令，这些指令非常便于实际的工程项目开发与应用。现以 PWM 应用指令为例讲解其具体用法。

表 12-9　高速处理应用指令

指令名称	助记符功能号	操 作 数		梯 形 图
		源(S)	目标(D)	
输入/输出刷新	FNC 50 REF P	—	X,Y	⊣├───[REF│D│n]　n: K,H

（续）

指令名称	助记符功能号	操 作 数		梯 形 图
		源(S)	目标(D)	
输入刷新 （带滤波器）	FNC 51 REFF **P**	—	—	┤├────REFF n n: K, H; (X000～X017)
矩阵输入	FNC 52 MTR	X	D1:Y； D2:Y,M,S	┤├──MTR S D1 D2 n n: K, H(2～8)
高速计数器 置位	**D** FNC 53 HSCS	S1:K,H,KnX,KnY, KnS,KnM,T,C,D,V,Z； S2:C235～C255	Y,M,S	┤├──HSCS S1 S2 D
高速计数器 复位	**D** FNC 54 HSCR	S1:K,H,KnX,KnY, KnS,KnM,T,C,D,V,Z； S2:C235～C255	Y,M,S	┤├──HSCR S1 S2 D
高速计数器 区间比较	**D** FNC 55 HSZ	S1,S2:K,H,KnX, KnY,KnS,KnM, T,C,D,V,Z； S:C235～C255	Y,M,S(3个 连号元件)	┤├─HSZ S1 S2 S D
速度检测 （脉冲密度）	**D** FNC 56 SPD	S1:X0～X5 S2:K,H,KnX,KnY, KnS,KnM,T,C,D,V,Z	T,C,D,V,Z	┤├──SPD S1 S2 D
脉冲输出	**D** FNC 57 PLSY	K,H,KnX,KnY,KnS, KnM,T,C,D,V,Z	Y0 或 Y1	┤├──PLSY S1 S2 D
脉宽调制输出	FNC 58 PWM	K,H,KnX,KnY,KnS, KnM,T,C,D,V,Z	Y0 或 Y1	┤├──PWM S1 S2 D
可调速 脉冲输出	**D** FNC 59 PLSR	K,H,KnX,KnY,KnS, KnM,T,C,D,V,Z	Y0 或 Y1	┤├──PLSR S1 S2 S3 D

PWM 指令用于输出设定脉冲宽度和周期的 PWM 信号，其具体用法如图 12-36 所示，以周期 $\overline{S2\cdot}$ ms 为单位，输出 ON 脉冲宽度为 $\overline{S1\cdot}$ ms 的脉冲。

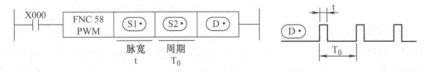

图 12-36　PWM 脉宽调制应用指令的用法

注意：

1）在 $\overline{S1\cdot}$ 中设定脉冲宽度 t，设定范围为 0～32，767ms；在 $\overline{S2\cdot}$ 中指定周期 T_0，设定范围为 1～32，767ms，且要求 $\overline{S1\cdot} \leqslant \overline{S2\cdot}$。

2）在 $\overline{D\cdot}$ 中指定输出脉冲的 Y 编号。设定范围：使用 PLC 基本单元的晶体管输出时为 Y000、Y001、Y002；使用高速输出特殊适配器时为 Y000、Y001、Y002、Y003。

3）该指令采用不受顺控程序（运算周期）影响的中断处理方式执行输出控制，只有当

X000 为 ON 时，$\boxed{D \cdot}$ 才能输出 PWM 信号。

4）脉冲输出过程中监控（BUSY/READY）的标志位置 ON 时，不能执行使用相同输出的脉冲输出指令和定位指令。

（八）方便应用指令

方便应用指令如表 12-10 所示，借助于这些指令可以用最少的顺控程序实现复杂的控制功能。例如 IST 初始化状态应用指令主要用于步进控制，且在实现多种控制模式（手动、回原点、单步运行、单周期运行、自动等）时采用，可以使控制程序大为简化；STMR 特殊定时器应用指令用于制作断开延迟型定时器、单脉冲型定时器或闪烁型定时器；ALT 交替输出应用指令可以使相应的位软元件的状态进行相互转换（ON↔OFF），可以实现输出信号的分频输出。下面以 STMR 和 ALT 应用指令为例讲述其具体用法。

表 12-10　方便应用指令

指令名称	助记符功能号	操 作 数		梯 形 图
		源（S）	目标（D）	
初始化状态	FNC 60 IST	X,Y,M （8 个连号元件）	S20～S899, S1000～S4095	⊢⊢─[IST │ S │D1│D2]
数据检索	D FNC 61 SER P	S1:KnX,KnY, KnS,KnM,T,C,D; S2:K,H,KnX,KnY, KnS,KnM,T,C,D,V,Z	KnY,KnS, KnM,T,C,D	⊢⊢─[SER │S1│S2│D│n] n:K,H,D
凸轮顺控绝对方式	D FNC 62 ABSD	S1:KnX,KnY, KnS,KnM,T,C,D; S2:C	Y,M,S	⊢⊢─[ABSD│S1│S2│D│n] n:K,H(1≤n≤64)
凸轮顺控相对方式	FNC 63 INCD	S1:KnX,KnY, KnS,KnM,T,C,D;S2:C	Y,M,S	⊢⊢─[INCD│S1│S2│D│n] n:K,H(1≤n≤64)
示教定时器	FNC 64 TTMR	—	D	⊢⊢─[TTMR│D│n] n:K,H(0～2)
特殊定时器	FNC 65 STMR	T0～T199	Y,M,S（4 个连号元件）	⊢⊢─[STMR│S│m│D] m:K,H(1～32767)
交替输出	FNC 66 ALT P	—	Y,M,S	⊢⊢─[ALT │D]
斜坡信号	FNC 67 RAMP	D	D	⊢⊢─[RAMP│S1│S2│D│n] n:K,H(1～32767)
旋转工作台控制	FNC 68 ROTC	S:D(3 个连号元件)； m1:K,H(2～32767)；m2: K,H(0～32767)；m1≥m2	Y,M,S（4 个连号元件）	⊢⊢─[ROTC│S│m1│m2│D]
列表数据排序	FNC 69 SORT	S:D(连号元件)；m1:K, H(2～32)；m2:K,H (1～6)；m1≥m2	D(连号元件)	⊢⊢─[SORT│S│m1│m2│D│n] n:D

1. STMR 应用指令 STMR 特殊定时器应用指令可以用作断开延时型定时器、单脉冲型定时器或闪烁型定时器，具体用法如下：

（1）断开延时型定时器/单脉冲型定时器 如图 12-37 所示，在 $\widehat{S\cdot}$、m、$\widehat{D\cdot}$ 中分别分配 T10、K100 和 M0。当指令输入接点 X000 由 ON→OFF 后，经过定时器 T10 的设定时间（10s）之后，M0 由 ON→OFF，M0 的功能相当于断开延时型定时器（延时 10s）；当 X000 从 ON→OFF 后，M1 立即由 OFF→ON，经过定时器 T10 的设定时间（10s）后 M1 由 ON→OFF，M1 的功能相当于单脉冲型定时器（脉冲宽度为 10s）。

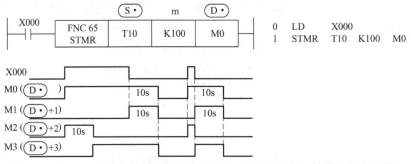

图 12-37 STMR 特殊定时器应用指令的用法（断开延时型/单脉冲型定时器）

（2）闪烁型定时器 如图 12-38 所示，在 $\widehat{S\cdot}$、m、$\widehat{D\cdot}$ 中分别分配 T10、K100 和 M0。当 X000 由 OFF→ON 时，STMR 所占用的 M3 用于周期性（10s）断开控制回路，M1 和 M2 则分别以定时器的时间间隔（10s），重复执行交替地 ON/OFF，其功能相当于闪烁型定时器。

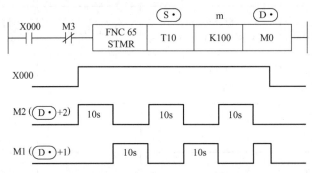

图 12-38 STMR 特殊定时器应用指令的用法（闪烁型定时器）

注意：

1）STMR 应用指令中所指定的定时器编号，不能在其他普通回路中（OUT 指令等）重复使用。如果重复使用，该定时器将不能正常工作。

2）以 $\widehat{D\cdot}$ 中指定的软元件为起始共占用 4 点，不能与 PLC 控制中所使用的其他软元件重复。

3）当 X000 为 OFF 时，$\widehat{D\cdot}$、$\widehat{D\cdot}$+1、$\widehat{D\cdot}$+3 在经过设定时间后变为 OFF，$\widehat{D\cdot}$+2 和定时器则立即复位。

2. ALT 应用指令 ALT 交替输出应用指令，用于每当输入为 ON 时，就使相应的位软元件状态反转（ON↔OFF），适用于作单按钮控制。如图 12-39 所示，当输入接点 X006 为 ON 时，定时器 T2 的接点每隔 5s 瞬间动作一次。T2 的接点每次接通（ON）时，都使输出 Y007 的状态交替为 ON↔OFF。其功能相当于用一个按钮控制外部负载的起动和停止。

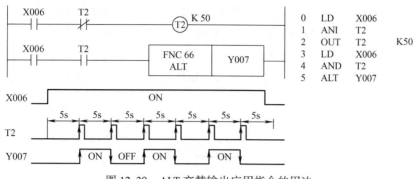

图 12-39　ALT 交替输出应用指令的用法

（九）外围设备 I/O 应用指令

外围设备 I/O 应用指令如表 12-11 所示，主要包括使用 PLC 的输入输出与外围设备之间进行数据交换的指令。使用这些指令，可以最小的顺控程序和外部接线简便地实现复杂的控制，具有与前面所述的方便指令相似的特征。下面介绍 ASC 应用指令的用法。

表 12-11　外围设备 I/O 应用指令

指令名称	助记符功能号	操作数		梯形图
		源(S)	目标(D)	
10 个数字键输入	[D] FNC 70 TKY	X,Y,M,S(10 个连号元件)	D1:KnY,KnM,KnS,T,C,D,V,Z; D2:X,Y,M,S(11 个连号元件)	⊢⊢―[TKY｜S｜D1｜D2]
16 个数字键输入	[D] FNC 71 HKY	X(4 个连号元件)	D1:Y;D2:T,C,D,V,Z;D3:Y,M,S(8 个连号元件)	⊢⊢―[HKY｜S｜D1｜D2｜D3]
数字开关	FNC 72 DSW	X(4 个连号元件)	D1:Y; D2:T,C,D,V,Z	⊢⊢―[DSW｜S｜D1｜D2｜n] n: K,H(1,2)
七段码解码器	FNC 73 SEGD [P]	K,H,KnY,KnM,KnS,T,C,D,V,Z	KnY,KnM,KnS,T,C,D,V,Z	⊢⊢――[SEGD｜S｜D]
七段码分时显示	FNC 74 SEGL	K,H,KnY,KnM,KnS,T,C,D,V,Z	Y	⊢⊢――[SEGL｜S｜D｜n] n: K,H(1组n=0～3; 2组n=4～7)
箭头开关（方向开关）	FNC 75 ARWS	X,Y,M,S	D1:T,C,D,V,Z; D2:Y	⊢⊢―[ARWS｜S｜D1｜D2｜n] n: K,H(0～3)
ASCII 数据输入	FNC 76 ASC	8 个以下的字母或数字	T,C,D	⊢⊢――[ASC｜S｜D]
ASCII 码打印	FNC 77 PR	8 个以下的字母或数字	T,C,D	⊢⊢――[PR｜S｜D]
BFM 读出	[D] FNC 78 FROM [P]	m1:K,H(0～7); m2:K,H(0～32 767);	KnY,KnM,KnS,T,C,D,V,Z	⊢⊢―[FROM｜m1｜m2｜D｜n] n: K,H(0～32767)
BFM 写入	[D] FNC 79 TO [P]	m1:K,H(0～7); m2:K,H(0～32 767);	KnY,KnM,KnS,T,C,D,V,Z	⊢⊢―[TO｜m1｜m2｜S｜n] n: K,H(0～32767)

ASC 应用指令是将半角/英文数字字符串转换成 ASCII 码的指令，可用于在外部显示器中选择显示多个消息。如图 12-40 所示，当 X000 为 ON 时，将 Ⓢ·中指定的半角、英文、数字字符串转换成 ASCII 码后，依次传送到 Ⓓ·中。在 Ⓢ·中只能处理 A ~ Z、0 ~ 9 等符号的半角字符（不能处理全角字符串）。转换后的 ASCII 码按照低 8 位、高 8 位的顺序，每两个字符/1 字节保存在 Ⓓ·中。

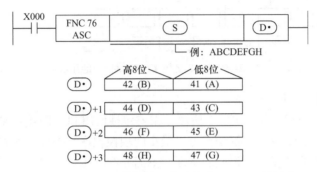

图 12-40　ASCII 码数据输入应用指令（ASC）的用法

（十）浮点数比较、传送与运算应用指令

浮点数比较、传送与运算应用指令如表 12-12 所示，适用于浮点数的比较、传送与运算。若常数参与比较、传送与运算时，可自动转换为浮点数；若浮点数的运算结果为 0 时，M8020（零标志）为 ON；若浮点数除法中的除数为 0 或开二次方的源操作数为负值，则 M8067（运算错误标志）为 ON，指令不被执行；若运算中超过浮点数的上、下限时，M8022（进位标志）和 M8021（借位标志）分别为 ON，运算结果分别被置为最大值和最小值。若源操作数和目标操作数是同一数据寄存器，应采用脉冲执行方式，否则结果会出现不确定的情况。现以 EMOV 和 COS 应用指令为例讲解其具体用法。

表 12-12　浮点数比较、传送与运算应用指令

指令名称	助记符功能号	操作数		梯形图
		源(S)	目标(D)	
浮点数比较	FNC 110 D ECMP P	K,H,D	Y,M,S(占用 3 个连续软元件)	⊢⊢—[ECMP|S1|S2|D]—
浮点数区间比较	FNC 111 D EZCP P	K,H,D	Y,M,S(占用 3 个连续软元件)	⊢⊢—[EZCP|S1|S2|S|D]—　S1<S2
浮点数数据传送	FNC 112 D EMOV P	D	D	⊢⊢—[EMOV|S|D]—
浮点数→字符串	FNC 116 D ESTR P	S1:D;S2:KnX,KnY, KnS,KnM,T,C,D	KnY,KnS, KnM,T,C,D	⊢⊢—[ESTR|S1|S2|D]—
字符串→浮点数	FNC 117 D EVAL P	KnX,KnY,KnS, KnM,T,C,D	D	⊢⊢—[EVAL|S|D]—
BIN 浮点数→DEC 浮点数	FNC 118 D EBCD P	D	D	⊢⊢—[EBCD|S|D]—

（续）

指令名称	助记符功能号	操作数		梯形图
		源(S)	目标(D)	
DEC 浮点数→ BIN 浮点数	FNC 119 D EBIN P	D	D	⊢⊣──EBIN S D⊣
浮点数 加法	FNC 120 D EADD P	K,H,D	D	⊢⊣──EADD S1 S2 D⊣
浮点数 减法	FNC 121 D ESUB P	K,H,D	D	⊢⊣──ESUB S1 S2 D⊣
浮点数 乘法	FNC 122 D EMUL P	K,H,D	D	⊢⊣──EMUL S1 S2 D⊣
浮点数 除法	FNC 123 D EDIV P	K,H,D	D	⊢⊣──EDIV S1 S2 D⊣
浮点数 指数	FNC 124 D EXP P	D	D	⊢⊣──EXP S D⊣
浮点数 自然对数	FNC 125 D LOGE P	D	D	⊢⊣──LOGE S D⊣
浮点数 常用对数	FNC 126 D LOG10 P	D	D	⊢⊣──LOG10 S D⊣
浮点数 开二次方	FNC 127 D ESQR P	K,H,D	D	⊢⊣──ESQR S D⊣
浮点数 符号翻转	FNC 128 D ENEG P	—	D	⊢⊣──ENEG D⊣
浮点数→ BIN 整数	FNC 129 D INT P	D	D	⊢⊣──INT S D⊣
浮点数 正弦	FNC 130 D SIN P	D	D	⊢⊣──SIN S D⊣
浮点数 余弦	FNC 131 D COS P	D	D	⊢⊣──COS S D⊣
浮点数 正切	FNC 132 D TAN P	D	D	⊢⊣──TAN S D⊣
浮点数 反正弦	FNC 133 D ASIN P	D	D	⊢⊣──ASIN S D⊣
浮点数 反余弦	FNC 134 D ACOS P	D	D	⊢⊣──ACOS S D⊣
浮点数 反正切	FNC 135 D ATAN P	D	D	⊢⊣──ATAN S D⊣
浮点数 角度→弧度	FNC 136 D RAD P	D	D	⊢⊣──RAD S D⊣
浮点数 弧度→角度	FNC 137 D DEG P	D	D	⊢⊣──DEG S D⊣

1. EMOV 应用指令　EMOV（FNC112）应用指令是传送二进制浮点数数据的指令。如图 12-41 所示，对于 32 位数据，采用 DEMOV（P）应用指令，将传送源【S⋅+1，S⋅】中的数据（二进制浮点数）传送到【D⋅+1，D⋅】中，也可以在S⋅中直接指定实数（E）进行数据传送。当 X000 为 ON 时，将实数 – 1.23 传送到 D11、D10 中；当 X001 为 ON 时，将 D11、D10 中的实数传送到 D1、D0 中。

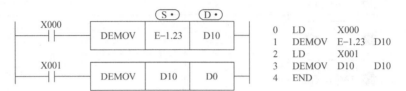

```
0    LD      X000
1    DEMOV   E-1.23  D10
2    LD      X001
3    DEMOV   D10     D10
4    END
```

图 12-41　DEMOV 浮点数数据传送应用指令的用法

2. COS 应用指令

COS（FNC131）应用指令是求角度（RAD）的余弦值的指令，对于 32 位数据采用 DCOS（P）指令。如图 12-42 所示，将【S⋅+1，S⋅】中指定的角度值（二进制浮点数）转换成 COS 值后，传送到【D⋅+1，D⋅】中。

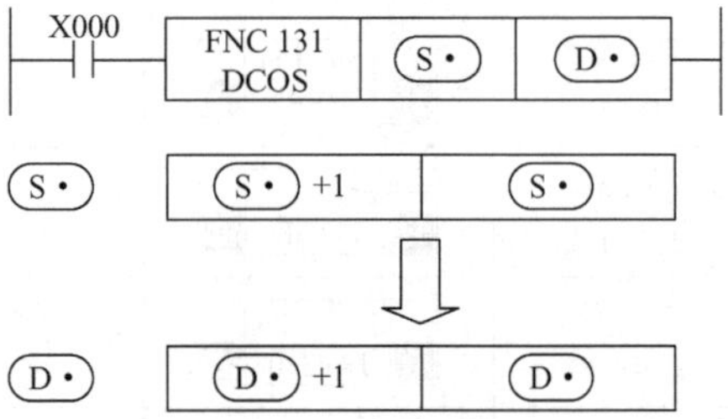

（十一）时钟运算应用指令

时钟运算应用指令如表 12-13 所示，主要用于时钟数据的运算与比较，以及执行 PLC 内置实时时钟的时间校准和时间数据的格式转换。现以 TADD 和 TRD 应用指令为例讲解其具体用法。

图 12-42　求角度的余弦值应用指令的用法

表 12-13　时钟运算应用指令

指令名称	助记符功能号	操 作 数		梯 形 图
		源(S)	目标(D)	
时钟数据比较	FNC 160 TCMP P	S1,S2,S3:K,H,KnX,KnY,KnS,KnM,T,C,D,V,Z;S:T,C,D(占 3 个连续元件)	Y,M,S(占 3 个连续元件)	TCMP S1 S2 S3 S D
时钟数据区间比较	FNC 161 TZCP P	S1,S2:T,C,D[S1≤S2] (占用 3 个连续元件);S:T,C,D	Y,M,S(占 3 个连续元件)	TZCP S1 S2 S D
时钟数据加法	FNC 162 TADD P	T,C,D	T,C,D	TADD S1 S2 D
时钟数据减法	FNC 163 TSUB P	T,C,D	T,C,D	TSUB S1 S2 D
时,分,秒→秒	FNC 164 HTOS D P	KnX,KnY,KnS,KnM,T,C,D	KnY,KnS,KnM,T,C,D	HTOS S D

（续）

指令名称	助记符功能号	操作数		梯形图
		源(S)	目标(D)	
秒→ 时,分,秒	FNC 165 D STOH P	KnX,KnY,KnS,KnM, T,C,D	KnY,KnS,KnM, T,C,D	⊢⊢────STOH|S|D──
读时钟数据	FNC 166 TRD P	—	T,C,D(7 个连 号元件)	⊢⊢──────TRD|D──
写时钟数据	FNC 167 TWR P	—	T,C,D(7 个连 号元件)	⊢⊢──────TWR|S──
计时表	FNC 168 D HOUR	KnX,KnY,KnS,KnM, T,C,D,V,Z	D1:D; D2:Y,M,S	⊢⊢───HOUR|S|D1|D2──

1. TADD 应用指令　TADD 应用指令是将两个时间数据进行加法运算后，保存在字软元件中的指令。如图 12-43 所示，将【Ⓢ1·、Ⓢ1·+1、Ⓢ1·+2】的时间数据（时、分、秒）与【Ⓢ2·、Ⓢ2·+1、Ⓢ2·+2】的时间数据（时、分、秒）进行加法运算，其结果保存到【Ⓓ·、Ⓓ·+1，Ⓓ·+2】（时、分、秒）中。

注意：

1）当运算结果超出 24h 时，进位标志位 M8022 变为 ON，从单纯的加法运算值中减去 24h 后将该时间作为运算结果被保存。若运算结果为 0（0 时 0 分 0 秒）时，则零位标志位 M8020 变为 ON。

2）Ⓢ1·、Ⓢ2·、Ⓓ·各占用 3 个软元件，不要与机器其他控制中使用的软元件重复。

3）使用 PLC 内置实时时钟的时钟数据的时间（时、分、秒）时请使用 TRD（FNC 166）应用指令。

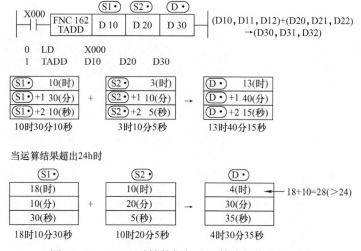

图 12-43　TADD 时钟数据加法运算应用指令的用法

2. TRD 应用指令　TRD 应用指令是将 PLC 内置实时时钟的时钟数据读出到连续的 7 个数据寄存器的指令。如图 12-44 所示，将 PLC 内置实时时钟的时钟数据（D8013～D8019）按照下面的格式读出到【Ⓓ·～Ⓓ·+6】中。

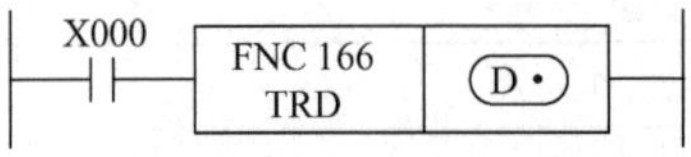

	软元件	项目	时钟数据		软元件	项目
特殊数据寄存器	D8018	年(公历)	0～99(公历后2位数)	→	D0	年(公历)
	D8017	月	1～12	→	D1	月
	D8016	日	1～31	→	D2	日
	D8015	时	0～23	→	D3	时
	D8014	分	0～59	→	D4	分
	D8013	秒	0～59	→	D5	秒
	D8019	星期	0(日)～6(六)	→	D6	星期

图 12-44　TRD 读出时钟数据应用指令的用法

注意： (D·)占用连续的 7 个软元件，不要与 PLC 其他控制中使用的软元件重复。

第十三章　FX3U 系列 PLC 程序设计与触摸屏人机界面设计

本章主要讲述基于 GX Works 开发环境的 FX3U 系列 PLC 的程序设计、基于 GT Works 开发环境的三菱触摸屏人机界面设计，并以一具体实例介绍基于 GX Works 和 GT Works 所构建的纯软件开发环境下的 PLC 和触摸屏相关的综合设计与应用。

第一节　FX3U 系列 PLC 程序设计

一、PLC 程序开发环境概述

目前，三菱系列 PLC 程序的开发环境主要有 FXGP_WIN-C、GX Developer、GX Works2 等。其中，FXGP_WIN-C，软件灵活小巧、操作简单，但只能对 FX2N 及以下档次的 PLC 进行程序设计，适用于初级用户。GX Developer，三菱电机 PLC 编程软件，适用于 Q、QnU、QS、QnA、AnS、AnA、FX 等全系列可编程控制器，支持梯形图、指令表、SFC、ST 及 FB、Label 语言程序设计，网络参数设定，可进行程序的线上更改、监控及调试，具有异地读写 PLC 程序功能，适用于中级用户。GX Works2，三菱电机新一代综合性 PLC 开发环境，具有简单工程（Simple Project）和结构化工程（Structured Project）两种编程方式；支持梯形图、指令表、SFC、ST 及结构化梯形图等编程语言，可实现程序编辑，参数设定，网络设定，程序监控、调试及在线更改，智能功能模块设置等功能；适用于 Q、QnU、L、FX 等系列 PLC，兼容 GX Developer 软件，支持三菱电机工控产品 iQ Platform 综合管理软件 iQ Works；具有系统标签功能，可实现 PLC 数据与 HMI、运动控制器的数据共享，尤其适用于中高级用户。在此，讲述基于 GX Works2 的三菱 FX3U 系列 PLC 程序设计的相关内容。

GX Works2 已集成了三菱 PLC 通用开发环境和仿真环境 GX Simulator2。因此，双击 "SW1DNC - GXW2 - C" 安装文件夹→运行 "Disk1" 文件夹中的 "SETUP. EXE" 安装文件，一步一步按照默认选项即可完成该 PLC 程序开发、仿真和调试环境的安装。建议采用系统默认的安装目录。该软件及其序列号可从三菱电机自动化（中国）有限公司官网免费申请与下载。

二、GX Works2 功能介绍

GX Works2 的使用方法与一般基于 Windows 操作系统的软件开发环境类似，在这里对最常用的一些方法进行介绍。

（一）操作界面简介

GX Works2 编程软件的操作界面如图 13-1 所示，主要由标题栏、菜单栏、工具栏、导航窗口、工作窗口、状态栏等组成，并且 GX Works2 操作界面的组成和工具栏的具体功能按钮可以由用户根据需要进行定制。

GX Works2 操作界面的功能描述如表 13-1 所示。

标题栏
菜单栏
工具栏

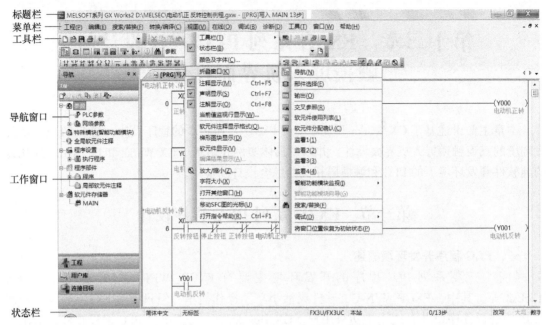

导航窗口

工作窗口

状态栏

图 13-1　GX Works2 编程软件的操作界面

表 13-1　GX Works2 操作界面的功能描述

项　　目		内　　容
标题栏		显示软件名、工程名/工程文件名及存储路径
菜单栏		通过下拉菜单操作 GX Works2
工具栏		通过选择图标(功能按钮)操作 GX Works2
工作窗口		进行 PLC 程序设计、参数设置、监视等的主要窗口
折叠窗口		用于支持工作窗口中执行的作业的画面
折叠窗口	导航窗口	工程的内容以树状格式显示
	部件选择窗口	用于创建程序的部件(功能块等)以一览格式显示
	输出窗口	显示编译及检查的结果(出错、警告等)
	交叉参照窗口	显示交叉参照的结果
	软元件使用列表窗口	显示软元件使用列表
	观察窗口 1~4	对软元件的当前值等进行监视及更改
状态栏		显示编辑中的工程的相关信息

（二）新建工程

单击下拉命令菜单"工程"→"新建"（或直接单击"新建工程"快捷按钮 □），出现如图 13-2 所示的对话框。首先对 PLC 的系列（如 FXCPU）、机型（如 FX3U）、工程类型（如简单工程）、程序语言（如梯形图）等进行选择。单击"确定"按钮，新的工程即创建完成，同时新建工程的主程序"MAIN"在"工作窗口"被自动打开（如图 13-1

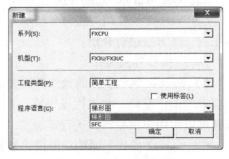

图 13-2　新建工程对话框

所示)，单击"保存"快捷按钮，即可对所建工程的工程名、存储路径进行设置和保存工程文件。

(三) PLC 程序设计

通过一个具体实例，阐述如何通过 GX Works2 进行 PLC 的程序设计。三相异步电动机正反转控制的主电路和继电器控制电路如图 13-3 所示。与其相对应的 PLC 控制系统的外部接线图和梯形图如图 13-4 所示。按下正转起动按钮 SB_2，接点 X0 变为 ON，其常开接点 X000 接通，Y0 的线圈"得电"并自保持，使 KM_1 的线圈得电，电动机开始正转运行。按下停车按钮 SB_1，X2 变为 ON，其常闭接点 X002 断开，Y0 的线圈"失电"，使 KM_1 的线圈断电，电动机停止运行。梯形图中，Y000、Y001 的常闭接点分别与 Y001、Y000 的线圈相串联，起到"互锁"的作用，以确保 KM_1 和 KM_2 两个接触器的线圈不会同时得电。

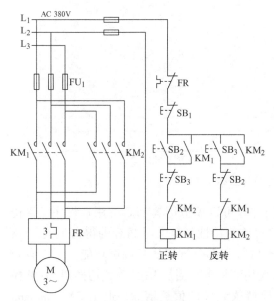

图 13-3　三相异步电动机正反转控制的主电路和
　　　　　继电器控制电路

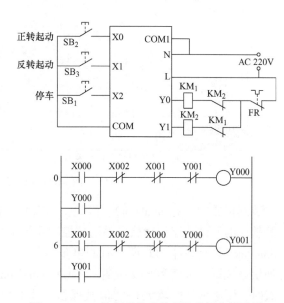

图 13-4　PLC 控制系统的外部接线图和梯形图

　　PLC 程序设计过程：如图 13-5 所示，工程名设置为"电动机正反转控制实例"。在"工作窗口"中双击要放置 PLC 软元件的位置，弹出"梯形图输入"对话框，输入 LD X000 并按"回车"键或单击确定按钮，则 X000 的常开接点就在"工作窗口"中显示出来。按照如图 13-4 所示的 PLC 程序，采用同样的方法依次输入相关的指令语句（END 语句由 GX Works2 自动加入）。在 GX Works2 开发环境中，通过图 13-5 中的快捷按钮可以很方便地对梯形图程序进行注释，以增强 PLC 程序的可读性。在梯形图程序设计完成后，必须进行程序变换。单击图 13-5 中的程序变换相关按钮，可以完成对 PLC 程序的变换。至此，该 PLC 程序可以进行存盘、程序仿真（基于 GX Simulator2）或传送至目标 PLC。

　　有关 GX Works2 开发环境下的程序复制、粘贴、查找、替换、程序检查、PLC 参数设置等功能操作，读者可以在该开发环境下借助于"帮助"功能自主学习或参照"GX Works2 操作手册"。

(四) GX Simulator 功能介绍

GX Simulator 是在 Windows 上运行的 PLC 程序仿真的软件包，安装 GX Works2 时会自动

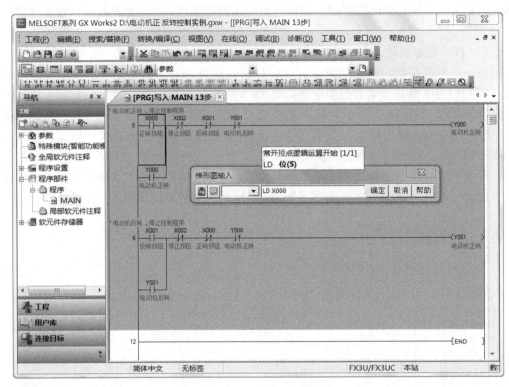

图 13-5   PLC 程序设计与变换

安装其集成的 GX Simulator2。因此，不用 PLC 硬件即可以模拟仿真 PLC 的用户程序。该仿真软件的调试功能包括软元件的监控和模拟被控对象的特性，是学习 PLC 的得力工具。GX Simulator 具有硬件 PLC 所没有的单步执行、跳步执行和部分程序执行调试功能，可以有效加快系统调试进度和开发周期。在 GX Simulator 应用环境下，当从 RUN 模式切换到 STOP 模式时，断电保持的软元件的值被保留，非断电保持软元件的值被清除。退出 GX Simulator 时，所有软元件的值被清除。就硬件方面来讲，GX Simulator 不支持输入/输出模块和网络模块，但支持特殊功能模块的缓冲区。就软件方面来讲，GX Simulator 支持三菱系列 PLC 的绝大部分指令，但不支持中断指令、PID 指令、位置控制指令、与硬件和通信有关的指令。GX Simulator 的程序扫描周期可以由用户程序设置，但限定为 100ms 的整数倍。

1. 启动 GX Simulator2   以图 13-3 和图 13-4 所示的电动机的正/反转控制为例，通过 GX Works2 打开该 PLC 程序工程文件，单击"模拟开始/停止"按钮，开启仿真软件 GX Simulator2，如图 13-6a 所示，用户 PLC 程序被自动写入到"虚拟仿真的 PLC"。图 13-6b 所示是 PLC 程序写入过程的对话框，而图 a 中 RUN 对应的 LED 点亮（绿色），表示 PLC 已处于运行模式。

开启 GX Simulator2 仿真软件后，PLC 梯形图程序自动进入模拟监视模式，如图 13-7 所示。梯形图中的常闭接点为深蓝色背景，表示该软元件常开接点为接通状态。图 13-7 中的"监视状态"对话框的位置是浮动的，也可以将其固定到标题栏中的空白处，用于显示虚拟 PLC CPU 的状态和扫描周期（100ms 的整数倍，用户可以自行设置）。

2. PLC 程序仿真   如图 13-7 所示，鼠标选择梯形图中的软元件 X000（常开接点），然后鼠标单击"当前值更改"按钮，弹出图 13-7 中右下边所示的对话框。鼠标单击"强制

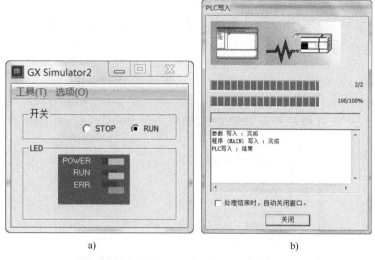

图 13-6　开启 GX Simulator2 仿真软件

ON"按钮，X000 常开接点则闭合（变为深蓝色背景），即相当于做硬件实验时接通 X0 端子外接的输入电路，同时 X000 常闭接点断开，Y000 的"线圈"得电并通过其常开接点自锁，实现控制电动机正转的计算机仿真。电动机停机、反转控制同样可以借助于该开发环境进行仿真。通过仿真，可以对所设计的用户程序在目标 PLC 上运行之前进行前期的仿真、调试与验证。

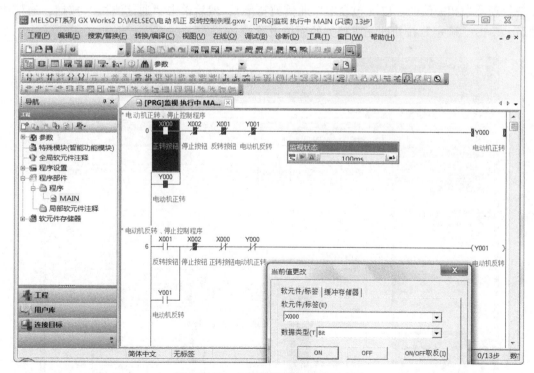

图 13-7　PLC 程序仿真、调试与验证

三、PLC 程序下载与监视运行

将基于 GX Works2 所设计的 PLC 程序下载至目标 PLC 中的步骤如下：

1. PLC 与计算机的连接　首先准备好用于连接目标 PLC 和计算机的编程电缆（如 USB-SC-09），并在计算机上安装好编程电缆的驱动程序。若成功安装，将会在计算机设备管理器的端口（COM 和 LPT）中生成一个 COM 端口，具体的 COM 编号与计算机实际情况有关，如图 13-8 所示。

图 13-8　PC 设备管理器 COM 端口

2. 通信设置　驱动程序安装完成后，如图 13-9 所示，单击 GX Works2 的工程管理区域下方的"连接目标"按钮→双击"Connection1"，弹出图 13-9 中间区域的对话框 → 双击"Serial USB"，在弹出的"计算机 I/F 串行详细设置"对话框中选择"COM 端口"与计算机设备管理器中相一致的端口（包含串口通信波特率）；然后单击"通信测试"按钮，通信成功后，单击"确定"按钮即完成相关的通信设置。

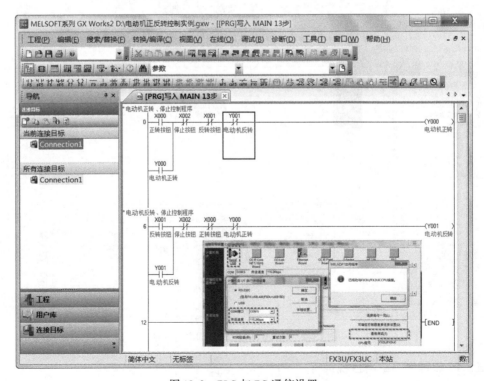

图 13-9　PLC 与 PC 通信设置

3. PLC 程序写入 单击 GX Works2 菜单栏【在线】→【写入 PLC】，弹出的对话框如图 13-10 所示。根据需要勾选所要下载至 PLC 的程序、参数、软元件注释、软元件存储器等相关内容，单击"执行"按钮即可将 PLC 程序写入到目标 PLC 中，如图 13-10 中显示 PLC 程序写入进程的对话框所示。若要将 PLC 中的程序读出到计算机或对 PLC 程序进行校验，其操作与程序写入相似。单击"系统图像"按钮则弹出图中所示的"系统图像"对话框。

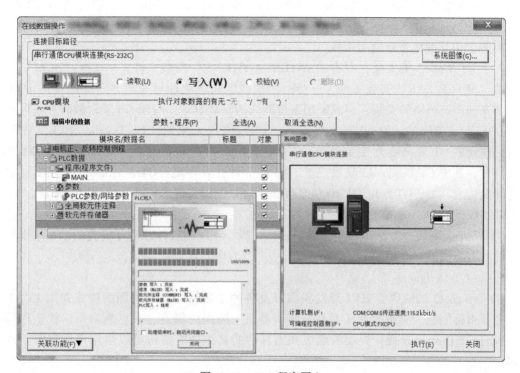

图 13-10　PLC 程序写入

4. PLC 程序监视运行 PLC 程序写入完成后，可通过 GX Works2 的菜单栏上的【在线】→【监视】→【监视模式】功能菜单或工具栏【监视开始】按钮，对 PLC 程序的实际运行情况进行监视，监视场景如图 13-11 所示。当操作 PLC 外接的 X000、X001、X002 按钮时，通过 GX Works2 可以在线看到 PLC 的程序执行状态；也可以在 GX Works2 中通过单击工具栏中"当前值更改"按钮，在图中弹出的对话框中强制更改 X000、X001、X002 接点的 ON/OFF 状态，观察 PLC 程

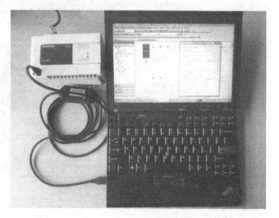

图 13-11　PLC 程序监控运行

序运行状态的变化。显然，采用该方法可以高效地对 PLC 程序进行调试与优化。

第二节　触摸屏人机界面设计

一、触摸屏人机界面开发环境概述

GT Works3 是 GT Designer3 的升级版本，是用于三菱 GOT1000/ 2000/Simple 系列触摸屏人机界面（HMI）设计的软件，集成了 GT Simulator3 仿真软件，具有进行工程和画面创建、图形绘制、对象配置和设置、公共设置、数据传输、HMI 仿真运行等功能，支持微软的 32/64 位 Windows XP/Vista/WIN7/WIN8 等操作系统。该软件及其序列号可从三菱电机自动化（中国）有限公司官网免费申请与下载。

关于 GT Works3 的安装：双击 "SW1DNC-GTWK3-C" 安装文件夹→运行 "Disk1" 文件夹中的 "SETUP. EXE" 安装文件，一步一步按照默认选项即可完成该三菱触摸屏 HMI 开发、仿真和调试环境的安装，建议采用系统默认的安装目录。对于 GS 系列触摸屏还需要安装 "Disk1" 文件夹→ "TOOL" 文件夹→ "GS" 文件夹中的 "GS Installer. EXE" 安装文件。完整安装 GT Works3 后主要包含：GT Designer3、GT Simulator3、GT SoftGOT 1000/2000 等软件包，其中 GT Designer3 是触摸屏 HMI 的设计开发环境、GT Simulator3 是触摸屏 HMI 的计算机仿真环境、GT SoftGOT 1000/2000 是用 PC 模拟实现触摸屏功能的应用环境。

二、GT Works3 功能介绍

GT Works3 的使用方法与一般基于 Windows 操作系统的软件开发环境类似，在这里对最常用的一些方法进行介绍。

（一）GT Designer3

GT Designer3 的触摸屏 HMI 开发界面以及各种工具栏、窗口的画面构成如图 13-12 所示，主要由标题栏、菜单栏、工具栏、编辑器页、画面编辑器、一览表窗口、状态栏等组成，并且 GT Designer3 操作界面的组成和工具栏的具体功能按钮可以由用户根据需要进行定制。

图 13-12　GT Designer3 操作界面

GT Designer3 操作界面的功能描述如表 13-2 所示。

表 13-2　GT Designer3 操作界面的功能描述

项　目		内　容
标题栏		显示软件名、工程名/工程文件名及存储路径
菜单栏		通过下拉菜单操作 GT Designer3
工具栏		通过选择图标(功能按钮)操作 GT Designer3
编辑器页		显示打开着的画面编辑器或[机种设置]对话框、[环境设置]对话框
画面编辑器		通过配置图形、对象,创建在 GOT 中显示的画面
一览表窗口	树状图	分为工程树、树状画面一览表、树状系统
	属性表	显示画面或图形、对象的设置一览表,并可进行编辑
	库一览表	显示作为库登录的图形、对象的一览表
	连接机器类型一览表	显示连接机器(如 PLC)的设置一览表
	数据一览表	显示在画面上设置的图形、对象一览表
	画面图像一览表	显示基本画面、窗口画面的缩略图,或创建、编辑画面
	分类一览表	分类显示图形、对象
	部件图像一览表	显示作为部件登录的图形一览表,或者登录、编辑部件
	数据浏览器	显示工程中正在使用的图形/对象的一览表 对一览表中显示的图形/对象进行搜索和编辑
状态栏		显示光标所指的菜单、图标(功能按钮)的说明或 GT Designer3 的状态

（二）新建 HMI 工程

以 GS2107 – WTBD 触摸屏为例,通过"新建工程向导"创建新的 HMI 工程。使用新建工程向导时,需在 GT Designer3 菜单栏【工具】→【选项】对话框的【操作】对话框上,勾选"启动时显示工程的选择对话框"和"显示新建工程向导"复选框（初始状态下已已勾选）。开启 GT Designer3 时,在"工程选择"对话框中选择"新建"工程,即开启"新建工程向导",如图 13-13 所示。通过单击"下一步"按钮,一步一步执行该向导以创建新的工程。具体过程为:

选择所使用触摸屏的种类与颜色设置,如选择 GS 系列,GS21 ** -W（800 * 400）机种,横向显示,中文（简体）语言,颜色由所选机种直接决定;→设置与触摸屏相连接的机器（PLC）;→设置 PLC 与触摸屏相连的接口;→选择写入所设计的 HMI 到触摸屏的通信驱动程序;→设置基本画面和必要画面的切换软元件;→确认通过新建工程向导设置的内容,并单击"结束"按钮即完成设置。在"新建工程向导"中所设置的参数也可以在 GT Designer3 开发环境下进行更改。接下来便可以开始触摸屏 HMI 的设计工作。

（三）触摸屏 HMI 设计

通过一个具体实例,讲述如何通过 GT Designer3 设计触摸屏 HMI 的过程。具体思路:结合图 13-3、图 13-4 所示的电动机正反转控制示例,采用 GS2107-WTBD 型触摸屏设计与 GX Works2 环境所设计的 PLC 程序（见图 13-5）相对应的 HMI。具体过程如下:

图 13-13　"新建工程向导"对话框

1. 通过"新建工程向导"创建"电动机正反转控制"的 HMI 新工程。

2. 画面的创建与参数设置　画面的创建与参数设置可以通过 GT Designer3 菜单栏【画面】→【新建】或图 13-12 所示"工程树状图"中的"画面"快捷操作界面实现。主要有"基本画面""窗口画面"和"报表画面"三种，每种画面的相关属性参数则通过在操作过程中所弹出的对话框进行设置。所创建的"画面"可以通过菜单栏【视图】→【预览】或工具条中 🔍 按钮进行预览。上面一步中所创建的一个"基本画面"作为电动机正反转控制的"初始画面"（画面编号为 1，在画面中通过工具栏 🖼 按钮可装载事先准备好的 JPG 或 BMP 图片），再新创建一个"基本画面"作为电动机正反转控制的"主画面"（画面编号为 2）。用户也可以视需要自行定制触摸屏开机时首先显示的画面。

3. 文本的创建与参数设置　在"基本画面"上创建本实例 HMI 的主题说明文本"电动机正反转控制人机界面"。单击工具栏上的"文本"按钮 **A**，在弹出的对话框中设置要添加文本的字体类型、大小、颜色、背景色等参数。

4. 指示灯的创建与参数设置　创建三个"指示灯"分别指示电动机的"停止""正转""反转"三种状态。单击工具栏上的"位指示灯"按钮 🔲，依次在"主画面"上创建三个指示灯（也可以利用所创建的第一个指示灯，采用复制、粘贴的方式，创建其余的两个指示灯）。双击所创建的指示灯，在弹出的对话框中对其相关参数进行设置。以"正转"指示灯为例：在"基本设置"页面软元件项输入 Y0000（对应于图 13-5 中 PLC 程序的"正转"输出接点 Y000），设置指示灯"OFF""ON"状态下的图形、颜色及所要显示的文本的相关参数；在"详细设置"页面分别设置指示灯的"扩展功能"和"显示条件"等参数。

5. 按钮开关的创建与参数设置　创建三个"开关"分别用于操控电动机进入"停止""正转""反转"工作状态。单击工具栏上的"位开关"按钮 🔳，依次在"主画面"上创建三个开关。双击所创建的开关，在弹出的对话框中对其相关参数进行设置。以"停止"开关为例：在"基本设置"页面中追加"点动"动作（软元件：X0002），指示灯功能"位的 ON/OFF"（软元件：X0002）（对应于图 13-5 中 PLC 程序的"停止"接点 X002），设置开关"OFF""ON"状态下的图形、颜色及所要显示的文本的相关参数；在"详细设置"页面分别设置开关的"扩展功能"和"显示条件"等参数。

6. 数值输入/显示元件的创建与参数设置　单击工具栏上的"数值输入"按钮 🔲，在"主画面"中创建一个"数值输入元件"（设定为向 PLC 数据寄存器 D0 写入数据），双击该元件，在基本设置页面中软元件项输入 D0（对应于 PLC 的 D0），数据类型设为无符号 BIN16 型，还包括样式和输入范围等参数，在详细设置页面中可以设置扩展功能、显示/动作条件和运算等相关参数；单击工具栏上的"数值显示"按钮 🔲，在"主画面"中创建两个"数值显示元件"（一个用于显示"D0"的数据，一个用于显示"D0 + 1"的数据）。以用于显示"D0 + 1"的数据的元件为例，双击该元件，在基本设置页面中软元件项输入 D0（对应于 PLC 的 D0），数据类型设为无符号 BIN16 型，在详细设置页面中设置运算式为 $\$\$ + 1$（$\$\$$ 即为被监视的元件 D0）。对于字符串输入/显示元件的创建与参数设置与其类似，不再赘述。

　　注意：就电动机正反转控制实例来讲不需要数值输入和显示元件。在此，主要是为了讲解常用的数值输入/显示元件的创建与参数设置方法。

7. 画面切换按钮的创建与参数设置　单击工具栏上的"画面切换开关"按钮 🔳，分别

在本实例的"初始画面"和"主画面"中创建一个"画面切换开关"用于两个画面间的切换。在通过双击该开关弹出的对话框中设置要切换的目标画面以及其他相关参数。

至此，本实例所设计的触摸屏 HMI（GT Designer3 中的预览画面）如图 13-14 所示。

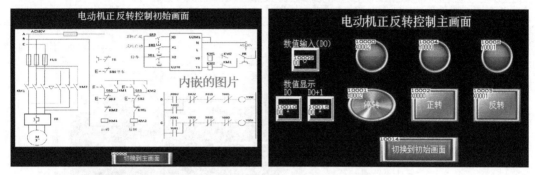

图 13-14　触摸屏 HMI 初始画面和主画面

（四）GT Simulator 功能介绍

GT Simulator3 支持对用 GT Designer3 创建的 GOT1000/2000/Simple 系列的 HMI 工程数据和用 GT Designer2 创建的 GOT-A900 系列 HMI 工程数据的计算机模拟仿真。借助于三菱触摸屏的仿真软件 GT Simulator3（集成在 GT Work3 中）和 PLC 的仿真软件 GX Simulator2（集成在 GX Works2 中），可以在不需要触摸屏和 PLC 硬件的情况下，对触摸屏 HMI 和 PLC 程序进行纯软件环境下的联合计算机模拟仿真，具体过程如下：

1. 启动 GX Simulator2/GT Simulator3　以图 13-3 和图 13-4 所示的电动机的正反转控制为例。首先，通过 GX Works2 打开该 PLC 程序工程文件，单击"模拟开始/停止"按钮 🖳，开启仿真软件 GX Simulator2，用户 PLC 程序被自动写入到"虚拟仿真的 PLC"，PLC 梯形图程序自动进入监视模式；接着，通过 GT Simulator3 打开 PLC 程序对应的触摸屏 HMI 工程文件，自动进入触摸屏 HMI 计算机模拟仿真模式。同时，GX Simulator2 与 GT Simulator3 也建立起 PLC 程序和触摸屏 HMI 联合的计算机模拟仿真所需要的内在联系。

注意：在 GT Designer3 开发环境下所设置的连接机器（PLC）的参数要与 GX Works2 中所设置的 PLC 参数相一致；在 GT Simulator3 启动时所选择的"模拟器"也要与 GT Designer3 中所设置触摸屏的参数相一致。

2. 触摸屏 HMI 和 PLC 程序联合的计算机模拟仿真　如图 13-15 所示，通过单击触摸屏 HMI 的电动机"正转""停止""反转"点动按钮可以即时观察到 PLC 的运行状况和 PLC 程序执行的正确与否。图中所示状态是单击"正转"点动按钮后，"正转"指示灯点亮，同时 PLC 程序中接点 X000 接通一下，Y000 线圈得电并通过其常开接点 Y000 实现电路自锁，即便接点 X000 随着"正转"点动按钮的复位而断开也并不影响电动机的正向运转。

关于数值输入/显示的验证：单击图中"数值输入"区，在弹出的"数据输入"对话框中输入"8"，单击"Enter"回车键，D0 和 D0 + 1 数值显示区即分别显示数值"8"和"9"，以此也可以验证数值输入（对应 PLC 的 D0）、数值显示（对应 PLC 的 D0 和 D0 + 1）以及相应的数值运算的正确性。

由此可见，在该纯软件环境下，触摸屏 HMI 和 PLC 程序联合的计算机模拟仿真模式具有很高的性价比，并可以显著提高自主学习的效率、大大缩短工程项目设计与开发的周期，应引起足够的重视。

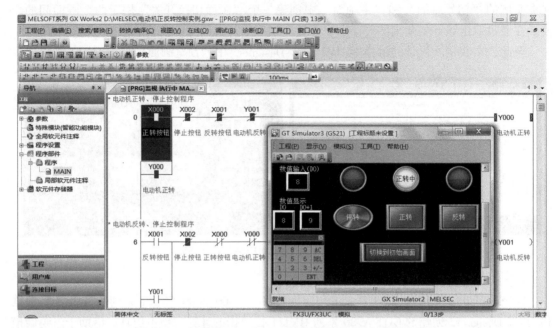

图 13-15　触摸屏 HMI 和 PLC 程序联合的计算机模拟仿真

三、HMI 与 PLC 程序联动运行

在对 PLC 程序和触摸屏 HMI 进行前期的计算机模拟仿真并确认无误后，即可以在目标系统中实际运行。首先，需要对原 PLC 程序进行相应的修正，如图 13-16 所示。HMI 中的停转、正转、反转按钮分别用 M0、M1、M2 的接点实现（而不能用 X000/X001/X002）。原因是 PLC 中接点 X000、X001、X002 的 ON/OFF 状态唯一取决于 PLC 外部输入电路所接开关（按钮）的通断状态，对于触摸屏上的开关（按钮）信号只能通过 PLC 的辅助继电器 M 的接点状态传输至 PLC 中。

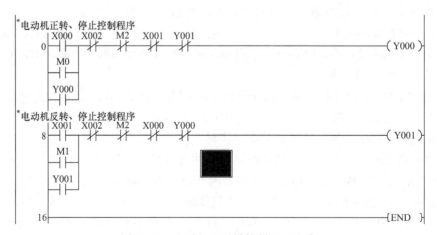

图 13-16　电动机正反转控制 PLC 程序

（一）HMI 下载至目标触摸屏

1. 触摸屏与计算机通信连接　通过下载线（USB 或以太网）直接连接目标触摸屏和计算机（安装 GT Work3 时触摸屏的驱动程序已默认安装，无需再安装）。单击 GT Designer3 菜单栏【通信】→【通信设置】，在弹出的对话框中选择"计算机侧 I/F"接口，并进行通信

测试。

2. 触摸屏与 PLC 通信设置　单击 GT Designer3 工具栏按钮 📮，在弹出的对话框中选择目标 PLC 的相关参数（包括制造商、机种、I/F 接口、驱动程序等）。

3. HMI 写入　单击 GT Designer3 菜单栏【通信】→【写入到 GOT】，弹出的对话框如图 13-17 所示。通过"写入选项"子对话框选择要下载至目标触摸屏的内容，单击"GOT写入"按钮即可将 HMI 写入到目标触摸屏中。若要将触摸屏中的 HMI 读出到计算机中，其操作与 HMI 写入的操作类似。

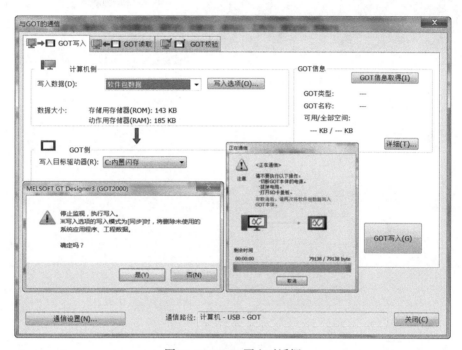

图 13-17　HMI 写入对话框

注意：在没有触摸屏硬件的情况下，也可以基于 GT Works3 所自带的 GT SoftGOT1000/2000 应用环境，用 PC 模拟实现 GOT1000/2000 型触摸屏的功能，并可以通过该触摸屏实现对目标 PLC 的控制。具体使用方法请参考 GT SoftGOT 1000/2000 的使用说明书。

（二）PLC 程序下载至目标 PLC

PLC 程序下载至目标 PLC 的方法参考本章第一节第四部分所述。

（三）HMI 与 PLC 程序联动运行

HMI 与 PLC 程序联动运行的场景如图 13-18 所示，通过触摸屏的 HMI 可以直接对 PLC 进行操作。HMI 中的电动机停止、反转、正转按钮的功能与 PLC 外部所接电动机停止、反转、正转按钮（开关）的功能一样。PLC Y000、Y001 的状态通过 PLC 的指示灯和 HMI 中的指示灯进行指示。图 13-18 的应用场景可以直接应用于工程实际之中。

本章通过一个较为简单的电动机正反转控制的应用实例，详细介绍了有关三菱 PLC、触摸屏的纯软件开发环境、计算机模拟仿真与调试环境，以及面向工程实践的系统设计与开发流程。希望能够激发起读者的兴趣，对相关知识的学习起到事半功倍的效果。

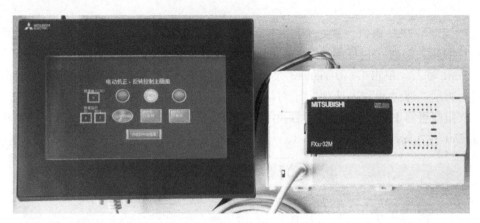

图 13-18　HMI 与 PLC 程序联动运行的场景

第十四章　PLC 控制系统的设计

本章主要介绍 PLC 控制系统设计的基本原则与内容、设计的一般步骤与方法、PLC 安装的注意事项与抗干扰措施、PLC 控制系统的调试运行与维护等。本章中所涉及的梯形图与指令程序均以 F_1 系列 PLC 为例。要改用其他 PLC 控制也就容易了。

第一节　PLC 控制系统设计概述

一、设计的基本原则

设计任何一个 PLC 控制系统时，如同设计任何一种电气控制系统一样，应遵循以下基本原则：

1）最大限度地满足被控制对象和用户的控制要求。

2）在满足要求的前提下，力求使控制系统简单，一次性投资小，使用时节约能源。

3）保证控制系统安全、可靠，使用与维修方便。

4）考虑到今后的发展和工艺的改进，在配置硬件设备时应留有一定的裕量。

二、设计的一般步骤与内容

（一）系统设计

1. 分析工艺要求　首先对被控制对象的工艺过程、工作特点、环境条件、用户要求及其他相关情况进行仔细地全面地分析，然后绘制供设计时用的必要图表。

2. 控制方案选定　在分析被控制对象及其控制要求的基础上，根据 PLC 的技术特点，在与继电接触控制系统和计算机控制系统及电子控制系统等进行综合比较后，优选控制方案。如果被控制系统具有以下特点，则宜优先选用 PLC 控制。

1）输入/输出以开关量为主。

2）输入/输出点数较多，一般有 20 点左右就可以考虑选用 PLC 控制。

3）控制系统使用环境条件较差，对控制系统可靠性要求高。

4）系统工艺流程复杂，用常规的继电接触控制难以实现。

5）系统工艺有可能改进或系统的控制要求有可能扩充。

选定 PLC 控制后，就要着手 PLC 控制的整体及其各个组成部分的设计。

（二）硬件设计

1. 可编程控制器的选择　主要考虑以下几个因素：

（1）PLC 功能与控制要求相适应　对于开关量控制的及对控制速度要求不高的项目，应选用一般的低档机。对于以开关量控制为主，带有少量模拟量控制的项目，可选用带有 A - D/D - A 转换、加减运算的 PLC。对于控制比较复杂、功能要求较高的项目，例如要求实现 PID 调节、闭环控制、通信联网等，应选用中型或大型 PLC。PLC 功能少了，不能满足要求，多了则投资大。

（2）PLC 结构合理、机型统一　对于工艺过程比较稳定，使用环境条件比较好的场合，宜选用结构简单、体积小、价格低的整体式结构的 PLC。对于工艺过程变化较多，使用环境较差，尤其是用于大型的复杂的工业设备上，应选用模块式结构的 PLC，这便于维修更换和扩充，但价格较高。对于应用 PLC 较多的单位，应尽可能选用统一的机型，这有利于购置备件，也便于维修和管理。

（3）存储器容量　根据系统大小和控制要求的不同，选择用户存储器容量不同的 PLC。厂家一般提供 1K、2K、4K、8K、16K 程序步等容量的存储器。用户程序占用多少内存与许多因素有关，目前只能作粗略估算，估算方法有下面两种，供参考用：

1）PLC 内存容量（指令条数）约等于 I/O 总点数的 10 ~ 15 倍。

2）指令条数≈6(I/O) + 2(T + C)。式中 T 为定时器总数，C 为计数器个数。还应增加一定的裕量。

（4）I/O 点数　统计出被控设备对输入和输出总点数的需求量，据此确定 PLC 的 I/O 点数。必要时增加一定裕量。

（5）PLC 的输入输出方式　根据实际情况选定合适的输入/输出方式的 PLC。

（6）PLC 处理速度　PLC 能满足一般控制要求。如果某些设备要求输出响应快，可采用快速响应的模块，优化软件缩短扫描周期或中断处理等措施。

（7）是否要选用扩展单元。

2. 外围设备的选择　包括对外围输入设备和外围输出设备两部分的选择，按控制要求，选定合适的类别、型号和规格。

3. 其他硬件的设计或选择　如选定有关的仪表和电源模块等。

（三）软件设计

这是设计 PLC 控制系统中工作量最大的一项工作。其主要内容包括：对复杂的控制系统应绘制工艺流程图或控制功能图；编制梯形图；根据梯形图编写程序单，要注意编程基本规则与编程技巧；通过模拟和现场调试做必要的修改，直到满足要求为止。

（四）施工设计

和一般电气控制系统施工设计一样，PLC 控制系统的电气控制系统施工设计也应包括以下主要内容：

1）画出完整的电路图，必要时还要画出控制环节（单元）电气原理图。

2）画出 PLC 的输入/输出端子接线图。

3）画出 PLC 的电源进线接线图和输出执行电器的供电接线图。

4）电气柜内元器件布置图，相互间接线图。

5）控制柜（台）面板元器件布置图。

6）如果大的系统有多个电气柜时，应画出各个电气柜间连接线图。

7）其他必需的施工图。

施工时应特别注意安装要安全、正确、可靠、合理、美观，特别要注意提高系统的抗干扰能力。

三、系统调试

PLC 控制系统安装好了以后，就可进行系统总调试了。在检查接线等无差错后，先对各单元环节和各电气柜分别进行调试，然后再按系统动作顺序，模拟输入控制信号，逐步进行调试，并通过各种指示灯显示器，观察程序执行和系统运行是否满足控制要求，如果有问题，先修改软件，必要时再调整硬件，直到符合要求为止。接着进行模拟负载，或空载或轻载调试，没有问题时，最后进行额定负载调试，并投入运行考验。考验成功后，一般都将程序固化在 EPROM 中。

四、编写技术文件

系统调试和运行考验成功后，整理技术资料，编制技术文件（包括设计资料、材料清单、调试情况）及使用、维护说明书等。

第二节　扩展设定计数值和定时值范围的方法

每一种 PLC 的定时器的定时范围和计数器的计数范围都是有一定的限度的，例如 F_1 系列 PLC 单个定时器最大的定时时间为 999s，单个计数器最大的计数值为 999。但是在实际应用中，有时需要的设定值大于这个数，这是设计 PLC 控制系统时常会遇到的实际问题。为此，本节将介绍扩展设定计数值和定时值范围的一些方法。

一、计数值设定范围的扩展方法

计数器设定计数值范围的扩展，可以通过计数器级（串）联组合的方法来实现。图 14-1 为两个计数器级（串）联组合扩展电路，X401 每断/通一次，C460 计数 1 次，当 X401 断/通 50 次时，C460 的常开接点接通，C461 计数 1 次，与此同时 C460 另一对常开接点动作，使 C460 复位，重新开始对 X401 的断/通进行计数，每当 C460 计数 50 次时，C461 计数一次，当 C461 计数到 40 次时，此时 X401 总计接通 50×40 次 = 2000 次，C461 常开接点闭合，Y431 接通。可见本电路总的计数值为两个计数器设定计数值的乘积。

图 14-2 是用三个计数器级（串）联组合扩展设定计数值范围的电路，该电路总的计数设定值为 3 个计数器设定计数值的乘积。其计数工作过程，读者可仿照上述思路、方法自行分析。每个计数器设定值 K 由用户设定。图中 M71 在程序开始运行时产生初始化脉冲，使相应计数器复位。

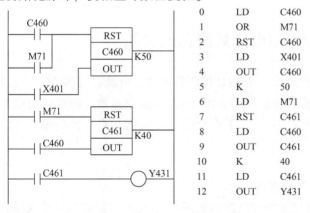

0	LD	C460
1	OR	M71
2	RST	C460
3	LD	X401
4	OUT	C460
5	K	50
6	LD	M71
7	RST	C461
8	LD	C460
9	OUT	C461
10	K	40
11	LD	C461
12	OUT	Y431

图 14-1　用两个计数器级（串）联组合
扩展计数值设定范围的电路

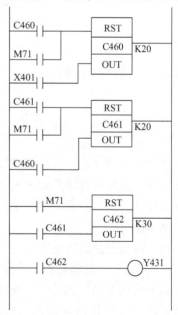

图 14-2　用三个计数器级（串）联
组合扩展计数值设定范围的电路

二、定时值设定范围的扩展方法

下面介绍两种扩展定时器定时值范围的方法。

（一）定时器与定时器的级联

扩展定时器定时设定值范围的方法与扩展计数器计数设定值范围的方法类似。图 14-3

是用两个定时器级联组合的扩展电路。X400 一闭合，定时器 T450 开始计时，延时 700s，T450 的常开接点闭合，T451 线圈接通，又经过 800s，T451 常开接点接通 Y431 线圈。从 X400 闭合开始到 Y431 接通，定时时间为：$(700+800)s=1500s$。可见本电路总的定时时间为两个定时器定时时间之和。同理，也可用 3 个定时器级联扩展定时设定值范围，这时总的定时时间为 3 个定时器设定定时时间之和。依此类推，必要时可用多个定时器级联组合，使定时值范围扩展得更大。每个定时器设定值 K 由用户设定。

（二）定时器与计数器级联组合

图 14-4 是定时器与计数器级联组合的扩展电路图。图中 T451 形成一个设定值为 20s 的自复位定时器，当 X401 闭合，在 T451 线圈接通 20s 后，其常闭接点断开，T451 定时器线圈回路断开自复位，待下一次扫描时，T451 常闭接点才闭合，T451 线圈又重新接通。T451 延时 20s 其常开接点闭合，为计数器输入一个脉冲信号，计数器 C461 计数 1 次，当 C461 计数 100 次时，其常开接点接通 Y431 线圈。可见从 X401 闭合到 Y431 接通，延时时间为定时器和计数器设定值的乘积，即本电路延时时间为 2000s。程序开始运行时 M71 产生初始化脉冲，使 C461 复位。

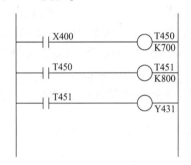

图 14-3 用两个定时器级联组合的扩展电路

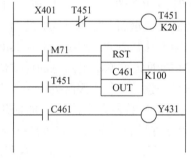

图 14-4 定时器与计数器级联组合的扩展电路

第三节 输入/输出点数简化的方法

PLC 输入/输出的点数是有限的，在设计一个 PLC 控制系统时，可能会遇到 PLC 点数不足的问题，虽然可选定点数多的 PLC 或通过扩展单元增加输入/输出点数，但投资会增大，因此要简化（减少）所需 PLC 的输入/输出点数。下面介绍几种简化 PLC 所需的输入/输出点数的方法。

一、输入点数的简化方法

（一）将控制功能相同的操作开关并联连接

多处控制电动机起动、停止的继电接触器控制电路如图 14-5 所示。如果 PLC 输入/输出点数足够，可按图 14-6 接线，这种接线的优点是对外部输入故障的判断，比较容易和直观，但占用 PLC 输入点数多。因为停止按钮 SB_1、SB_2、SB_3 和热继电器触点 FR，都具有使电动机停转的功能，起动按钮 SB_4、SB_5 具有相同的起动电动机功能，所以可按图 14-7 的简化方法接线，即将具有相同控制功能的操作开关并联连接。显然这种接线方式与图 14-6 的接线方式相比，不仅占用 PLC 输入点数少了 4 个，而且梯形图也简化了，程序也简短了。

（二）用单按钮控制电动机的起动和停止

用计数器实现单按钮控制功能的梯形图如图 14-8 所示。在图中 X401 接至外部按钮，

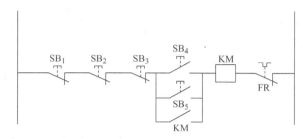

图 14-5　多处控制电动机起动、停止的继电接触器控制电路

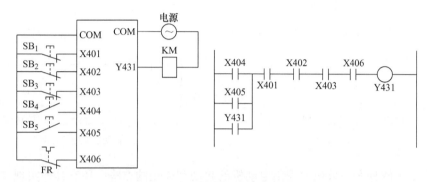

图 14-6　PLC 多处控制电动机的起动、停止

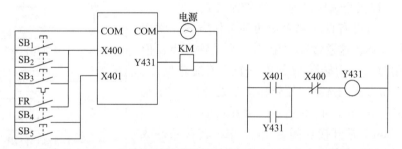

图 14-7　PLC 多处控制电动机的起动、停止（简化方法接线）

Y431 用于驱动控制电动机的接触器线圈。当第一次按下按钮时，X401 短时接通，在 PLS 指令的作用下，M101 产生微分脉冲，M101 的常开接点闭合，Y431 线圈接通并自锁，使电动机起动。与此同时 M101 的另一对常开接点闭合，计数器 C461 的计数输入端有信号输入，C461 数值减 1。第二次按下按钮时，M101 又产生一个脉冲，同理使 C461 数值再减 1，这时 C461 计数次数到 2 次，其常闭接点断开 Y431 的输出，电动机停下来。与此同时 C461 的常开接点闭合，使计数器复位（恢复设定值），为下一次计数做好准备。这就达到了用一个普通按钮控制电动机的起动和停止，又能达到少占 PLC 一个输入点的目的。

　　单按钮控制电动机的起动、停止，也可用移位寄存器的移位来实现，如图 14-9 所示。图中 Y431 输出驱动用户设备，X401 外接按钮。第一次按下按钮时，X401 的两个接点同时短时接通移位寄存器的数据输入端和移位输入端，M100 为 "1" 态，并立即移位到 M101（此时 M100 为 "0" 态），使 M101 为 "1" 态，M101 的常开接点闭合，使 Y431 有输出，用户设备起动，同时 M101 的常闭接点断开。第二次按下按钮时，X401 又闭合，已断开的 M101 常闭接点封锁第二次数据输入信号，于是移位信号将 M100 的 "0" 移到 M101，使

M101 变为 "0" 态，其常开接点切断 Y431 的输出，用户设备停止工作。此时电路恢复最初常态，为第三次按下按钮进行起动做好准备。这样就实现了用单个普通按钮控制电动机的起动和停止，又能实现节省 PLC 输入点数的目的。

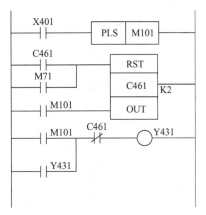

图 14-8 用计数器实现单按钮
控制功能的梯形图

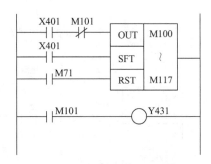

图 14-9 用移位寄存器实现单按钮
控制功能的梯形图

以上介绍了两种实现单按钮控制电动机的起动和停止的方法。还有其他实现方法，可参见第二篇习题中有关题目。

（三）用转移指令选择自动/手动控制方式

有些生产设备设有自动和手动两种工作方式，常用转换开关进行选择，这通常要占用 PLC 两个输入点，但输入点不够用时，可用转移指令和一个开关配合使用，以达到两种工作方式的选择。用转移指令处理自动/手动控制方式的梯形图如图 14-10 所示。设开关接 X401，当合上开关时，X401 常开接点闭合，CJP 701 转移条件成立，跳过自动工作程序，而 X401 常闭接点断开，CJP 702 转移条件不成立，执行手动工作程序。打开开关时，X401 常开接点断开，执行自动工作程序，而 X401 常闭接点闭合，手动工作程序被跳过不执行。这样，仅用一个输入点就能实现自动和手动两种操作。

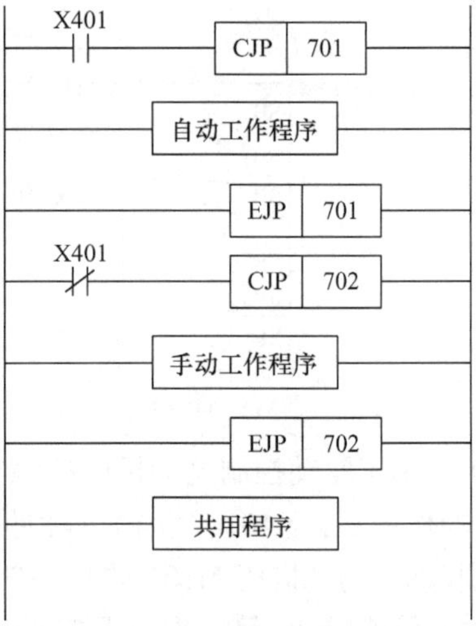

（四）采用转移指令选择点动/连续控制方式

仿照上面（三）中介绍的思路和方法，采用转移指令选择点动/连续控制方式。

二、输出点数简化的方法

（一）状态指示灯与输出负载并联

指示灯与负载并联如图 14-11 所示，这可节省 PLC 输出点数。采用这种方法的条件是负载和指示灯的电压必须一致，且两者总的负载容量不得超过

图 14-10 用转移指令处理自动/手动控制方式的梯形图

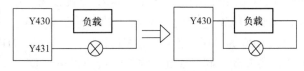

图 14-11 指示灯与负载并联

PLC 输出电路允许的负载容量。

（二）利用接触器辅助触点

许多控制系统尤其是中大功率系统中，通常都含有接触器。必要时可考虑用接触器的辅助触点进行电气联锁或控制指示灯等，这样可少用 PLC 输出点。

（三）用数字显示器代替指示灯

如果工作状态的指示灯或程序步比较多，推荐用数字显示代替指示灯，也可节省 PLC 输出点数。例如，16 步程序需要 16 点输出驱动指示灯，如果使用 BCD 码的数字显示，只需 8 点输出驱动两行数字显示器即可。两行数字显示器可显示 00 ~ 99，即 100 个状态。

（四）多种故障显示或报警并联连接

有些系统可能有多种故障显示或报警，例如设有过电压、过载、超速、越位、失磁、断相等显示或报警，只要条件允许，可把部分或全部显示或报警电路并联连接，用一个或少用几个输出继电器驱动，这也可少占用 PLC 输出点数。但这样做较难判断故障的原因。

（五）采用双线圈输出方式

对于设置有手动/自动、点动/连续控制等控制系统，必要时可考虑采用"双线圈"输出方式，这样可减少所需 PLC 输出点数，但应特别小心，不然易出错。

简化 PLC 输入/输出点的方法是多样的，使用者应从实际出发，选用或设计切实有效的方案。

第四节　编程的基本规则与技巧

为了使编程正确、快速和优化，必须掌握编程的基本规则和一些技巧。

1）梯形图按自上而下，从左到右的顺序排列，每一行起于左母线，终于右母线（右母线也可省去不画）。继电器线圈与右母线直接连接，在右母线与线圈之间不能连接其他元件，如图 14-12 所示。线圈可以用圆圈、椭圆、括号表示。

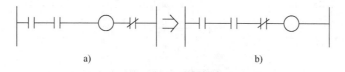

图 14-12　线圈置放的位置
a）线圈置放位置错误　b）线圈置放位置正确

2）在同一梯形图中，同一编号的线圈若使用两次或两次以上称为双线圈输出，一般情况下一个线圈只能出现一次，因为双线圈输出容易引起操作错误。

3）PLC 内部继电器的接点可以多次使用，不受限制。

4）在梯形图中，每行串联的接点数和每组并联电路的并联接点数，理论上没有限制。但有的 PLC 可能有限制，要看厂家使用说明书。

5）输入继电器的线圈是由输入点上的外部输入信号控制驱动的，所以梯形图中输入继电器的接点用以表示对应点上的输入信号。

6）把串联接点最多的支路编排在上方，如图 14-13a 所示，如果将串联接点多的支路安排在下方（如图 14-13b 所示），则需增加一条 ORB 指令，显然这种编排不好。

7）把接点最多的并联电路编排在最左边，如图 14-14a 所示，这比编排得不好的图 14-14b

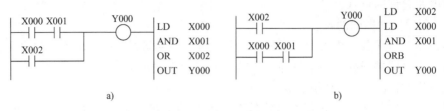

图 14-13　电路块并联的编排

a）编排得好的电路　b）编排得不好的电路

可省去一条 ANB 指令，缩短扫描时间。

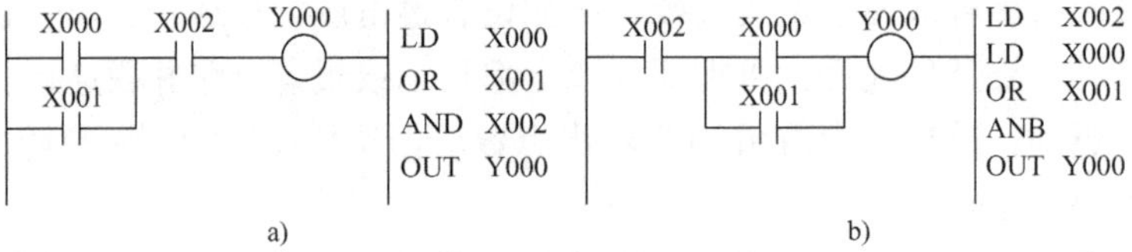

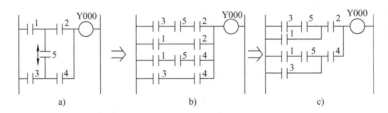

图 14-14　并联电路的串联编排

a）编排得好的电路　b）编排得不好的电路

8）对桥式电路的编程处理。桥式电路如图 14-15a 所示，图中接点 5 有双向"能流"通过，这是不可编程的电路，因此必须根据逻辑功能，对该电路进行等效变换成可编程的电路，如图 14-15b 所示。

图 14-15a 中线圈接通的条件为：接点 1 和 2 同时接通；或者接点 3、5 和 2 同时接通；或者接点 1、5 和 4 同时接通；或者接点 3 和 4 同时接通。根据这些逻辑控制关系，可做出相对应的可编程的电路，如图 14-15b 所示，我们还可把图 14-15b 简化成图 14-15c。

图 14-15　对桥式电路进行逻辑功能变换

a）不可编程桥式电路　b）可编程电路　c）简化的可编程电路

9）对复杂电路的编程处理。对结构复杂的电路，像上面一样对电路进行逻辑功能的等效变换处理，这样能使编程清晰明了，简便可行，不易出错。例如图 14-16a 电路，可等效变换成图 14-16b 电路。

10）有些指令必须成对使用，缺一不可。

11）定时器、计数器等的设定值和指令程序中的操作数不能超出规定允许的数据范围。

12）对常闭接点输入的编程处理。对输入外部控制信号的常闭接点，在编制梯形图时要特别小心，不然可能导致编程错误。现以如图 14-17a 所示的电动机起动和停止控制电路为例，进行分析说明。使用 PLC 控制的对应梯形图如图 14-17b 所示，PLC 控制的输入/输出接线图如图 14-17c 所示。图 14-17c 中 SB$_1$ 为起动按钮（常开接点），SB$_2$ 为停止按钮（常闭接点）。从图 14-17c 中可见，由于 SB$_2$ 的常闭接点和 PLC 的公共端 COM 已接通，在 PLC 内部

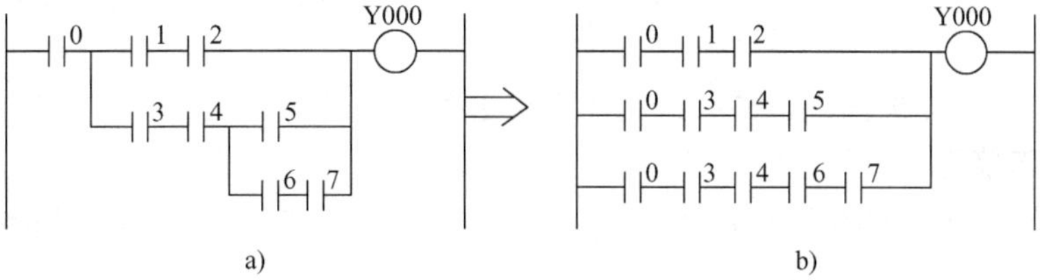

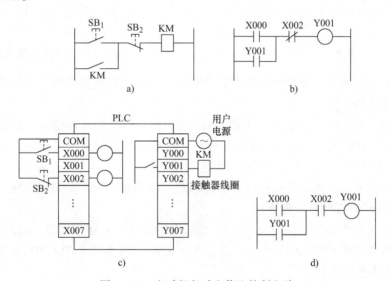

图 14-16　对复杂电路的等效变换

a）复杂电路　b）等效电路

电源作用下输入继电器 X002 线圈已接通，其在图 14-17b 中的常闭接点 X002 已断开，所以按下起动按钮 SB₁ 时，输出继电器 Y001 不动作，电动机不能起动。解决这类问题的方法有两种：一是把图 14-17b 中常闭接点 X002，改为常开接点 X002，如图 14-17d 所示。二是把停止按钮 SB₂ 改为常开接点，这样就可采用图 14-17b 的梯形图，通常采用这种方法比较简单，不易出错。

从上面分析可见，如果外部输入为常开接点，则编制的梯形图与继电接触控制原理图一致。但是，如果外部输入是常闭接点，那么编制的梯形图与继电接触控制原理图刚好相反，这点应特别注意。

图 14-17　电动机起动和停止控制电路

a）继电接触控制电路　b）梯形图　c）PLC 控制的输入/输出接线　d）梯形图

第五节　提高 PLC 控制系统可靠性措施与运行维护

PLC 控制系统的可靠性虽然很高，但也并非是"万无一失"的。为了提高 PLC 控制系统的可靠性，使系统能长期正常地工作，安装时必须做到正确、牢靠、安全和采取抗干扰措施及进行正常运行维护。

一、安装环境与注意事项

1）环境温度要适当，一般不要低于 0℃ 或高于 55℃。PLC 安装时应远离热源，避免太阳光直接照射，注意散热通风。

2）注意防潮、防尘、防腐、防振。PLC 最好置于有保护型外壳的控制柜内，而且 PLC 固定要牢靠。

3）PLC 应尽可能离高压电源线或高压设备远些，以避免电磁干扰。

二、电源与接地

1）要看清楚 PLC 上的电源接线端子，分清"OV"和"接地"端，才能正确地把外部电源接到 PLC。

2）PLC 的供电电路应与其他大功率用电设备或产生强干扰设备（比如大功率晶闸管变流装置、弧焊机等）分开。

3）如果 PLC 的供电电源带有严重干扰，应考虑安装一个一、二次侧之间带有隔离层的、电压比为 1 的隔离变压器（见图 14-18），以减少外界设备对 PLC 的影响。

4）必要时可在 PLC 供电电源线路上接入低通滤波器（见图 14-19），以便滤去高频干扰信号。

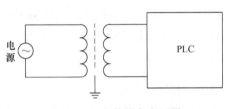

图 14-18　安装隔离变压器

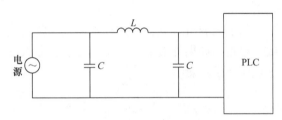

图 14-19　接入低通滤波器

5）交流电源线和交流信号线会产生交流干扰，不能和直流信号线、模拟量信号线捆在一起而在同一槽内走线。

6）良好的接地能较有效地减少干扰。最好为 PLC 安装专用的地线，如果此要求达不到，那么也必须做到 PLC 与其他设备公共接地，但绝对不能与其他设备串联接地，也不能利用水管、避雷线接地。而且接地点应尽可能靠近 PLC。

7）若用屏蔽电缆，则其屏蔽层应在靠近 PLC 一端接地，而不能两端接地。

三、输入端子的接线与注意事项

1）PLC 输入端子板上的各输入端 X 与公共端子 COM 一旦连接起来，输入则接通。

2）当基本单元的各个 COM 端子已连接在一起时，基本单元的 COM 端与扩展单元的 COM 端应在外部连接起来。

3）输入线一般不宜超过 30m；输入、输出线不能用同一条电缆；输入、输出线要分开走线；输入、输出线也应与高压电线分开走，以减少不利的影响。

4）特别要注意，输入的 COM 端决不能与输出的 COM 端连接。

四、输出端子的接线与注意事项

1）将 PLC 输出端子板上的输出端子、被驱动的负载（如线圈或指示灯）、用户电源和公共端子 COM 连接起来，当 PLC 的输出继电器或晶闸管或晶体管动作时，输出回路接通（见图 14-20）。必要时可在 PLC 输出回路中串入熔断器，作为短路保护用，如图 14-20 所示。

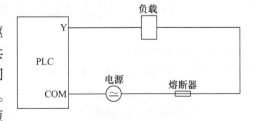

图 14-20　PLC 的输出接线

2）输出端子连接的用户电源，应根据 PLC 的输出方式选定。晶体管方式输出的应选用直流电源，双向晶闸管输出的应选用交流电源，继电器输出的按实际要求可选直流或交流电源。同时还应注意电源电压值应符合要求。

3）如果 PLC 输出端接入的负载电流超过最大限额时，必须外接继电器，PLC 才能安全正常工作；如果负载电流小于最小动作电流时，应在负载（如线圈）两端并联上串接的电阻电容（电阻 50Ω 左右，电容 $0.1\mu F$ 左右）。

4）抑制干扰。PLC 的输出负载，例如电磁线圈会产生干扰信号，严重时应采取措施对其抑制。对于交流负载可采用阻容吸收，对于直流负载可并接泄放二极管，如图 14-21 所示。

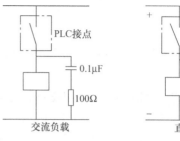

图 14-21 抑制干扰

五、PLC 控制系统的调试运行

对一个新的 PLC 系统在正式投入使用前，应进行检查与调试运行。

通电调试运行之前应进行全面的仔细地检查。检查内容主要有：

1）市电输入线，各输入输出线，各连接电缆等配线是否正确，连接是否正确和牢固。

2）端子排上或其他位置的螺钉是否拧紧，各种开关、插头、器件等安装是否正确和牢固。

3）各功能单元的装配是否正确和牢固。

4）PLC 上工作方式选择开关的置位、各有关数据的设置是否符合要求。

检查确认无误后，可通电试运行。先进行"模拟运行"或"空运行"，然后进行负载考验运行。最好将运行成功的程序用 U 盘或 EEPROM 保存起来。

六、PLC 控制系统的维护

对 PLC 系统的维护保养主要包括下列各项工作：

1）对于大中型 PLC 系统，应制订维护保养的规章制度，做好运行、维修和保养记录。

2）定期对系统进行检查保养，两次保养时间间隔通常是半年，最长不要超过一年，对特殊情况还应缩短其时间间隔。

3）检查设备安装、连接线等有无松动现象及接点焊点有无松动或脱落，除尘去污，清除杂物。

4）经常注意观察系统运行时有无异常现象，如有，应及时分析、查找原因并解决好。

5）校验输入信号是否正常，有无出现偏差、减弱等异常情况。

6）检查市电输入电压是否在允许范围之内。一般 PLC 供电电源电压应在标称电压 $\pm10\%$ 以内波动。

7）对重要的器件或模板，应有备件。机内锂电池应定期及时更换。

8）关键是培训提高使用和维护 PLC 控制系统的有关人员的业务素质。

第十五章 可编程控制器的应用实例

本章中所有应用实例均采用 F₁ 系列 PLC 进行控制和编程，并且程序已在 F₁ 系列 PLC 上运行通过。很显然，如果在此基础上改为其他 PLC 控制和编程，那就比较容易了。

一、具有电气联锁的电动机正反转控制电路

继电接触控制电路如图 15-1a 所示。PLC 控制的输入/输出接线图如图 15-1b 所示。梯形图如图 15-1c 所示。对应的指令程序如图 15-1d 所示。采用 PLC 控制的工作过程如下：

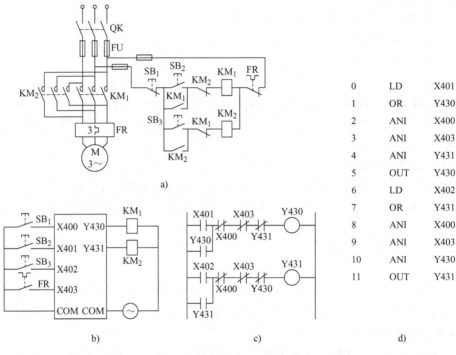

图 15-1　具有电气联锁的电动机正反转控制电路
a) 继电接触控制电路　b) PLC 控制的输入/输出接线图　c) 梯形图　d) 指令程序

合上电源开关 QK，按下正向起动按钮 SB₂，输入继电器 X401 的常开接点闭合，输出继电器 Y430 线圈接通并自锁，接触器 KM₁ 得电吸合，电动机正转。与此同时，Y430 的常闭接点断开 Y431 的线圈回路，确保 KM₂ 不能吸合，实现电气互锁。按下反向起动按钮 SB₃ 时，X402 常开接点闭合，Y431 线圈接通，KM₂ 得电吸合，电动机反转。与此同时，Y431 的常闭接点断开 Y430 的线圈回路，KM₁ 不能吸合，实现电气联锁。停机时按下按钮 SB₁，X400 常闭接点断开；过载时热继电器常开接点 FR 闭合，X403 的常闭接点断开，这两种情况都使 Y430 或 Y431 线圈回路断开，进而使 KM₁ 或 KM₂ 失电释放，电动机停下来。

二、笼型电动机 Y-△ 减压起动自动控制电路

继电接触控制电路、PLC 控制的输入/输出接线图、梯形图和对应的指令程序如图 15-2 所示。图中接触器 KM₂ 作为星形联结法用，KM₃ 作为三角形联结法用。采用 PLC 控制工作

过程如下：

按下起动按钮 SB_2 时，X400 闭合，使 Y430 接通并自保，且驱动 KM_1 吸合，与此同时，由于 Y430 常开接点的闭合，使 T450 开始计时，并使 Y431 接通，驱动 KM_2 吸合，电动机连接成星形起动。待一段时间计时器计时到了后，T450 常闭接点断开，使 Y431 停止工作，KM_2 随之失电，而 T450 的常开接点闭合，Y432 接通并自保，从而驱动 KM_3 吸合，这样电动机连接成三角形投入稳定运行。Y431 和 Y432 在各自线圈回路中，相互串接 Y432 和 Y431 的常闭接点，使接触器 KM_2 和 KM_3 不能同时吸合，达到电气互锁的目的。热继电器 FR 的常开触点连接于输入继电器 X402，X402 常闭接点串接于 Y430 线圈回路，当过载时，FR 触点闭合，X402 接点断开，Y430 停止工作，KM_1 失电断开交流电源，从而达到过载保护的目的。

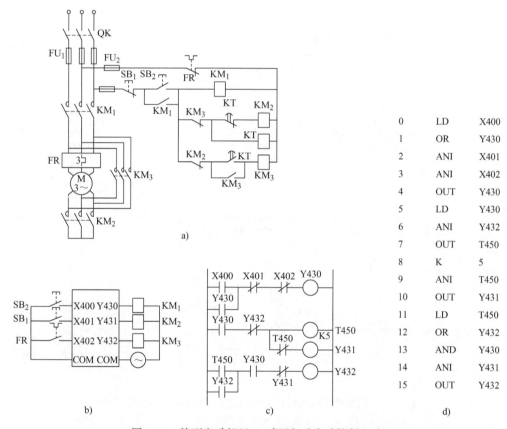

图 15-2　笼型电动机 Y-$\triangle$ 减压起动自动控制电路

a）继电接触控制电路　b）PLC 控制的输入/输出接线图　c）梯形图　d）指令程序

三、绕线转子电动机转子串频敏变阻器起动自动控制电路

继电接触控制电路、PLC 控制的输入/输出接线图、梯形图和对应的指令程序如图 15-3 所示。

采用 PLC 控制的工作过程如下：

合上电源后，按下起动按钮 SB_2，X400 接点闭合，Y430 动作并自保，驱动接触器 KM_1 吸合，电动机在转子回路串入频敏变阻器 RF 开始起动，以便限制起动电流，同时，计时器 T451 开始计时，起动一段时间后 T451 常开接点闭合，Y432 接通并自保，驱动中间继电器

KA 使其常闭触点断开，Y432 常开接点闭合，使 Y431 接通并驱动接触器 KM₂ 合上，将频敏变阻器"切除"，起动过程结束。图中 TA 为电流互感器。从上面分析可见，在起动过程中，中间继电器 KA 常闭触点把热继电器热元件短接，以防止由于热继电器 FR 误动作造成起动失败，起动结束时中间继电器触点断开，接入热继电器作为过载保护用。计时器 K 值由用户设定。过载时 FR 动作，X402 常闭接点断开 Y430 的输出，按下停机按钮 SB₁ 时，X401 接点同样断开 Y430 线圈回路，KM₁ 失电释放，电动机停止运行。

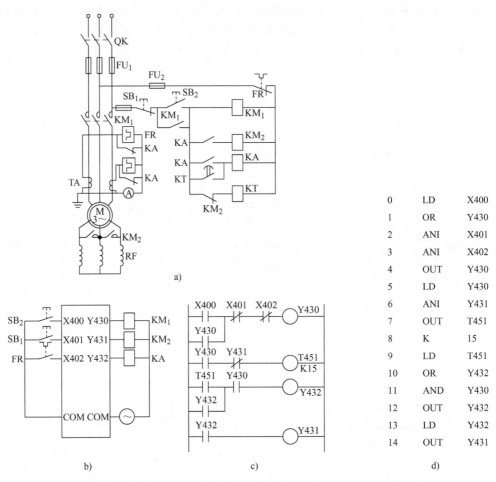

图 15-3　绕线转子电动机转子串频敏变阻器起动自动控制电路

a）继电接触控制电路　b）PLC 控制的输入/输出接线图　c）梯形图　d）指令程序

四、电镀生产线的 PLC 控制

（一）工艺要求

电镀生产线采用专用行车，行车架上装有可升降的吊钩。行车和吊钩各由一台电动机拖动。行车的进退和吊钩的升降均由相应的限位开关 SQ 定位。假定该生产线有 3 个槽位（实际生产线上槽位还会多些），工艺要求为：工件放入镀槽中，电镀 280s 后提起，停放 28s，让镀液从工件上流回镀槽，然后放入回收液槽中浸 30s，提起后停 15s，接着放入清水槽中清洗 30s。最后提起停 15s 后，行车返回原位，电镀一个工件的全过程结束。根据上述工艺要求，电镀生产线的工艺流程图如图 15-4 所示，具体说明如下：

原位是指行车在挂件架上方，吊钩下降到最下方。在原位，操作人员把将要电镀的工件

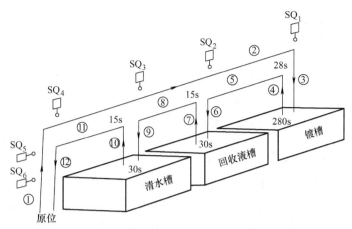

图 15-4　电镀生产线的工艺流程图

放在挂具上，即可开始电镀工作。

① 吊钩上升，提起工件，碰到上限开关 SQ_5 时停止，转到下一步工序。

② 行车前进，至压下 SQ_1 时才停止，刚好在镀槽的上方。

③ 吊钩下降，到压下 SQ_6 时才停止，工件浸入镀液中，定时 280s。

④ 电镀结束，吊钩提起工件，至压下 SQ_5 时才停下，并在镀槽上方停 28s，让镀液滴回槽中。

⑤ 行车后退，到压下 SQ_2 时停止，刚好停在回收液槽上方。

⑥ 吊钩下降，碰到 SQ_6 后，工件放进回收液槽中，定时 30s。

⑦ 吊钩上升，至 SQ_5 处停 15s。

⑧ 行车后退，到 SQ_3 处停于清水槽上方。

⑨ 吊钩下降，撞到 SQ_6 后，工件置于清水槽中，清洗 30s。

⑩ 吊钩上升至 SQ_5 处停 15s。

⑪ 行车后退，到 SQ_4 处停在原位上方。

⑫ 吊钩下降，到 SQ_6 处回到原位，被镀好的工件被取下来。

至此，整个电镀生产完成一个工作循环。再按下起动按钮，则开始第二个工作循环。

（二）控制要求

本生产线除装卸工件外，整个工艺过程能自动进行。同时行车和吊钩的正反向运行均能进行点动控制，以便对设备进行调整和检修。

（三）输入和输出配置

本电镀生产线选用 F_1-40MR 型或 F_1-30MR 型 PLC 均可，输入/输出配置图如图 15-5 所示，图中 KM_1 和 KM_2 为吊钩升降电动机正反转控制接触器，KM_3 和 KM_4 为行车电动机

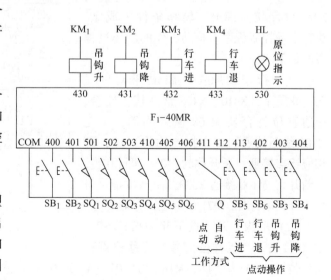

图 15-5　PLC 输入/输出配置图

正反转接触器。Q 为点动和自动控制转换开关。操作板布置图如图 15-6 所示。

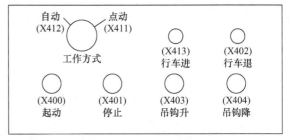

图 15-6　操作板布置图

（四）梯形图

根据工艺和控制要求编制的梯形图，应包括点动操作和自动控制两段程序。

1. 点动操作　设有行车进和退点动操作，吊钩升和降点动操作。点动控制梯形图见图 15-8 中第 1 ~ EJP 701 逻辑行间程序段。当工作方式选择开关 Q 置于"点动"时，X411 常闭接点断开，转移条件不成立，执行"点动"控制程序。按下按钮 SB₃ 时，X403 常开接点接通 Y430 线圈，KM₁ 得电吸合，电动机正转，吊钩升起；按下 SB₄ 时，X404 常开接点接通 Y431 线圈，KM₂ 得电吸合，电动机反转，吊钩下降。为了避免行车进退时吊钩碰撞别的东西，因此只有吊钩置于上限位置，X405 常开接点闭合时，才能按下 SB₅ 或 SB₆，此时 X413 或 X402 常开接点接通 Y432 或 Y433 线圈，KM₃ 或 KM₄ 得电吸合，电动机正转或反转，行车前进或后退。

吊钩升降或行车进退都设有互锁和限位保护。

2. 自动控制　电镀生产线是典型的顺序控制，通常采用移位寄存器来实现控制要求，本例采用两级移位寄存器串联，前级为 M100 ~ M117，后级为 M120 ~ M137，前一级 M117 的输出接到后一级的输入。自动控制流程图如图 15-7 所示，这便于编制梯形图和理解程序的执行。电镀生产线 PLC 控制系统的梯形图如图 15-8 所示。图中 CJP 701 至 EJP 701 为自动控制程序段。要进行自动控制时，先把工作方式选择开关 Q 置于"自动"位置，X412 常闭接点断开，转移条件不成立，执行自动控制程序。自动工作的动作过程说明如下：

（1）行车在原位　限位开关 SQ₄、SQ₆ 被压下，X410、X406 常开接点闭合，接通移位寄存器 M100 输入回路，于是 M100 线圈接通（以下接通称为"1"，即相应接点接通，断开称为"0"，即相应接点断开），M100 接通 Y530，使原位指示灯亮。开机运行时，M71 使移位寄存器复位。

（2）吊钩上升　按下起动按钮 SB₁，X400 接通，产生移位信号，使移位寄存

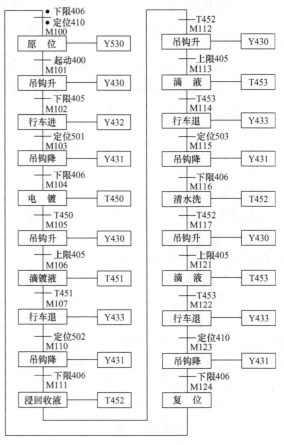

图 15-7　自动控制流程图

器移位，M101 为"1"，M100 为"0"，M101 接通 Y430 线圈，吊钩上升。原位指示灯熄灭。

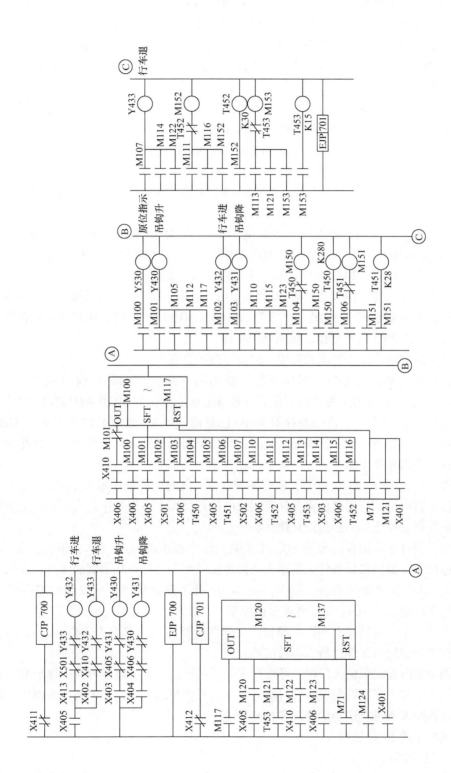

图15-8 电镀生产线PLC控制系统的梯形图

（3）行车前进　吊钩上升到压下上限开关 SQ$_5$，X405 和 M101 接通移位寄存器移位输入回路，移位寄存器移位，M102 为 "1"，M100 ~ M101 为 "0"，M101 断开 Y430 线圈通路，吊钩上升停止；与此同时，M102 接点接通 Y432 线圈，行车前进。

（4）吊钩下降　行车前进至压下限位开关 SQ$_1$，X501 与 M102 接通寄存器移位，M103 为 "1"，而 M100 ~ M102 为 "0"，M102 断开 Y432，行车停止前进；同时 M103 接通 Y431 线圈，吊钩下降。

（5）定时电镀　吊钩下降至下限开关 SQ$_6$ 时，X406 与 M103 接通，使移位寄存器移位，M104 为 "1"，而 M100 ~ M103 为 "0"，M103 断开 Y431，吊钩停止下降。同时 M104 接通 M150，M150 常开接点接通 T450，T450 开始计时，定时电镀 280s。

（6）吊钩上升　T450 定时时间到即动作，M150 断开，T450 复位，T450 与 M104 接点接通，寄存器移位，M105 为 "1" 而 M100 ~ M104 为 "0"，M105 接点接通 Y430，吊钩上升。

（7）定时滴液　吊钩上升至压下 SQ$_5$ 时，X405 与 M105 接点接通，移位寄存器移位，M106 为 "1"，M100 ~ M105 为 "0"，M105 断开 Y430，吊钩停止上升，同时 M106 接通 M151，M151 接通 T451，T451 开始计时，工件停留 28s 滴液。

（8）行车后退　定时时间到 T451 动作，M151 断开，T451 复位，同时 T451 与 M106 串联接点接通，寄存器移位，M107 为 "1"，M100 ~ M106 为 "0"，M107 接点接通 Y433，KM4 得电动机反转，行车后退。转入下道工序。

后面各工序的动作过程，依此类推，读者可自行分析。

最后，行车退到原位上方，吊钩下放，机构回到原位，X406、X410 接通，M100 为 "1"，原位指示。此时 M124 为 "1"，使寄存器 M120 复位，即 M120 ~ M137 为 "0"。在此之前，当 M121 为 "1" 时，移位寄存器 M100 已复位，即 M100 ~ M117 为 "0"。如果再按下起动按钮，则开始下一个工作循环。诚然，只要把起动按钮 SB$_1$ 换成开关，将此开关合上后，系统就可连续循环工作下去。

按下停止按钮 SB$_2$，X401 接通，使寄存器复位，此时所有动作都将停止。

从上面分析可见，应用移位寄存器有明显的优点，即上一个工序转入下一道工序时，上一个工序动作自动停止，不必另设互锁保护。

本例中，当行车从原位前进至 SQ$_1$ 过程中，虽然曾压过 SQ$_3$、SQ$_2$，但行车并不停止，这是由于移位寄存器的移位条件采用输入条件和接通继电器接点相串联的缘故，在梯形图中此时 X503、X502 虽然短时闭合，但 M114、M107 处于断开状态，所以移位寄存器不能移位。只有行车后退压下 SQ$_2$、SQ$_3$ 时才依次停车。

在整个程序中，虽然在点动操作和自动工作两个程序段中都含有 Y430 ~ Y433 的线圈，但是两段程序不会同时工作，所以不会出错。

梯形图中定时器设定值 K，用户可根据实际要求重新设定。读者可根据梯形图自编指令程序。实际的电镀生产线因情况不同可能与本例的具体要求不同，只要按照本例的控制思路和方法，对控制方案进行适当的修改和补充即可。

五、机械手的 PLC 控制

（一）机械结构

机械手能把工件从 A 点移到 B 点，机械手的结构示意图如图 15-9 所示。该机构的上升、下降和左移、右移是由双线圈两位电磁阀推动气缸来实现的。当某一线圈得电，机构便

单方向移动，直至线圈断电才停在当前位置。夹紧和松开是由单线圈两位电磁阀驱动气缸来
实现的，线圈通电则夹紧，失电则为松开。设备上装有上、下限位和左、右限位开关。

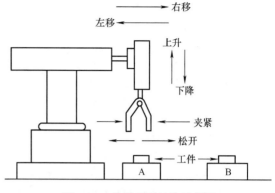

（二）工作过程

机械手工作循环过程示意图如图 15-10 所示。从图中可见，机械手工作循环过程主要有 8 个动作，即

原点→下降→夹紧→上升→右移

┗── 左移←上升←松开←下降 ┛

图 15-9　机械手的结构示意图

（三）控制要求

要求有两种工作方式：点动操作和自动控制。点动操作时，用按钮单独操作机构上升或下降、右移或左移、夹紧或松开。自动控制时，按下起动按钮，机构从"原点"开始，自动完成一个工作循环过程，即将工件夹紧后，从 A 点移到 B 点放下工件，然后返回"原点"，等待下一次操作。

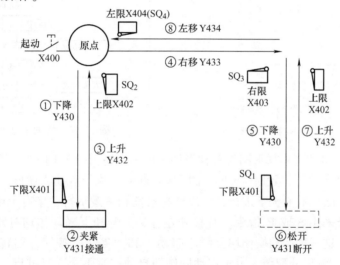

图 15-10　机械手工作循环过程示意图

机构"原点"设置在可动部分位置的左上方，即压下左限位开关和上限位开关，工作钳处于松开状态，机构在"原点"处应有指示。

（四）PLC 输入/输出分配

PLC 输入/输出分配如图 15-11 所示。可选用 F_1-40MR 型 PLC，也可选用 F_1-30MR 型 PLC。

（五）梯形图

梯形图主要由点动操作和自动控制两部分组成，即总程序主要由点动操作和自动控制两个程序段组成。机械手自动控制流程图如图 15-12 所示，机械手工作梯形图如图 15-13 所示。

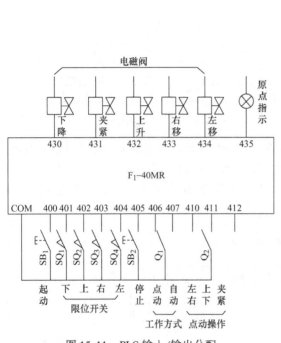

图 15-11 PLC 输入/输出分配

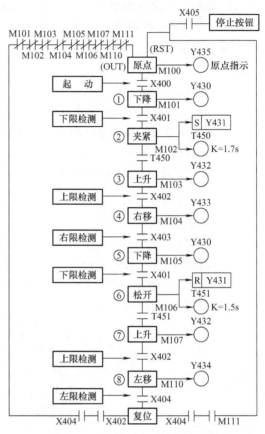

图 15-12 机械手自动控制流程图

1. 点动操作 点动操作梯形图见总梯形图中的第一逻辑行至 EJP 700 逻辑行。当工作方式选择开关置于"点动"位置时，X406 常闭接点断开，执行点动程序段。为安全起见，右移和左移只能在上限位置前提下进行，所以在梯形图相关逻辑行中串有上限开关 X402 常开接点。夹紧或松开采用 S 或 R 指令。右移和左移、上升和下降动作均有限位保护和互锁。为减少按钮数量，这三种点动操作均公用"起动"和"停止"按钮，用转换开关选定点动操作方式，见输入/输出分配图。由于点动操作和自动控制不会同时进行，所以在点动操作和自动控制两段梯形图中，都使用 Y430 ~ Y434 的线圈是允许的。

2. 自动控制 机械手自动控制流程图如图 15-12 所示。相应的梯形图见图 15-13 中 CJP 701 至 EJP 701 程序段。当工作方式选择开关置于自动控位置时，X407 常闭接点断开，执行自动控制程序段。自动控制工作过程说明如下：

在原点，机械手处于原点时，上限位开关 SQ_2、左限位开关 SQ_4 被压，X402、X404 接通移位寄存器数据输入端，使 M100 置"1"（接通），Y435 线圈接通，原点指示灯亮。

（1）下降 按下起动按钮 SB_1，X400 与 M100 接点接通移位寄存器移位信号输入端，产生移位信号，M100 的"1"态移至 M101，M101 接通 Y430 线圈，机械手执行下降动作。同时 X402 接点断开，使 M100 置"0"（断开），Y435 断开，原点指示灯熄灭。

（2）夹紧 当机械手下降至压到下限位开关 SQ_1 时，X401 与 M101 闭合，产生移位信号，M102 为"1"，M100 ~ M101 为"0"，M101 接点断开 Y430 线圈通路，停止下降；M102 的接点接通 M200 线圈，M200 接点接通 Y431 线圈，工作钳夹紧工件，同时定时器 T450 开始计时。

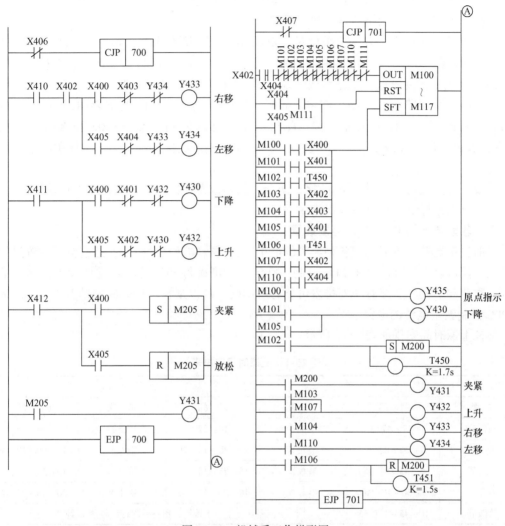

图 15-13　机械手工作梯形图

（3）上升　当 T450 延时到 1.7s，T450 与 M102 的接点闭合，产生移位信号，M103 为"1"，M100 ~ M102 均为"0"，M103 接点接通 Y432 线圈，机械手把夹紧的工件提升。因为使用 S 指令，所以 M200 线圈保持接通，Y431 也保持接通，使机械手继续把工件夹紧。

（4）右移　当机械手上升至撞到上限位开关 SQ₂ 时，X402 和 M103 接点闭合，产生移位信号，M104 为"1"，M100 ~ M103 都置"0"。M103 接点断开 Y432 线圈通路，停止上升，同时 M104 接点接通 Y433 线圈通路，执行右移动作。

（5）下降　机械手右移撞到右限位开关 SQ₃，X403 与 M104 接点接通移位信号，M105 为"1"，M100 ~ M104 置"0"。M104 接点断开 Y433 线圈回路，停止右移，同时，M105 接点接通 Y430 线圈，机械手下降。

（6）松开　机械手下降撞到 SQ₁ 时，X401 与 M105 接点接通移位信号，M106 置"1"，M100 ~ M105 为"0"。M105 接点断开 Y430 线圈回路，停止下降，同时 M106 接点接通 M200 线圈，R 指令使 M200 复位，M200 接点断开 Y431 线圈回路，机械手松开工件并放于

B 点。同时 T451 开始计时。

（7）上升　T451 延时 1.5s，T451 与 M106 接点接通移位信号，M107 为"1"，M100 ~ M106 置"0"。Y432 线圈被接通，机械手又上升。

（8）左移　机械手上升至上限位时，X402 与 M107 接点闭合，移位后，M110 置"1"，M100 ~ M107 置"0"，Y432 线圈回路断开，停止上升，同时 Y434 线圈闭合，左移。

（9）机械手回到原点　当左移撞到 SQ₄ 时，X404 与 M110 接点闭合，移位后，M110 为"0"，Y434 线圈回路断开，停止左移，同时 M111 置"1"，M111 与 X404 接点接通移位寄存器复位输入端，寄存器全部复位。此时机械手已返回到原点，X402 和 X404 又闭合，M100 又被置"1"，完成了一个工作周期。这样，只要再次按起动按钮，机械手将重复上述动作过程。

当按下停止按钮 SB₂ 时，X405 接点闭合，使移位寄存器复位。机械手停止动作。

读者可根据梯形图自行编写出指令程序。

六、教室电铃的 PLC 自动控制装置

目前教室电铃一般都选用各种类型的电子装置进行响铃自动控制，这些电子装置虽然价格较低，但可靠性较差。改用 PLC 控制，则定时的准确性和运行的可靠性大大提高。不同地区、季节和学校，上课时间安排表可能有所不同。现以某校上课时间安排表为例，阐述采用 PLC 控制教室电铃的电路。

某校上课时间安排如表 15-1 所示。

表 15-1　上课时间安排表

上　　午		下　　午		晚　　上	
节　次	时　间	节　次	时　间	节　次	时　间
预备铃	7：47	预备铃	14：27	预备铃	18：57
第一节	7：50 ~ 8：40	第五节	14：30 ~ 15：20	第八节	19：00 ~ 19：45
第二节	8：45 ~ 9：35	第六节	15：25 ~ 16：15	第九节	19：50 ~ 20：35
第三节	9：50 ~ 10：40	第七节	16：20 ~ 17：10	第十节	20：40 ~ 21：25
第四节	10：45 ~ 11：35	备注：上、下课铃，预备铃均持续响铃 5s 钟			

控制要求如下：上午、下午和晚上第一节课开始前 3min 均响预备铃持续 5s；上课和下课响铃均为持续 5s；每天能自动循环控制，周而复始；能进行手动控制，但手动控制时不影响自动循环控制程序的继续正常运行；可靠性高，计时准确，使用维护方便，修改响铃时间容易。

控制方案。第一种方案是采用从早上第一节课到晚上最后一节课按时序进行"流水账"式编程方案。第二种方案是采用步进指令进行编程的方案。这两种方案编程条理清楚，修改响铃时间及调试都较简便，但程序较长，使用计数器、定时器和继电器较多。第三种方案采用共用子程序方案，即把相同控制功能和时间要求的归类为几个共用子程序，这种方案所用计数器、定时器等较少，且程序较短，但设计梯形图难度大些。以下介绍第三种设计方案。

输入/输出配置图。假设选用 F₁ - 20MR 进行控制，其输入/输出配置图如图 15-14 所示。图中 SB 为手动控制

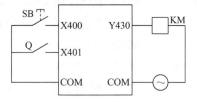

图 15-14　PLC 输入/输出配置图

响铃按钮，Q 为禁止自动控制输出开关，合上 Q 时自动控制输出被禁止，按下 SB 则响铃。

控制梯形图。如图 15-15 所示，读者可根据梯形图编写出对应的指令程序，工作过程读者可自行分析。

读者可根据实际情况设定和修改响铃时间。本梯形图对应程序已在 F_1 系列 PLC 上运行通过。

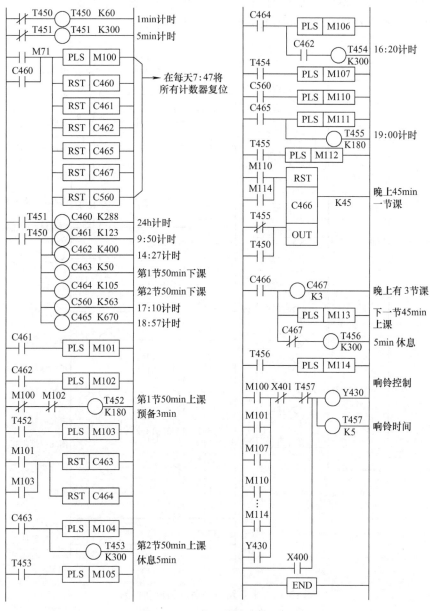

图 15-15　梯形图

七、十字路口交通灯的自动控制

十字路口交通指挥信号灯控制要求如下：

1）当起动开关 Q 合上时，信号灯控制系统开始工作，设此时南北向红灯亮，东西向绿灯亮。当 Q 断开时，所有信号灯都熄灭。

2）南北红灯维持亮 60s。同时东西绿灯持续亮 54s，到 54s 时东西绿灯闪亮 3s 后熄灭，接着东西黄灯持续亮 3s 后熄灭。而后，东西红灯亮，南北绿灯亮。

3）东西红灯持续亮 36s。南北绿灯持续亮 30s，然后闪亮 3s 后熄灭，接着南北黄灯持续亮 3s 后熄灭，这时南北红灯亮，东西绿灯亮。

4）上述工作过程周而复始。

5）东西绿灯和南北绿灯不能同时亮，否则关闭信号灯系统并报警。

十字路口交通灯的自动控制如图 15-16 所示。工作过程如下：

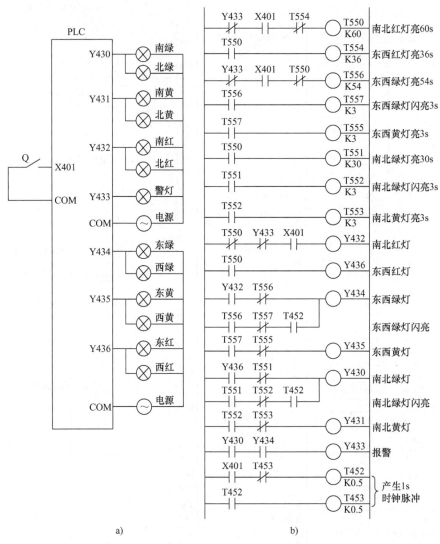

图 15-16　十字路口交通灯的自动控制

a）PLC 输入/输出配置图　b）梯形图

合上起动开关 Q，X401 常开接点闭合，T452 和 T453 组成产生 1s 钟时钟脉冲回路工作，控制绿灯的闪烁。X401 接通 Y432 的线圈，南北红灯亮，且 Y432 常开接点闭合接通 Y434 线圈，东西绿灯亮，与此同时 T550 和 T556 开始分别定时 60s 和 54s。东西绿灯持续亮 54s 时间到时，T556 的常开接点闭合，与该接点串接的 T452 常开接点每隔 0.5s 接通 0.5s，从而使东西绿灯闪烁 3s，时间到，T557 常闭接点断开 Y434 线圈回路，东西绿灯熄灭，这时 T557 的常开接点闭合，接通 Y435 线圈，东西黄灯亮 3s 后，T555 的常闭接点断开 Y435 线圈通路，东西黄灯熄灭。到此时 T550 定时 60s 时间到，T550 的常闭接点断开 Y432 线圈通路，南北红灯持续亮 60s 后熄灭，与此同时 T550 常开接点接通 Y436 线圈，东西红灯亮，而 Y436 的常开接点闭合接通 Y430 线圈，南北绿灯亮。这时 T554 和 T551 分别开始定时 36s 和 30s。

又经过 30s，T551 常开接点闭合，与该接点串接的 T452 的接点每隔 0.5s 接通 0.5s，从而使南北绿灯闪烁 3s 之后，T552 常闭接点断开 Y430 线圈回路，南北绿灯熄灭。这时 T552 的常开接点闭合，Y431 线圈接通，南北黄灯亮 3s 后，T553 的常闭接点断开 Y431 线圈回路，南北黄灯熄灭。东西红灯持续亮 36s 时间到，T554 常闭接点断开，T550 复位，其常开接点断开 Y436 线圈回路，东西红灯熄灭。

上述是一个周期工作过程，之后周而复始地进行。若万一发生南北和东西方向的绿灯同时亮，则 Y430 和 Y434 的常开接点同时闭合，则 Y433 接通报警。各个方向各种颜色的灯持续亮灯时间的长短，应从实际出发调整设定。读者可根据梯形图写出对应的指令程序。

第二篇习题

1. PLC 有哪些主要功能? 适用于什么场合?
2. PLC 主要由哪几部分组成? 各部分起什么作用?
3. 试简述 PLC 扫描工作的主要过程。
4. 试述 PLC 控制系统比继电控制系统有哪些主要优点。
5. PLC 及其控制系统为什么可靠性高?
6. 写出如图篇 2-1 所示梯形图的指令程序。
7. 写出如图篇 2-2 所示梯形图指令程序。X500 闭合多久后 Y530 线圈才接通? 试分析其工作过程。

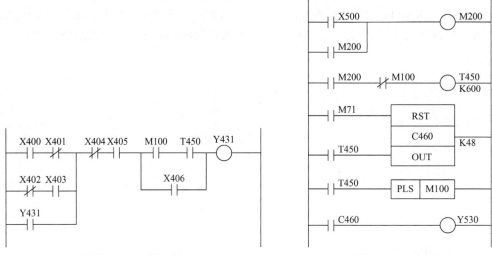

图篇 2-1　习题 6 图　　　　　　　　　　　　图篇 2-2　习题 7 图

8. 图篇 2-3 中有错漏之处, 试在原图基础上改正, 并画出改正后的梯形图。

9. 写出如图篇 2-4 所示梯形图指令程序, 并绘出 Y430 与 X400 关系的时序波形图。本电路能否实现单按钮控制起动/停止的功能?

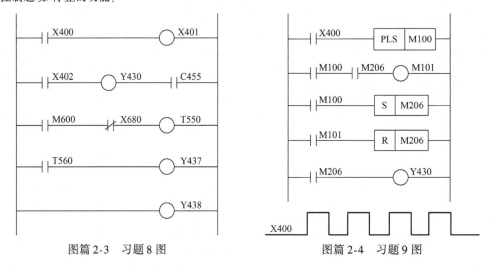

图篇 2-3　习题 8 图　　　　　　　　　　　　图篇 2-4　习题 9 图

10. 绘出下列指令程序的梯形图。

0	LD	X400	9	ORB	
1	AND	X401	10	ANB	
2	LD	X402	11	LD	M100
3	ANI	X403	12	AND	M101
4	ORB		13	ORB	
5	LD	X404	14	AND	M102
6	AND	X405	15	OUT	Y434
7	LD	X406	16	END	
8	AND	X407			

11. 绘出下列指令程序的梯形图。

0	LD	X400	10	OR	X402
1	ANI	T451	11	OUT	Y430
2	OUT	T450	12	LD	X401
3	K	0.5	13	OR	M100
4	LD	T450	14	AND	X400
5	OUT	T451	15	OUT	M100
6	K	0.5	16	LD	X400
7	LD	T450	17	ANI	M100
8	OR	M100	18	OUT	Y431
9	AND	X400			

12. 有一台电动机，要求按下起动按钮后，运行 5s，停止 5s，重复执行 5 次后停止。试设计其梯形图并写出相应的指令程序。

13. 试设计一个定时 5h 的长延时电路（提示：用一个定时器和一个计数器的组合来实现），当定时时间到，输出继电器接通并有输出。试画出其梯形图及写出相应的指令程序。

14. 试用两个计数器的组合，构成一个能计数 10000 次的计数电路。当计数次数达到时，输出继电器的线圈接通。试画出其梯形图及写出相应的指令程序。

15. S7 - 200 系列 PLC 内部普通计数器按其工作方式可分成哪三种类型？

16. 有一状态图如图篇 2-5 所示，试画出其状态梯形图，并写出其指令程序。

17. 按输出驱动外部负载控制信号的开关器件种类来分，PLC 的输出有哪三种类型（形式）？各适用于驱动什么电流型负载？

18. S7 - 200 PLC 内部定时器按工作方式分成哪三种类型？按时基可分成哪三种类型？定时时间是如何计算的？

19. 在 FX3U 系列 PLC 中可用多个位软元件组合构成字软元件，试指出 K2M0 表示有几个单元（组）、哪几个位软元件组合成多少位的字软元件？

20. 根据 S7 - 200 系列 PLC 中内部元器件地址（编号）

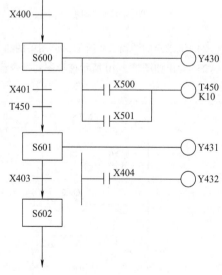

图篇 2-5 习题 16 图

分配的规则，I1.1、IB0、Q1.5、QW5、MD10 分别表示地址是什么存储区（继电器）？第几号字节？第几号位？或从哪几号字节（位）到第几号字节（位）？

21. 写出如图篇 2-6 所示梯形图指令程序。

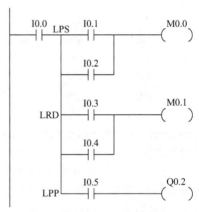

图篇 2-6　习题 21 图

22. 写出如图篇 2-7 所示加/减计数指令梯形图的指令程序。

23. 写出如图篇 2-8 所示栈操作指令梯形图的指令程序。

图篇 2-7　习题 22 图　　　　　　　　　图篇 2-8　习题 23 图

24. 试指出如图篇 2-9 所示梯形图中的错漏。

25. 写出如图篇 2-10 所示梯形图的指令程序。

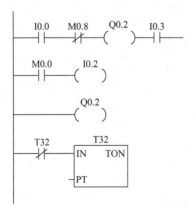

图篇 2-9　习题 24 图

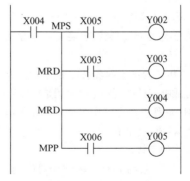

图篇 2-10　习题 25 图

26. 试画出下列指令程序对应的梯形图。

0	LD	X000	5	AND	X005
1	ORI	X001	6	ORB	
2	LD	X002	7	ORI	X006
3	AND	X003	8	ANB	
4	LD	X004	9	OUT	Y001

a)

0	LD	X004	6	OUT	Y003
1	MPS		7	MRD	
2	AND	X005	8	OUT	Y004
3	OUT	Y002	9	MPP	
4	MRD		10	AND	X006
5	AND	X003	11	OUT	Y005

b)

0	LD	X000	5	AND	X004
1	OR	X001	6	OR	M3
2	ANI	X002	7	ANB	
3	OR	M0	8	ORI	M1
4	LD	X003	9	OUT	Y001

c)

0	LD	I0.2	6	A	I0.5
1	A	I0.0	7	=	M3.7
2	LPS		8	LPP	
3	AN	I0.1	9	AN	I0.4
4	=	Q2.1	10	=	Q0.3
5	LDR				

d)

0	LD	I0.0	6	LDN	M5.6
1	O	Q2.5	7	A	C5
2	AN	I2.3	8	OLD	
3	LDN	M4.5	9	ALD	
4	O	Q0.3	10	O	M3.2
5	A	T1	11	=	Q0.3

e)

27. 根据图篇2-11笼型电动机定子串自耦变压器减压起动的控制电路图，若改为PLC控制，试设计：（1）输入/输出配置图；（2）控制梯形图；（3）写出对应指令程序。

28. 根据图篇2-12自动循环控制电路图，若改为PLC控制，试设计：（1）输入/输出配置图；（2）控制梯形图；（3）写出对应指令程序。

29. S7-1200的硬件由哪些模块组成？各模块起什么作用？

30. CPU 1214C集成了多少点数字量输入/输出？多少点模拟量输入？多少点高速输入/输出？最多可以扩展几个信号模块？几个通信模块？

31. 请写出S7-1200 CPU默认的IP地址和子网掩码。

32. 试简述S7-1200 PLC的3种边沿检测指令，各有什么特点？

33. 分析如图篇2-13所示梯形图，并简述该电路实现的控制功能。

34. 试用延时定时器设计一个闪烁电路，要求控制灯亮5s，灭3s，反复循环下去，直到断开电源开关。试绘出梯形图。

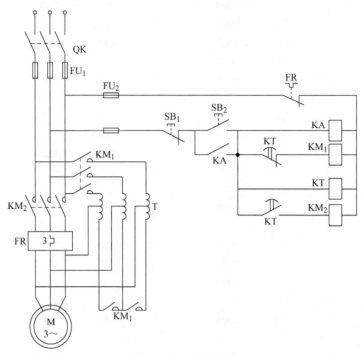

图篇 2-11　习题 27 图

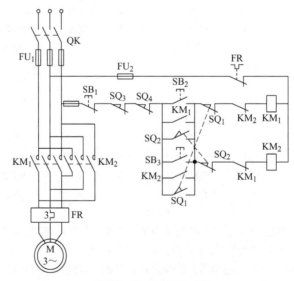

图篇 2-12　习题 28 图

35. 试分析如图篇 2-14 所示梯形图，并绘出 IN 与 Q、PT/ET 关系的时序波形图。

36. 有一仓库可存放货物 1000 箱，因不断有货物入库和出库，需要对仓库的货物进行统计：当库存数低于 100 箱时，指示灯 HL1 亮，当库存数大于 900 箱时，指示灯 HL2 亮；当达到库存上限 1000 箱时，报警器 HA 响，停止货物入库。试设计 I/O 分配表，并绘出梯形图。

37. 试用比较指令设计满足如下要求的梯形图：在 MW2 等于 3592 或者 MW4 大于 27369 时，将 M6.6 置位，反之将 M6.6 复位。

38. 试用移位指令设计满足下面要求的梯形图：用 I1.0 控制 QB1 上的 8 个彩灯是否移位，每 2s 循环左移 1 位。用 IB0 设置彩灯的初始值，在 I1.1 的上升沿将 IB0 的值传送到 QB1。

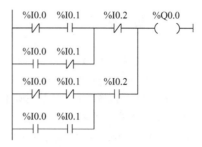

图篇 2-13　习题 33 图

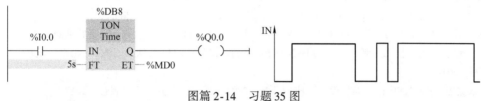

图篇 2-14　习题 35 图

39. 试指出如图篇 2-15 所示顺序功能图中的错误，并改正。

40. 有一组合机床进给系统运动示意图如图篇 2-16 所示，试设计其顺序功能图。

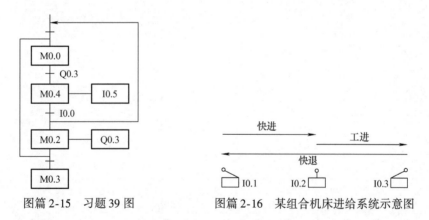

图篇 2-15　习题 39 图　　　　图篇 2-16　某组合机床进给系统示意图

参 考 文 献

［1］ 邓则名，等．电器与可编程控制器应用技术［M］.4 版．北京：机械工业出版社，2015.

［2］ 廖常初．跟我动手学 FX 系列 PLC［M］.北京：机械工业出版社，2012.

［3］ 廖常初．PLC 基础及应用［M］.3 版．北京：机械工业出版社，2014.

［4］ 廖常初．S7‐200 PLC 编程及应用［M］.北京：机械工业出版社，2007.

［5］ 蔡杏山．三菱 FX 系列 PLC 技术一看就懂［M］.北京：化学工业出版社，2014.

［6］ 向晓汉，等．西门子 S7‐200 PLC 完全精通教程［M］.北京：化学工业出版社，2012.

［7］ 漆汉宏，等．PLC 电气控制技术［M］.北京：机械工业出版社，2006.

［8］ 许翏，等．电器控制与 PLC 控制技术［M］.北京：机械工业出版社，2005.

［9］ 蔡杏山，等．西门子 S7‐200 PLC 入门知识与实践课堂［M］.北京：电子工业出版社，2012.

［10］ 杜逸鸣，等．电气控制与可编程序控制器应用技术（FX/3U 系列）［M］.北京：机械工业出版社，2014.

［11］ 朱文杰．S7‐1200 PLC 编程设计与应用［M］.2 版．北京：机械工业出版社，2017.

［12］ 廖常初．S7‐1200/1500 PLC 应用技术［M］.北京：机械工业出版社，2017.

［13］ 侍寿永，等．西门子 S7‐1200 PLC 编程及应用教程［M］.北京：机械工业出版社，2018.